Aus dem Programm
zur Didaktik der Mathematik

Grundfragen des Mathematikunterrichts,
von E. Wittmann

Der Mathematikunterricht in der Primarstufe,
von G. Müller und E. Wittmann

Didaktik der Mathematik,
von J. van Dormolen

Mathematik Lernen,
von M. Glatfeld (Hrsg.)

Vieweg

Johan van Dormolen

Didaktik der Mathematik

Mit 108 Abbildungen

Vieweg

CIP-Kurztitelaufnahme der Deutschen Bibliothek

Dormolen, Johan van
Didaktik der Mathematik. — 1. Aufl. — Braunschweig:
Vieweg, 1978.
    Einheitssacht.: Didactiek van de wiskunde ⟨dt.⟩

Originalausgabe:

J. van Dormolen
Didactiek van de wiskunde
Tweede, herziene druk
© 1976 Schetema & Holkema BV

Übersetzung: *Siegmar Kempfle*
Verlagsredaktion: *Alfred Schubert*

1978

Satz: Vieweg, Braunschweig

Umschlaggestaltung: Peter Morys, Wolfenbüttel

ISBN-13: 978-3-528-08388-5   e-ISBN-13: 978-3-322-84149-0
DOI: 10.1007/ 978-3-322-84149-0

Geleitwort

Es besteht heute weitgehend Übereinstimmung darin, daß für die weitere Entwicklung der Mathematikdidaktik lehrbuchartige Darstellungen umfassender Teilbereiche, vor allem Darstellungen der Didaktik einzelner Schulstufen, besonders wichtig sind. Für den dadurch erhofften Prozeß der Systematisierung und der Integration, der gegenseitigen Anregung und Ergänzung, der Kritik und der Herausarbeitung offener Fragen wird es zweifellos belebend sein, wenn Darstellungen miteinander konfrontiert werden können, die aus verschiedenen Richtungen kommen und dementsprechend verschiedene Akzente setzen.

Ich begrüße es aus den genannten Gründen, daß der Verlag Vieweg in sein Programm „Didaktik der Mathematik" auch die vorliegende Übersetzung eines Lehrbuches aufgenommen hat, das in den Niederlanden 1973 erschienen ist und dort mittlerweile als Standardwerk gilt.

Der Autor, Johan van Dormolen, ist ein Didaktiker, der über die Grenzen seines Landes hinaus anerkannt ist und durch seinen Vortrag anläßlich der Bundestagung Augsburg 1976 einem breiteren deutschen Publikum bekannt geworden ist.

Herr van Dormolen verfügt über eine langjährige Berufserfahrung als Gymnasiallehrer und ist seit mehreren Jahren als Dozent an der Universität Utrecht mit der fachdidaktischen Ausbildung von Studenten befaßt.

Im vorliegenden Buch ist ihm m.E. eine gelungene Synthese seiner reichen praktischen Lehrerfahrungen mit Konzepten der Unterrichtspsychologie (de Cecco, Skemp, van Hiele) gelungen und es ist zu wünschen, daß das Buch die weitere fachdidaktische Diskussion in Deutschland befruchten wird.

Erich Wittmann

Vorwort

Geschrieben wurde dieses Buch als Hilfsmittel für Kollegen und Arbeitskreise, die sich mit Didaktik der Mathematik befassen. Daher wendet es sich in erster Linie an Studenten, die Mathematiklehrer an weiterführenden Schulen werden wollen. Es geht davon aus, daß für einen angehenden Lehrer alles wichtig ist, was es zu konkreten Unterrichtssituationen an Kenntnissen, Fertigkeiten und Verhaltensweisen gibt. Darum will dieses Buch Methoden und Strategien anbieten, die ein Mathematiklehrer als Grundlage für vernünftige Entscheidungen in seinem Unterricht benutzen kann. Die Theman sind daher auch so gewählt, daß jemand, der über das Lesen dieses Buches hinaus an Diskussionen und Übungen mit Kollegen und Arbeitsgruppen teilnimmt, lernen kann, seinen Unterricht gezielt vorzubereiten und zu beurteilen.

Neben Studenten soll auch erfahrenen Mathematiklehrern in diesem Buch viel brauchbares Material an die Hand gegeben werden, didaktisches Vorgehen zu erhellen.

Gestützt auf Literatur, Gespräche und eigene Lehrererfahrung wurde versucht, dem Buch einen Zusammenhang zu geben, in dem deutlich eine große Linie erkennbar ist. Das bedingt, daß aus verschiedenen Betrachtungsweisen jedesmal auf Grund der obengenannten Auffassungen und beschränkenden Randbedingungen eine Auswahl getroffen wurde.

Vollständigkeitshalber seien notwendige (aber nicht hinreichende) Voraussetzungen für einen guten Mathematiklehrer genannt: Gründliche Fachkenntnisse und Neigung für den Beruf des Lehrers so, wie das für jeden anderen Beruf notwendig ist. Das ist aber so selbstverständlich, daß darüber in diesem Buch nichts weiter gesagt werden soll.

Dieses Vorwort wäre aber keineswegs vollständig ohne meinen Dank an Kollegen und Studenten, die mit ihrer ermutigenden und positiven Kritik mithalfen, aus der ursprünglichen Vorlesung dieses Buch werden zu lassen. Dies gilt insbesondere für Frau T. de Klerk-de Poel und Frau H. S. Susijn-van Zaale, die sich bereit fanden, die Entwürfe mit großer Sorgfalt zu lesen. Besonderer Dank gebührt schließlich Herrn Drs. H. G. B. Broekman, ohne den dieses Buch nicht zustande gekommen wäre.

J. van Dormolen

Oegstgeest, Oktober 1973

Vorwort zur zweiten Auflage

Es erscheint mir angebracht, in einigen Punkten meine Absichten zu verdeutlichen.
Insbesondere möchte ich hier dem Einwand begegnen (den Kritikern sei für ihre Mühe
herzlich gedankt), daß die Modelle und Strategien dieses Buches nicht die einzig möglichen
seien. Das ist natürlich unwiderlegbar. Ich wollte mit diesem Buch auch gar keine umfassende Übersicht der bestehenden Modelle und Strategien geben. Vielmehr wollte ich dem angehenden Lehrer einige Methoden an die Hand geben, die er mit einiger Zuversicht in
seinem Unterricht benutzen kann, ohne dabei in ein Korsett vorgeschriebener Rezepte ge-
zwängt zu werden. Erfahrungen routinierter Mathematiklehrer haben gezeigt, daß auch sie
mit Hilfe der dargebotenen Modelle und Strategien ihren Unterricht verbessern konnten.

Für diejenigen, die andere Unterrichtstheorien kennenlernen wollen, wird in diesem Buch
entsprechende Literatur angegeben.

J. van Dormolen

Oegstgeest, August 1976

Inhaltsverzeichnis

1. Allgemeines

1.1. Der Unterrichtsarbeitsplan

1.1.1. Warum ein Arbeitsplan?

Die meisten Lehrer haben ihren Beruf fast ausschließlich in der Praxis erlernt. Ihre Art zu lehren hat handwerklichen Charakter. Man lehrt das Fach durch „Hinfallen und Aufstehen" gepaart mit gefühlsmäßiger Intuition für Gutes und Unmögliches. Geleitet wird man von der Strategie eines Schulbuchs, das man einfach benutzt und das Kollegen geschrieben haben, die ihren Beruf auf genau dieselbe Art gelernt haben.

Solange man noch von der gediegenen Tradition sprach, ging das ganz gut. Doch die Entwicklungen der letzten Jahre gingen über Traditionen hinweg oder stellten sie in Frage. Die Hoffnung auf den großen Rahmen eines Mathematiklehrplans ging verloren. Dadurch entstanden viele Unsicherheiten. Eine deutliche Richtung bezüglich didaktischen Vorgehens ist nicht mehr vorhanden.

Neben diesen Übeln findet man auch Lichtpunkte. Gerade durch die Unsicherheit entsteht ein Bedürfnis nach mehr Informationen über die Zielsetzungen des (Mathematik-)Unterrichts. Warum müssen bestimmte Lerninhalte besonders gründlich, andere gar nicht gelehrt werden? Wie kann man den Stoff anordnen und nach welchen Kriterien kann das geschehen? Wie kann man feststellen, ob das gestellte Ziel erreicht wurde?

Wenn ein Lehrer auf die so entstehenden Fragen antworten kann, gelangt er schon zu einem Arbeitsplan. Seine Antworten können sich dabei auf eine bestimmte Stunde beziehen oder auf eine Reihe zusammengehöriger Stunden oder auch auf ein ganzes Schuljahr.

Ein Unterrichtsarbeitsplan beschreibt die Aktivitäten, von denen Lehrer und Schüler meinen, daß sie zum Lernziel führen. Er beschreibt weniger die Stunden selbst als vielmehr die Art der Aktivitäten und wie man die Ergebnisse testen kann. Ferner werden sowohl der Lehrstoff als auch die Hilfsmittel, die benutzt werden sollen, ausgewählt.

Wer hierüber nachzudenken beginnt, läuft Gefahr, durch all die Fragen und Probleme ganz ratlos zu werden. Die Neigung, sich daraufhin wieder auf den früheren handwerklichen Unterricht zurückzuziehen, ist daher voll und ganz verständlich. In der Zuversicht, daß sich die Schulbuchautoren wohl alles gut überlegt haben, folgt der Lehrer Schritt für Schritt dem Buch in der Hoffnung, schon zu merken, welchen Schwierigkeiten die Schüler begegnen.

In diesem Buch wird dem Lehrer soviel Material angeboten, daß er im Stande sein sollte, seinen Unterricht auf rationaler Grundlage vorzubereiten, d.h. er sollte einen Arbeitsplan aufstellen können. Dazu wird eine spezielle schematische Übersicht benutzt, die *Modell eines Unterrichtsarbeitsplanes* genannt wird.

1.1.2. Das Modell

Man muß diesem Wort nicht zu viel Gewicht geben. Wir meinen damit eine schematische Übersicht ähnlich dem Grundriß eines Hauses, den man benutzt, um sich über die Einrichtung klar zu werden, oder das Schema einer Dreistufenrakete, das die Wirkungsweise verdeutlicht. Beides sind Beispiele für die Bezeichnung „schematische Übersicht", die hier aber abkürzend Modell genannt werden soll. Beide Beispiele haben gemeinsame Kennzeichen, die man auch in dem hier benutzten Modell eines Unterrichtsarbeitsplans wiederfindet: Vereinfachung, nicht Beschreibung des tatsächlichen Objekts, aber eine übersichtliche Zusammenfassung der *wichtigsten Komponenten* und ihrer *gegenseitigen Beziehungen*, mit dem Ziel, einen *Bezugsrahmen* zu geben, in dem man sich das wirkliche Objekt vorstellen kann.

Will man ein solches Modell aufstellen, dann wird man mit der Frage konfrontiert, inwieweit die Komponenten ausgearbeitet werden müssen. Wird die Anzahl der Details groß, kommt das Modell der Wirklichkeit näher. Dem stehen als Nachteile gegenüber, daß es unübersichtlich wird und, was schlimmer ist, nur für wenige wirkliche Situationen brauchbar ist.

Ist andererseits die Anzahl der Details zu klein, dann hat das Modell so wenig Bezug zur Wirklichkeit, daß man wiederum nichts davon hat. Das Modell eines Unterrichtsarbeitsplans, das in diesem Buch verwendet wird, ist ein guter Mittelweg.

In der Mathematik wird das Wort Modell auch im Sinne der Realisierung einer Theorie benutzt. Das wird in diesem Buch nicht getan. Um es mathematisch auszudrücken: Unser Modell ist ein Homomorphismus von dem, was tatsächlich möglich ist, kein Isomorphismus.

Im Sprachgebrauch wird das Wort Modell wohl auch als Synonym für ein ideales Vorbild benutzt. Auch das ist hier nicht der Fall. Das Buch will Stundenmodelle anbieten, keine Modellstunden. Sonst könnte genau das entstehen, was gerade vermieden werden muß: daß man gedankenlos einem vorgefertigten Schema folgend seine Stunden abhält. Dagegen sollte man in der Lage sein, die verschiedenen Komponenten seines Unterrichtsprogramms und ihre Beziehungen zueinander zu analysieren und darauf aufbauend mit Hilfe eines Stundenmodells seinen Unterricht vorzubereiten. Im letzten Fall geht man systematisch, d. h. planmäßig und zielstrebig zu Werk. Das bringt den Vorteil einer besseren Beherrschung des Lernprozesses und die Möglichkeit ihn auszuwerten. Wer so an die Sache herangeht, ist ein professioneller Arbeiter, der auf der Basis einer Theorie aus verschiedenen Möglichkeiten seine Wahl trifft und gezielt eine verantwortbare Arbeit liefert.

1.1.3. Das in diesem Buch verwendete Modell

In diesem Buch wird ein *didaktische Analyse* genanntes Modell benutzt, das von einer Arbeitsgruppe unter der Leitung von *Van Gelder* für Pädagogische Hochschulen entwickelt wurde. Die weitere Ausarbeitung der Grundzüge des Modells stammt vom Verfasser. Es werden in diesem Modell an den Lehrer, der eine Stunde vorbereitet, vier Kernfragen gestellt.

1. Die erste Frage bezieht sich auf das *Ziel* des beabsichtigten Unterrichts: *Was würde ich gerne meine Schüler erreichen lassen?* Diese Frage ist nicht so selbstverständlich wie sie klingt. Der Lehrer, der das Schulbuch nicht durch und durch kennt, kommt da in Schwierigkeiten. Und der Lehrer, der durch das Schulbuch jagt um „mit der Zeit auszukommen", weiß zwar, was er selbst will, hat sich aber nicht gefragt, was seine Schüler können sollen. Dieser Schlüsselfrage ist das zweite Kapitel dieses Buches gewidmet.

2. Die zweite Frage betrifft den *Anfangszustand* des Schülers: *Wo können meine Schüler anfangen?* Der Lehrer, der das Schulbuch nicht vollständig kennt, kommt in Schwierigkeiten, wenn er bei seinen Schülern Dinge als bekannt voraussetzt, die sie nicht kennen. Auch sollte er seinen Unterricht auf das Alter der Schüler ausrichten, auf ihre durchschnittlichen sprachlichen Fähigkeiten, und wie sie in der Schule und außerhalb gelernt haben, zu arbeiten und Ordnung zu halten (siehe Kapitel 3).

3. Die dritte Frage spricht die tatsächliche *Unterrichtssituation* an. Das ist das Zusammenspiel der Aktivitäten von Schülern und Lehrer, von Lehrstoff und Lehrmitteln: *Wie kann ich Lerninhalte vermitteln und wie können meine Schüler sie lernen?* Diese Frage ist vielleicht die wichtigste, da sie auf die aktuelle Situation in der Stunde abzielt. Die anderen drei sind gleichwohl sehr wichtig und nicht voneinander zu trennen. In den Kapiteln 4 bis 7 wird diese Frage der Unterrichtssituation erörtert.

4. Schließlich bleibt die Frage nach der *Auswertung* des erteilten Unterrichts: *Wie ermittelt man den Lehrerfolg?* Die Beantwortung dieser Frage ermöglicht eine Steuerung des Lernprozesses, eine Verbesserung der Zielstellungen, und gegebenenfalls läßt sich der Anfangszustand der Schüler besser bestimmen. Selbst wenn der Unterricht den gewünschten Erfolg hatte, ist es wichtig, darüber nachzudenken; denn wenn wir die Ursache des Erfolgs kennen, kann das für spätere Fälle nützlich sein.

Die abschließende Beurteilung erfolgt häufig nach Testergebnissen. Das soll nicht heißen, daß die Tests stets nur nach Ablauf einer Stundenserie in Form von Prüfungsarbeiten erfolgen sollen. Auch während des Unterrichts sollte man testen (siehe Kapitel 8).

Neben den wichtigsten Komponenten muß ein Modell auch deren Beziehungen zueinander wiedergeben. In Bild 1.1 geschieht dies durch Pfeile. Zwischen den Komponenten findet man Doppelpfeile. Durch sie werden Wechselwirkungen zwischen diesen Komponenten verdeutlicht. So ist es beispielsweise unsinnig, von einem Lehrer die Formulierung der Lernziele im Geometrieunterricht zu fordern, ohne daß er etwas über diejenigen Schüler weiß, die den Unterricht genießen sollen. Darüber hinaus weist die Tatsache, daß es sich dabei um Geometrieunterricht und nicht um Unterricht schlechthin handelt, darauf hin, daß ein spezielles Thema gewählt und damit die Lehrsituation (Komponente 3) berücksichtigt wurde.

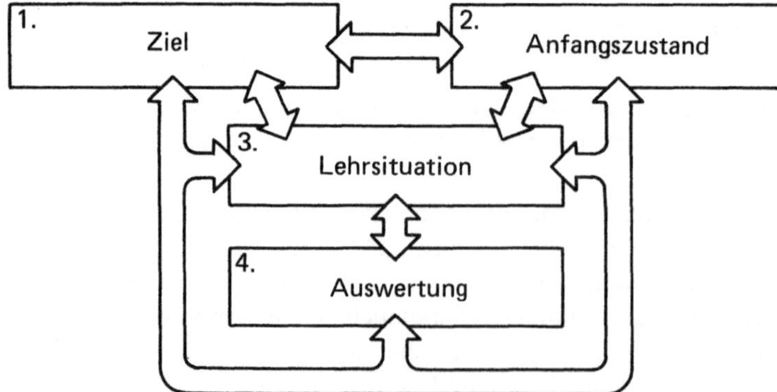

Bild 1.1

Oftmals ist es sehr sinnvoll, sich zu fragen, welche Fragen und Aufgaben man seinen
Schülern stellen will. Das bedeutet, daß man in Wirklichkeit bei der Komponente 4 beginnt.
Wer eine Prüfungsarbeit entwerfen kann, hat ein intuitives Gefühl für das, was er mit seinen
Schülern erreichen will, für das, was sie nicht unbedingt können müssen und für die Art
und Weise, in der es die Schüler lernen sollten. Ausgehend von einem solchen Prüfungsent-
wurf ist es dann in der Regel leichter, die Fragen aus 1, 2 und 3 zu beantworten.

Die nachfolgenden Fragen sollen den Lehrer, möglichst im Gespräch mit anderen, über
Probleme bezüglich des Vorhergehenden nachdenken lassen. Eindeutige Antworten sind
wohl unmöglich, wie übrigens bei fast allen Fragen dieses Buchs.

Frage 1: Ein Gymnasium der Gemeinde X ist mit einer Realschule übereingekommen, die Schüler
wechselseitig aufzunehmen. Um horizontale Durchlässigkeiten zu schaffen, beschloß man, in den Ein-
gangsklassen dieselben Bücher zu verwenden. Gemeinsam haben die Mathematiklehrer ein für Gymnasien geschriebenes Buch ausgewählt. Nach wenigen Monaten zeigt sich, daß 80 % der Realschüler
nicht mehr mitkommen und daß auch die Leistungen am Gymnasium in ungewohnter Weise nachlassen.
Welche der folgenden Interpretationen kommt der Wirklichkeit am nächsten?
a) Die Mathematiklehrer der Realschule und auch der Gymnasien haben zu hohe Anforderungen ge-
    stellt (falsche Formulierung der *Ziele*).
b) Die Überlegungen der Mathematiklehrer berücksichtigten nicht, daß das Schulbuch nicht für Real-
    schüler geschrieben wurde (falsche Einschätzung des *Anfangszustands*).
c) Das Buch ist schlecht (falsche Beurteilung eines Hilfsmittels für die *Lehrsituation*).
d) Die Arbeiten waren zu schwierig (falsche Vorstellung von der *Auswertung*).

Frage 2: Ein Lehrer will seiner (Gymnasial)Klasse beibringen, wie man die Normalform der quadratischen Gleichung mit gegebenen ganzen Koeffizienten mit Hilfe der quadratischen Ergänzung löst.
Er hat sich davon überzeugt, daß sie den Ausdruck $x^2 + 2ax + a^2$ in $(x + a)^2$ umwandeln können.
Auch Gleichungen dieses Typs mit ganzzahligen Lösungen können sie behandeln. Der Lehrer erklärt
seiner Klasse das Ziel und warum man neben der gelernten Methode noch eine weitere benötigt. Er erklärt diese, fragt, ob es jemand nicht verstanden hat, und stellt, als er hierauf keine Antwort erhält,
fünf Aufgaben des genannten Typs. Dabei zeigt sich, daß nur sehr wenig Schüler die Aufgaben lösen
können. Er glaubt nicht, daß es an der Klasse liegt, sondern daß er irgendwo während des Unterrichts
einen Fehler begangen hat. In welcher der vier Komponenten ist er wohl am wahrscheinlichsten zu
suchen?

Frage 3: In einem Lehrbuch[1] findet sich in dem Kapitel ‚Zwei lineare Gleichungen mit zwei Unbekannten' der folgende Abschnitt:
„*Aufgabenstellung: Gleichungssysteme, die in zwei lineare Gleichungen mit zwei Unbekannten umzuformen sind.*
Bei Aufgaben dieses Typs mußt Du im allgemeinen die gegebenen Gleichungen in lineare Gleichungen
der Normalform umformen.
Hierzu mußt Du:
a) die Klammern beseitigen (sofern vorhanden),
b) durch Multiplikation die Brüche entfernen,
c) die Terme mit x und y auf die linke Seite, die Terme ohne x und y auf die rechte Seite bringen,
d) gleichartige Terme zusammenfassen.
Nachdem die Gleichungen so in die Normalform überführt wurden, löse sie nun mit Hilfe der Additions-
Subtraktions-Methode.

---

[1] Bos/Lepoter, *Wegweiser in die Algebra 2*, Amsterdam 1964.

Wenn allerdings aus einer der beiden Gleichungen eine einfache Beziehung zwischen x und y hergestellt werden kann, dann benutze natürlich das Einsetzverfahren. Dann ist es auch nicht immer nötig, die andere Gleichung erst in die Normalform zu bringen.

Löse folgende Gleichungssysteme auf die kürzeste Art:

$$1) \quad 4 (x - 2) = 3 (y - 4) + 4$$
$$5 (x - 1) = 2 (x + y) - 4.\text{"}$$

Es folgen dann noch sieben Aufgaben. Versuchen Sie, in Worte zu kleiden, wie die Autoren wohl die vier Kernfragen beantwortet hätten?

Frage 4: Nehmen Sie eine beliebige Seite aus einem beliebigen Schulbuch und ergründen Sie, ob, und wenn ja, wie die Autoren möglicherweise die Kernfragen beantwortet hätten. Berücksichtigen Sie dabei das behandelte Thema.

Frage 5: Beobachten Sie eine Schulstunde (real oder Mitschnitt) und versuchen Sie herauszufinden, wie, falls überhaupt, der Lehrer die vier Kernfragen beantwortet hätte.

Das soeben dargestellte Modell ist noch zu grob, um wirklich handhabbar zu sein. Das ist namentlich für Komponente 3, *Lehrsituation,* der Fall. Daher unterteilt man diese Komponente weiter, und zwar wiederum in Gestalt von Kernfragen.

3a. In einer Lehrsituation muß man entscheiden, welchen *Stoff* man lehren will: *Was müssen die Schüler lernen?* Vielleicht ist es etwas befremdlich, diese Frage nicht bei 1. *Ziel* zu finden. Dies wird in Abschnitt 2.1 näher erläutert. Hier soll nur ein erhellendes Beispiel gegeben werden:

Ein Lehrer möchte seinen Schülern die Konstruktion der Mittelsenkrechten einer Strecke beibringen. Dies ist zwar ein (Teil-) Ziel der Stunde, doch im Unterrichtsganzen ist die Beherrschung der Mittellotskonstruktion kein allgemeines Lernziel. Langfristig gesehen ist dies ein Hilfsmittel, andere Ziele zu erreichen, beispielsweise: sorgfältig zeichnen zu können.

In Kapitel 4 wird auf die Kriterien für Auswahl und Anordnung des Stoffes eingegangen.

3b. Ohne *Lernaktivitäten* der Schüler ist Unterricht nicht möglich. Darum muß ein Lehrer folgende Frage beantworten können: *Welche Aktivitäten erwarte ich von meinen Schülern?* Davon handelt Kapitel 5.

3c. Um die Lernaktivitäten optimal zu gestalten, muß der Lehrer zu ihrer zweckmäßigen Organisation fähig sein. Ist die Lernaktivität beispielsweise „Hören", so gehört dazu gewöhnlich die Organisationsform Vortrag oder Vorlesung. Ist die Lernaktivität dagegen „Diskutieren", kann nicht eine Vorlesung als Organisationsform gewählt werden, sondern z. B. Klassen- oder Gruppengespräche. Solche Organisationsformen werden *Arbeitsformen* genannt und die zugehörige Frage heißt also: *Welche Arbeitsform ist dem Ziel angemessen?* Dazu bringt Kapitel 6 Näheres.

3d. Schließlich ist da noch die Frage nach den *Hilfsmitteln: Welche Lehrmittel sollen die Schüler, welche Unterrichtsmittel soll ich verwenden?* Es geht hier um dem Gebrauch von Tafel, Schulbuch, Rechenstab, Stimme, Gebärden usw. Darauf geht Kapitel 7 ein.

Das definitive Modell hat nun die Gestalt des Bildes 1.2. Natürlich ist dieses Modell noch leer. Die eigentliche Arbeit kommt erst noch: Vorbereitung, Durchführung und Bewertung von Stunden. Hoffentlich sind die folgenden Kapitel hierbei eine Hilfe.

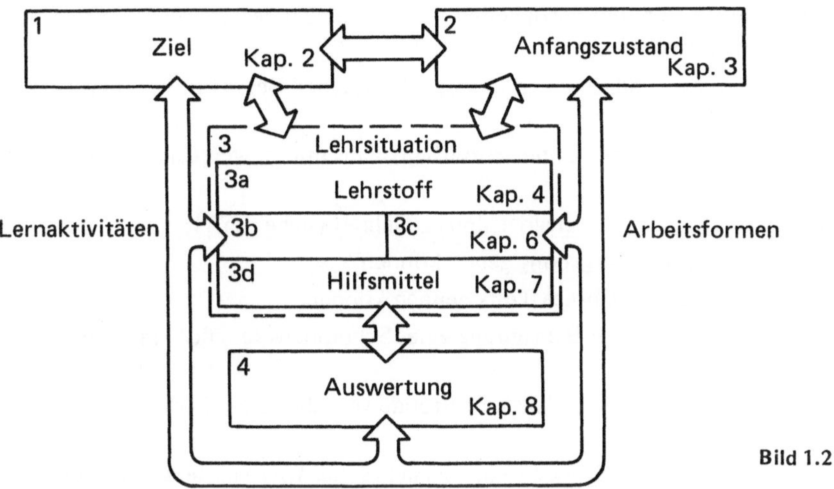

Frage 6: Wissen Sie jetzt mehr über die Situation aus Frage 2?

Frage 7: Ein Lehrer erklärt seiner Klasse an der Tafel mit Hilfe von Tafelzirkel und -dreieck, wie man die Mittelsenkrechte einer Strecke konstruiert. Er tut dies sehr ausführlich, jeder kann folgen. Er spricht langsam und deutlich, und seine Ausdrucksweise entspricht genau dem Niveau der Schüler. Nachdem er sich gründlich davon überzeugt hat, daß jeder die Konstruktion begriffen hat, sagt er: „Nun müßt Ihr es selbst einmal versuchen. Nehmt Heft, Zirkel, Lineal und Bleistift." (Pause, bis alle soweit sind) „Nehmt eine neue Seite, zeichnet in die Mitte eine Strecke von ungefähr 7 cm Länge. Zeichnet sie nicht waagerecht, auch nicht senkrecht, sondern schräg." (Pause, bis alle soweit sind) „Zeichnet nun die Mittelsenkrechten, wie ich es vorgemacht habe."

Er schaut herum und sieht, daß sechs Schüler nicht anfangen, und als er herumgeht, merkt er, daß noch einige andere die Konstruktion falsch machen. Wie kann man das erklären?

1.2. Die Lehrerausbildung

Dieser Abschnitt ist als orientierende Übersicht gedacht. Auf fundamentale Prinzipien der Lehrerausbildung wird nicht eingegangen. Hier wird unterschieden zwischen Kenntnissen, Fertigkeiten und Verhalten, und es wird besprochen, was hiervon an einen Lehrerseminar behandelt werden kann und was in der Unterrichtspraxis erworben werden muß.

1.2.1. Kenntnisse, Fertigkeiten und Verhalten

Bei den Bildungszielen während einer Ausbildung kann man drei Komponenten unterscheiden: Kenntnisse, Fertigkeiten und das Verhalten. Das Verhalten ist eine überaus wichtige Komponente, aber darüber wird in diesem Buch nichts gesagt werden. Es ist sehr schwer, wenn nicht gar unmöglich, über ein Buch jemandem richtiges Verhalten bei seiner Berufsausübung beizubringen. Hoffentlich werden aber mit diesem Buch doch implizit Verhaltensmuster übertragen. Explizit beschränkt sich der Text auf Ziele bezüglich Kenntnisse und Fertigkeiten.

Die Grenze zwischen Kenntnissen und Fertigkeiten ist fließend. Zu den erstrebenswerten Kenntnissen kann man z.B. zählen:

- erklären können, warum es im allgemeinen unmöglich ist, einen Begriff mittels einer Definition zu lehren (siehe 4.3.3);
- die wichtigsten Komponenten eines Unterrichtsarbeitsplans mit einigen Charakteristika nennen können (siehe 1.1.3);
- drei verschiedene Arten kennen, den Begriff sinus zu lehren (siehe 9.6.1);
- eine Übersicht über die Schulgesetzgebung geben können;
- Vor- und Nachteile von Multiple-Choice-Tests nennen können;
- Kriterien aufzählen können, die zur Beurteilung eines Schulbuchs tauglich sind (siehe 11.10);
- Auf der Basis eines Unterrichtsarbeitsplans eine Stunde vorzubereiten, in der ein neuer Algorithmus eingeführt wird;
- die Schultafel für eine bestimmte Stunde so in übersichtlicher Weise einteilen können, daß die Beziehung zum Stundeninhalt deutlich wird;
- eine Gruppendiskussion leiten können;
- eine Strategie für die Einführung des sinus begründen können;
- im Stande sein, eine Frage eines Schülers mit einer Anzahl gezielter Gegenfragen zu beantworten, falls die Situation dafür geeignet ist, und hinterher erklären können, warum die Situation zu solchem Handeln Anlaß gab.

Aus diesen Beispielen wird klar, daß dies Buch nur teilweise zum Erlernen von Fertigkeiten und Kenntnissen im Sinne eines zielstrebig funktionierenden Mathematiklehrers beitragen kann. Die meisten Fertigkeiten muß man anderswo erwerben: nämlich in Schul- und Institutspraktika. Doch dies kann nur auf der Basis von Fachkenntnissen geschehen. Zwar sind Fachkenntnisse allein absolut ungenügend, aber ohne Fachkenntnisse sind ausreichende Fertigkeiten nicht zu erwerben. In diesem Buch wird ein Teil dieser notwendigen Basiskenntnisse vermittelt. Daneben wird etwas Material gegeben, ein paar Fertigkeiten zu erlernen.

Frage 8: Nennen Sie fünf wichtige Kenntnisse und fünf wichtige Fertigkeiten, die Ziel einer Lehrerausbildung sein sollten.

1.2.2. Die Theorie

Neben Kenntnissen kann man eine Reihe Fertigkeiten einüben, besonders diejenigen, zu denen man nicht unbedingt eine Schulklasse braucht. Beispiele sind das Analysieren eines Schulbuchtextes, das Formulieren von Lernzielen anhand eines gegebenen Lehrplans, der Entwurf eines Multiple-Choice-Tests, das Analysieren einer Stunde nach einem Videobandmitschnitt oder auch ein Plan für eine Schulstunde. Um dieses zu üben, sind in Kapitel 11 einige Beispiele aufgenommen worden.

Frage 9: Nennen Sie ein paar Fertigkeiten, die man nicht in einem Institut, sondern allein im Umgang mit Schülern erwerben kann.

1.2.3. Die Praxis

Jede Aktivität, die sich zwischen Schülern und Lehrer abspielt, muß in der Praxis geübt
werden. Ein gediegenes Schulpraktikum ist daher äußerst wichtig. Lernen besteht größten-
teils daraus, daß man selbst etwas tut, daß man selbst Antworten auf Probleme sucht, daß
man selbst Entschlüsse faßt usw. Dies gilt auch für das Lernen zu unterrichten. Darum muß
ein angehender Lehrer möglichst oft in Lehrsituationen gestellt werden, in denen er selbst
die Rolle des Lehrers übernimmt. Darüber hinaus erfordert Lehren, soll es effizient geschehen, einen Lehrer, der die Probleme auswählt, der den Schüler ermutigt und ihm hilft,
wenn er den Faden zu verlieren droht, der auf das Endziel gerichtete Fragen stellt usw.
Daher muß der angehende Lehrer einen Teil seiner Praxis unter der Anleitung eines erfahrenen Praktikumleiters erwerben können. Zudem ist es in der Tat so, daß man viel
von Mitschülern, die in derselben Situation stehen, lernen kann. Diese und andere Gründe
legen die Durchführung von Übungstagen mit Teams nahe, die aus zwei oder drei Studenten
und einem Praktikumleiter bestehen. Eine Erörterung des Inhalts und der Durchführung
eines solchen Praktikums fällt aber aus dem Rahmen dieses Buches. (Es wäre natürlich
ideal, wenn alle Ausbildungskomponenten so aufeinander abgestimmt werden könnten,
daß ein einheitliches Ganzes entstehen würde.)

2. Allgemeine Lernziele

Das Wort Lernziel hat eine traditionelle Bedeutung. Gewöhnlich denkt man dabei an mathematische Theorien und Rechenmethoden. In diesem Kapitel erhält das Wort aber eine viel breitere Bedeutung. So auch: Sauber schreiben, Umgang mit einem Zirkel, selbst Aufgaben erfinden, die zum Lehrstoff passen. Um Irrtümern vorzubeugen, ist es dementsprechend auch besser, zwischen kurzfristigen Zielen (das, was ein Schüler in einer Stunde oder in wenigen Stunden lernen soll) und langfristigen Zielen (was, wie man hofft, ein Schüler während seiner gesammten Schulkarriere erlernt) zu unterscheiden.

Weiter klingt in diesem Kapitel an, daß kurzfristige Ziele meistens keine eigentlichen Ziele sind, sondern dazu dienen, langfristige Ziele zu erreichen.

Frage 1: In 11.1 werden Prüfungsarbeiten verschiedener Lehrer zum selben mathematischen Inhalt angegeben.

a) Versuchen Sie zu formulieren, was jeder von Ihnen auf die Frage antworten würde, was seine Schüler für diese Arbeit können und kennen sollten?

b) Versuchen Sie, wahrscheinliche Antworten auf folgende Frage zu geben: ,,Welche Fertigkeiten möchten Sie Ihren Schülern langfristig vermitteln?"

c) Wählen Sie von jedem Lehrer eine Zielstellung aus a), und eine aus b), und entwerfen Sie dazu eine Prüfungsarbeit, die testet, ob die Schüler die jeweiligen Zielstellungen erreicht haben.

2.1. Der Unterschied zwischen lang- und kurzfristigen Lernzielen

Lehrer und Schüler diskutieren immer wieder die Frage, warum bestimmte theoretische Dinge gelehrt werden müssen. Es kommt selten vor, daß das Erlangen bestimmter Kenntnisse oder Fertigkeiten bereits als ein Ziel aufgefaßt werden kann, das der Mühe wert ist. Dagegen muß man sich stets fragen, was man mit den Kenntnissen und Fertigkeiten anfangen kann? Offenbar dient das, was man jetzt lernt, dazu, später etwas anderes zu können. Hierzu folgen ein paar Beispiele in Form von Aufgaben.

Frage 2: Wir lehren unsere Kinder zählen. Wenn sie eingeschult werden, sollen sie bis zehn zählen können. ,Bis zehn zählen' ist somit zu diesem Zeitpunkt Lehrstoff. Kann man sagen, daß es auch ein allgemeines Lernziel ist?

Frage 3: Zeichnen Sie ein Dreieck ABC mit AB = 9,5 cm, AC = 5,3 cm und $\alpha = 64°$.

a) Bevor ein Schüler dies kann, muß er einiges lernen. Welche Kenntnisse und Fertigkeiten dienen diesem Ziel?

b) Das Beherrschen dieser Konstruktion ist wiederum ein Mittel, fernere Ziele zu erreichen. Nennen Sie welche.

Frage 4: Jede der Gleichungen $x^2 = 36$, $x^2 - 5x = 0$, $x^2 - 5x + 6 = 0$ und $x^2 - 5x + 5 = 0$ läßt sich mit einem anderen Algorithmus lösen. Jeder dieser Algorithmen ist zu seinem Zeitpunkt ein kurzfristiges Ziel. Es ist aber nicht notwendig, alle vier Algorithmen zu lehren: Alle Gleichungen lassen sich mit einer allgemeinen Formel lösen. Überlegen Sie ein Lernziel, das es sinnvoll macht, alle vier Algorithmen zu lehren.

Frage 5: Überlegen Sie eine Situation, in der das Lehren eines bestimmten Stoffes bereits ein sinnvolles Lernziel ist.

Frage 6: Mit den nachfolgenden drei Aufgaben wird Kenntnis und Beherrschung verschiedener Gebiete getestet, wobei die Lernziele jedesmal gleich sind. Können Sie ein solches Lernziel erkennen?

a) Beweise: Die Länge des Kreisbogens mit dem Radius R und dem zugehörigen Mittelpunktswinkel α (°) beträgt: $\dfrac{2\pi\alpha R}{360}$.

b) Ist f auf dem abgeschlossenen Intervall [a, b] stetig, dann ist f die Ableitung von

$$F: \quad [a, b] \to \mathrm{IR}: \quad x \to \int_a^x f(t)\,dt.$$

Beweise dies!

c) Im gleichschenkligen Dreieck ABC mit AB = BC ist die Winkelhalbierende von γ Symmetrieachse des Dreiecks. Beweise das!

Frage 7: Mit den nachfolgenden drei Fragen werden Kenntnisse getestet, die dieselbe Theorie betreffen, aber verschiedene Lernziele haben: welche Theorie und welche Lernziele?

a) Beweise: Die Länge des Kreisbogens mit dem Radius R und dem zugehörigen Mittelpunktswinkel α (°) beträgt: $\dfrac{2\pi\alpha R}{360}$.

b) AB und DE sind Kreisbögen mit dem Mittelpunkt M, BC und EF sind Kreisbögen um N (Bild 2.1) AM und NF sind gleichlang. Beweise, daß die Bögen ABC und DEF gleichlang sind.

c) Ein Kreisbogen hat den Radius 3 cm und den zugehörigen Mittelpunktswinkel 50°. Berechne die Bogenlänge!

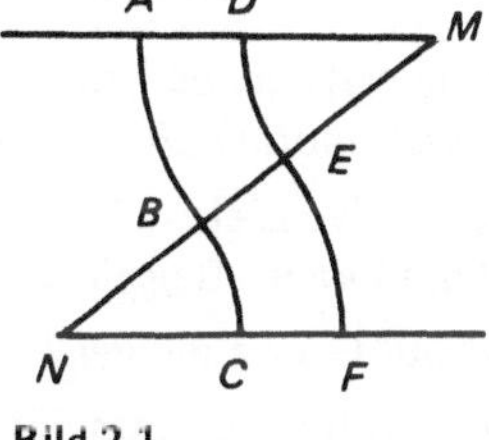

Bild 2.1

Diese Fragen deuten an, daß eine Theorie meist kein eigenständiges Ziel ist, jedenfalls nicht langfristig. Wer seine Schüler lehrt, was eine Höhe ist, hat kurzfristig den Begriff Höhe zum Ziel, aber in Kontext des gesammten Unterrichts kann dies nur Mittel sein, langfristige Ziele zu erreichen. Etwa: Sorgfältig zeichnen können, aus einer Anzahl von Beispielen die Definition des zugehörigen Begriffs angeben können, den Unterschied zwischen Behauptung und Definition wissen, Bedingungen, die eine Definition erfüllen muß, aufzählen können, aus einer Figur relevante Information entnehmen können, usw.

Hieraus wird deutlich, wie verwickelt die Dinge zusammenhängen. Allein mit dem Begriff „Höhe" kann man verschiedene Ziele anstreben. Und das ist nicht an die Höhe gebunden. So gibt es viele andere Themen, die zum selben Ziel führen. Man kann erst auf lange Sicht erwarten, solche Ziele zu erreichen.

Doch soll daraus nicht geschlossen werden, daß man mit Hilfe jeder Theorie jedes Lernziel erreichen kann. Die Wahl und Anordnung dessen, was man unterrichten will (siehe Kapitel 4), die Art, in der Schüleraktivitäten organisiert werden (Kapitel 5 und 6), die Art, wie dies und jenes gebracht wird (Kapitel 7) bestimmt das, was letztendlich erreicht wird. Zur Erläuterung folgen ein paar Beispiele.

a) Sollen die Schüler sorgfältig und genau zeichnen lernen, dann darf man keine Geometrieaufgaben mit fertig gedruckten Zeichnungen stellen.

b) Wer erreichen will, daß seine Schüler aus Beispielen Hypothesen oder Behauptungen ableiten können, darf keine fix und fertig formulierten Sätze anbieten und muß sie folglich auch von den Schülern beweisen lassen.

c) Man kann nicht erwarten, daß die Schüler Projektgruppen bilden können, wenn ihnen niemand zeigt, wie man so etwas anfaßt.

Schließlich sei noch vermerkt, daß die Wahl eines Stoffgebiets auch noch an andere Fächer gebunden ist.

Im kommenden Abschnitt wird die Problematik von verschiedenen Seiten betrachtet. Dabei soll klar werden, in welcher Weise die Formulierung von allgemeinen Lernzielen Einfluß auf die tägliche Arbeit des Lehrers nehmen kann.

Zum Schluß noch eine Bemerkung, um Mißverständnissen vorzubeugen. Wer seine Schüler schon jetzt etwas lehrt, was sie erst später gebrauchen können, befaßt sich deshalb nicht mit einem langfristigen Ziel: Da die Schüler die geforderten Kenntnisse in kurzer Zeit erwerben müssen, geht es hier um ein kurzfristiges Ziel.

2.2. Einteilung in verschiedene Zielarten

Eine erste grobe Unterteilung ist die Unterscheidung von *kognitiven, affektiven* und *psychomotorischen* Zielen.

Kognitive Ziele haben mit dem zu tun, was man verstandesmäßig erkennen und durchführen kann. Beispielsweise:

- auf Grund einiger Beispiele für Rechtecke eine Rechtecksdefinition geben können;
- den Beweis eines Satzes übersichtlich und verständlich niederschreiben können;
- erklären können, warum ein bestimmter Rechenalgorithmus gut ist.

Affektive Ziele nehmen Bezug auf die Haltung, die jemand bei bestimmten Aktivitäten einnimmt, z.B.:

- Vergnügen daran haben, sich mit Mathematik zu beschäftigen;
- bereit sein, sich anzustrengen, um ein Problem zu lösen;
- bereit sein, seine eigene Meinung mit anderen Meinungen zu vergleichen.

Psychomotorische Ziele haben mit Fertigkeiten zu tun, die auf Muskeltätigkeiten beruhen, z.B.:

- beim Anfertigen geometrischer Zeichnungen Zirkel und Lineal handhaben können;
- eine saubere Aussprache des Französischen haben;
- durch gezielte Atemtechnik seine Stimme gut einsetzen können.

Die drei Teilgebiete hängen eng zusammen, sogar so sehr, daß beim Verfolgen kognitiver Ziele häufig auch die anderen implizit erreicht werden. So lernt jemand um so schneller mit dem Rechenstab umzugehen, je mehr er dies mit Verstand tut, ebenso wie die Bereitschaft, den Verstand einzusetzen, und die Befriedigung, die jemand bei den Ergebnissen

seiner Arbeit erfährt, nicht von der Handfertigkeit zu trennen sind. Im Rahmen dieses
Buches werden nur *kognitive* Ziele verfolgt.

Frage 8: „Algorithmen kennen" ist ein kognitives Ziel. Strebt man diesem Ziel nach, erreicht man
unter Umständen ein positives affektives Ziel, während unter gewissen anderen Umständen auch negative affektive Ziele erreicht werden können. Nennen Sie solche Umstände.

2.2.1. Der kognitive Bereich

Die Kernfrage: *Was sollen meine Schüler erreichen?* ist global und ungenau. Man kann sie
verschieden auslegen. Eine mögliche Interpretation ist: Warum müssen Schüler der höheren
Schulen unbedingt Mathematik lernen? Weil es wichtig für die Physik ist? Oder weil im
täglichen Leben Mathematik benötigt wird? (Als ob der Schulbesuch nicht zum täglichen
Leben gehört.) Oder nur, um einzusehen, daß die Mathematik einen wichtigen Beitrag
zu unserer Kultur geliefert hat? Oder weil man annimmt, dabei logisch denken zu lernen?

Es lassen sich noch viele derartige Ziele formulieren. Sie lassen sich einordnen in das, was
in diesem Buch *allgemeine Lernziele des Mathematikunterrichts* genannt wird (siehe
weiter 2.3).

Eine ganz andere Dimension hat die Frage nach der Beschaffenheit des Mathematikunterrichts. *Was ist noch Mathematik, was nicht mehr?* Wenn ich meinen Schülern den Satz des
Pythagoras erkläre, befasse ich mich mit Mathematik. Wenn ich sie statt dessen einige entsprechend gewählte Zeichnungen ausmessen lasse und sie dabei auf die Spur nach einer
festen Beziehung zwischen Quadraten und Längen bringe, treibe ich wohl auch noch
Mathematik. Auch noch, wenn ich ihnen auftrage, die Schlüsse übersichtlich und deutlich
niederzuschreiben? Oder wenn sie die Aufgabe bekommen, zu verdeutlichen, warum das
Aufstellen einer Vermutung auf Grund von Beispielen etwas anderes ist als der Beweis
dieser Vermutung?

Der Mathematikunterricht hat also verschiedene Aspekte. Demgemäß reden wir hier von
spezifischen Zielen des Mathematikunterrichts. Diesem Gegenstand wird in Abschnitt 2.4
viel Aufmerksamkeit geschenkt.

Dann ist da auch noch die Frage: Wie weit sollen die Kenntnisse und Fertigkeiten der
Schüler gehen? Muß man den Satz des Pythagoras nur wissen, oder muß man ihn auch
beweisen können? Muß er in unbekannten Fällen angewendet werden können? Darf ich
von meinen Schülern verlangen, daß sie ihn gar verallgemeinern können? Müssen sie selbst
eine Klassenarbeit über dieses Thema zusammenstellen können? Solcherlei Fragen haben
mit *Niveauzielen* zu tun. Sie werden in Abschnitt 2.5 besprochen.

2.3. Allgemeine Lernziele des Mathematikunterrichts

Allgemeine Lernziele beantworten die Frage, warum auf den weiterführenden Schulen
Mathematik gelehrt werden muß. Für Lehrer sind diese Ziele auf zweierlei Art nutzbar.

Zunächst können sie damit untersuchen, auf welche Weise eine bestimmte Theorie des
vorgeschriebenen Lehrplans in ihr Unterrichtskonzept eingebettet werden kann. Zweitens

können sie damit auf die Spur von Stoffgebieten kommen, die nicht im Lehrplan stehen.
Von jeder dieser Anwendungsmöglichkeiten folgen nun Beispiele.

a) Es gab eine Zeit, da war der Satz von Ptolemäus obligatorisch. Er lautet: Ist PQRS ein
   Sehnenviereck, dann gilt $PQ \cdot RS + PS \cdot QR = PR \cdot QS$ (Bild 2.2). Er stand vermutlich
   allein aus traditionellen Gründen im Lehrplan. Die Lehrer, die es nicht auf Grund des
   einen oder anderen allgemeinen Lernziels verantworten konnten, diesen Satz zu bringen,
   ließen ihn einfach aus.

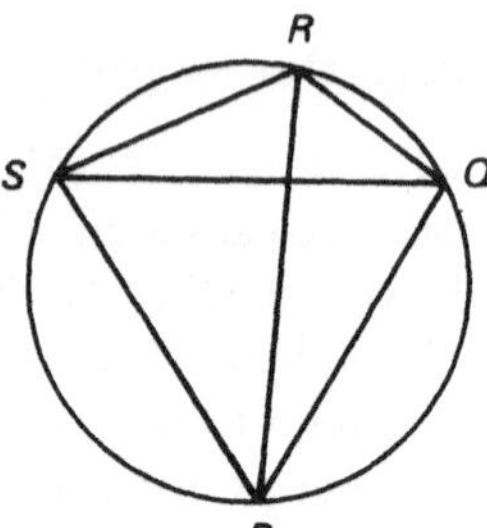

Bild 2.2

b) Ein etwas neueres Beispiel bilden die Begriffe Pol und Polare bei den Kegelschnitten.
   Sie werden mancherorts noch in Abituraufgaben verlangt. Darum benutzen einige der
   betroffenen Lehrer diese Begriffe bei der Auflösung bestimmter Aufgaben. Auf die Begriffe selbst geht man selten ein.

c) Ein Beispiel eines Lehrstoffgebiets, das so gut wie in keinem Lehrplan vertreten ist, ist
   Rechenfertigkeit. Doch gibt es viele Tätigkeiten und Berufe, bei denen man sie unbedingt braucht. Darum sollten Lehrer hierauf besonderen Wert legen.

d) Der Einfluß des Computers auf das tägliche Leben kommt in den Lehrplänen nicht
   zum Ausdruck. Viele Lehrer bieten daher freiwilligen Unterricht in Computerkunde an.

Frage 9: Warum muß man auf der Schule eigentlich Geometrie lernen? Welche Antwort würden Sie
folgenden Fragestellern geben:
— einem Schüler der Unterstufe,
— einem Abiturienten an einem mathematisch-naturwissenschaftlichen Gymnasium,
— einem anderen Mathematiklehrer,
— einem Englischlehrer,
— einem Unbekannten,
— sich selbst?

Frage 10: Was sollte Ihrer Meinung nach ein gebildeter Mensch von der Mathematik wissen?

Es folgen nun fünf Gebiete, die zusammen nahezu alle Tätigkeiten umfassen, bei denen
man Mathematik benötigt. In jedem dieser Gebiete können allgemeine Lernziele formuliert
werden, wobei einige von ihnen für mehr als ein Gebiet gelten:

● Naturerscheinungen,
● zwischenmenschliche Beziehungen,
● Produktion und Dienstleistung,
● Kultur,
● Kommunikation.

Diese Einteilung geht auf *Johnson* und *Rising* (12.1) zurück.

2.3.1. Naturerscheinungen

Eine Naturerscheinung besteht, ohne daß der Mensch darauf Einfluß nehmen muß. Doch kann er sie oft beeinflussen, er kann sie beschreiben und sie im Zusammenhang mit anderen Erscheinungen begreifen. Zu diesem Beeinflussen, Beschreiben und Begreifen trägt die Mathematik in hohem Maße bei. Schüler sollen lernen, wie dies geschieht. Der Mathematikunterricht muß dementsprechend angelegt werden.

Zur Illustration diene eines der Newtonschen Gesetze: Zwei Körper ziehen sich gegenseitig mit einer Kraft an, die proportional zu ihren Massen und umgekehrt proportional zum Quadrat des Schwerpunktabstandes ist.

Dies ist klar erkennbar eine mathematische Beschreibung einer Naturerscheinung. Wer sie benutzt, muß

- den Inhalt folgender Wörter kennen: proportional, umgekehrt proportional, Quadrat,
- den gesprochenen Sachverhalt in einer Formel beschreiben können,
- mit Variablen rechnen können,
- für die Variablen Werte einsetzen können,
- mit Zahlen rechnen können,
- Brüche in gerundete Dezimalzahlen umwandeln können.

Durch Kenntnis dieses Gesetzes kann der Mensch Bewegungen steuern, etwa die eines künstlichen Mondes. Daneben kann er andere Erscheinungen deuten, z.B., daß im Vakuum Körper mit verschiedenen Massen gleichschnell fallen.

2.3.2. Zwischenmenschliche Beziehungen

Gemeint sind hier Erscheinungen, die in hohem Maße von menschlichen Gefühlen, Emotionen, Antrieben abhängen. Beispiele sind: das Gesetz von Angebot und Nachfrage, politisches Handeln, soziale Beziehungen in einem Stadtviertel, das Behalten auswendig gelernter Merkregeln. Um dergleichen Erscheinungen zu untersuchen, wurden und werden mathematische Methoden entwickelt. Ferner bedient man sich eines mathematischen Instrumentariums, um sie vernünftig zu interpretieren und sie anschließend evtl. zu beeinflussen. Viele Beschlüsse werden auf Grund mathematischer Auswertungen gefaßt.

2.3.3. Produktion und Dienstleistung

Hier ist ebenfalls die Rede von Dingen menschlichen Ermessens, doch liegt hier der Schwerpunkt im Produzieren und Konsumieren. Beispiele dazu gibt es im Überfluß: Konstruktion eines Hebekrans, Konstruktion technischer Geräte für die Medizin, das Haushaltsbuch, die Betonberechnung für ein großes Wohnhaus usw.

2.3.4. Kultur

Die Beschäftigung mit Mathematik um ihrer selbst willen trägt wissenschaftlich und kreativ dazu bei, unsere Kultur zu erhalten. Wer sagt, daß man durch die Beschäftigung

mit Mathematik logisch denken lernt, bemüht sich deutlich, ein Ziel des Mathematikunterrichts in die Kategorie Kultur einzuordnen. Mehr spezifisch könnte man anführen:

- Satz und Definition unterscheiden,
- Satz und Hypothese unterscheiden,
- Satz und seine Umkehrung unterscheiden,
- Die Negation einer Aussage, die mit „Für alle …" beginnt, formulieren können,
- deduktives und induktives Vorgehen unterscheiden,
- Problemlösungen methodisch angehen.

Bei den drei zuvor beschriebenen Gebieten, läßt sich der Mathematikunterricht unter
anderem durch die Anwendbarkeit der Mathematik motivieren. Auf kulturellem Gebiet
ist es viel schwieriger Argumente zu finden, die die Schüler überzeugen und motivieren,
Mathematik zu lernen (besonders, wenn sie noch jünger sind). Nicht jeder läßt sich von
der Aussage überzeugen, daß Mathematik schön ist und ästhetische Bedürfnisse befriedi-
gen kann.

2.3.5. Kommunikation

Mathematik ist ein geeignetes Hilfsmittel, seine Gedanken klar und eindeutig zu vermitteln.
Funktionsvorschriften, Gleichungen, Diagramme, mathematische Zeichnungen sind dafür
Beispiele. Sogar der korrekte Gebrauch der Umgangssprache kann durch die Beschäftigung
mit Mathematik gefördert werden.

Abschließende Bemerkungen

All das läßt sich natürlich nicht dadurch erreichen, daß man die Kategorien nennt, in die
man allgemeine Lernziele einordnet. Die allgemeinen Lernziele müssen konkretisiert,
die heutigen Lehrpläne unbedingt angepaßt werden. Daneben sollten die allgemeinen Lernziele nicht allein die Lehrstoffgebiete beeinflussen, sondern auch die Arbeitsformen und
Lernaktivitäten: Wenn man auf Grund allgemein anerkannter Zielstellungen zu dem
Schluß gelangt, daß die Schüler sehr vieles selbst einbringen sollen, darf man sich nicht
mit Vortragsstunden begnügen.

In diesem Buch wird von der Situation des Lehrers, der an einen festen Lehrplan und ein
vorgeschriebenes Abschlußexamen gebunden ist, ausgegangen. Der Lehrer sollte sich mit
seinen Schülern gleichsam auf einer Waage befinden, auf der einen Seite gehorsam die
Pflicht erfüllen, auf der anderen Seite ungebunden selbst etwas beisteuern.

Frage 11: Suchen Sie aus dem Lehrplan heraus, was dort über Vektoren steht und versuchen Sie, es in
die fünf allgemeinen Zielgebiete einzuordnen.

Frage 12: Tun Sie dasselbe für den Begriff Kongruenz.

Frage 13: Desgleichen für Statistik.

2.4. Spezifische Lernziele

Im vorigen Abschnitt ging es um die Frage, was man mit dem Erlernen von Mathematik
anfangen kann. Nun wird das Lernziel-Problem weiter untersucht: Wenn das Lernen von

Mathematik irgendwozu nützlich ist, wie gut muß man dieses Gebiet dann beherrschen?
Welche Gesichtspunkte spielen beim Betreiben von Mathematik eine Rolle? Welchem
dieser Aspekte muß ein Lehrer besondere Aufmerksamkeit widmen?

Zur Erläuterung folgt ein Beispiel. Man kann es durch jedes Teil des Lehrplans ersetzen.
Laut Lehrplan gehört der Satz von Pythagoras zum Pflichtteil. Das ist eine kurze Anweisung und nicht mehr. Der Satz kann auf verschiedene Arten gelehrt werden.

a) Die Schüler hören dem Lehrer zu, der ihnen den Satz vorträgt und zur Illustration ein
   paar Beispiele gibt.

b) Die Schüler hören dem Lehrer zu, der ihnen den Satz vorträgt und ihn dann beweist.

c) Die Schüler müssen eine Anzahl rechtwinkliger Dreiecke zeichnen und selbst nach einer
   Beziehung zwischen den Seiten suchen, evtl. mit Anleitung.

d) Die Schüler müssen wie in c) den Satz selbst herausfinden und ihn auch beweisen.

e) Den Schülern wird der Satz zwar vollständig vorgegeben, doch beweisen müssen sie
   ihn selbst.

In all diesen Fällen ist der Satz des Pythagoras kein Endziel des Unterrichts einer höheren
Schule, sondern Mittel für andere Ziele. Diese lassen sich in Form von Schüleraktivitäten
umschreiben. Beispiele sind:

1. schriftlich und mündlich einen Satz wiedergeben können;

2. schriftlich und mündlich den Beweis eines Satzes wiedergeben können;

3. erklären können, warum man einen Satz beweisen muß;

4. in einem Beispiel den Sonderfall eines Satzes wiedererkennen können;

5. Beweistechniken kennen lernen;

6. Methoden kennen, um Gesetzmäßigkeiten einer Zeichnung auf die Spur zu kommen;

7. den Unterschied zwischen dem Aufstellen einer Hypothese auf Grund von Beispielen
   und dem Beweis eines Satzes nennen können;

8. den Unterschied zwischen Hypothese und Satz erklären können;

9. einen sauberen, übersichtlichen und für Mitschüler verständlichen Bericht schreiben
   können.

Frage 14: Ordnen Sie jeder der Aktivitäten a) bis e) eine oder mehrere der Aktivitäten 1 bis 9 zu.

Aktivitäten, wie die hier in a) bis e) angesprochenen, beziehen sich auf das, was in diesem
Buch *kurzfristige Lernziele* genannt wird.

Die Aktivitäten aus 1. bis 9. lassen sich dagegen langfristigen Lernzielen zuordnen. Langfristige Lernziele heißen sie, weil sie meist nicht in ein paar Stunden erreicht werden
können, sondern erst in längerer Zeit mit verschiedenen anderen Lernzielen. Doch rechnet
man auch das den langfristigen Zielen zu, was zwar in kurzer Zeit gelehrt werden, aber
immer wieder angewandt werden kann, wie etwa die Beispiele 5, 6, 7, 8 zeigen.

Frage 15: Welche der folgenden Aktivitäten sind kurzfristige, welche sind langfristige Lernziele?

a) aus einem Beispiel den zugrundeliegenden Satz erkennen;

b) erklären können, warum der Kosinussatz eine Verallgemeinerung des Satzes von Pythagoras ist;

c) einen Rechengang durch ein Diagramm wiedergeben können;

d) erklären können, warum „Kein Dreieck ist gleichschenklig" nicht die Verneinung ist von „Alle Dreiecke sind gleichschenklig";

e) die Definition einer abgeleiteten Funktion geben können;

f) wissen, was der Unterschied zwischen Definition und Satz bedeutet;

g) selbständig aus verschiedenen Lösungswegen zu einem gegebenen Problem den effizientesten auswählen können;

h) Kriterien nennen können, nach denen sich schriftliche Berichte beurteilen lassen.

Zum Abschluß dieses Abschnitts werden verschiedene Arten von mathematischen Aktivitäten unterschieden. In jeder Kategorie finden sich kurz- und langfristige Ziele. Die Kategorien sind:

- *Theorie* (entsprechende Beispiele werden durch „T" gekennzeichnet),
- *Algorithmen* (A),
- *Problemlösung* (P),
- *Logische Zusammenhänge* (L),
- *Kommunikation* (K),

2.4.1. Theorie

Beispiele für langfristige Lernziele	Beispiele für kurzfristige Lernziele
Definitionen kennen,	die Definition eines Parallelogramms kennen,
Figuren unterscheiden können,	den Unterschied zwischen Quadrat und Rechteck nennen können,
Zusammenhänge zwischen Begriffen erkennen können,	wissen, wie die Fläche eines Rechtecks mit der Fläche eines allgemeinen Parallelogramms zusammenhängt,
eine neue Anwendung eines Begriffs oder Satzes finden können,	mit Hilfe der Definition des Riemann-Integrals eine Definition der Bogenlänge einer Kurve geben können;
einen Begriff oder eine Eigenschaft in einer anderen Terminologie formulieren können,	die Lösung eines Gleichungssystems von zwei Gleichungen mit zwei Unbekannten durch Mengen beschreiben können.

Frage 16: Welche der folgenden kurz- und langfristigen Lernziele haben mit der Kategorie T zu tun?
a) ein Integralzeichen erkennen,
b) die Bedeutung eines Integralzeichens erklären können,
c) Integrale ganzrationaler Funktionen berechnen können,
d) den Unterschied zwischen direktem und indirektem Beweis erklären können,
e) den Unterschied zwischen Differenzieren und Integrieren kennen,
f) verschiedene Methoden der Flächenberechnung darstellen können.

Weitere Beispiele für Ziele aus T finden sich in Abschnitt 2.7.

2.4.2. Algorithmen

Hierunter fallen Schüleraktivitäten, die auf Routinehandlungen beruhen.

Beispiele für langfristige Lernziele	Beispiele für kurzfristige Lernziele
Methoden zur Lösung zweier Gleichungen mit zwei Unbekannten nennen können,	zwei lineare Gleichungen mit zwei Unbekannten lösen können,
Berechnungen mittels eines auswendig gelernten Algorithmus durchführen können,	ganzrationale Funktionen integrieren können,
Grundkonstruktionen beherrschen,	einen Winkel halbieren können,
die Richtigkeit eines Algorithmus nachweisen können,	beweisen können, daß der Algorithmus der Division mit Rest richtig ist.

Gute Rechen- und Zeichenfertigkeiten sind wichtig. Sie vereinfachen nämlich *das Lernen mathematischer Begriffe,* da der Schüler seine Aufmerksamkeit ganz auf das Lernen richten kann und nicht durch sekundäre Probleme gestört wird. Auch für die Auflösung neuer Probleme, die Aufstellung neuer Theorien und anderer *kreativer Aktivitäten* benötigt man Routine.

Frage 17: Welche der folgenden Ziele gehören zu T, aber nicht zu A, welche zu A und nicht zu T, welche zu beiden, welche zu keinen von beiden?

a) verschiedene Methoden für bestimmte Berechnungen kennen, etwa für die Lösung quadratischer Gleichungen;

b) die Richtigkeit eines Algorithmus zeigen können, z.B. das Wurzelziehen;

c) ein Flußdiagramm eines Algorithmus anfertigen können, etwa zur Untersuchung der Frage, ob eine Kugel und eine Gerade zwei Punkte, keinen oder einen Punkt gemeinsam haben;

d) aus einem allgemeinen Satz einen Sonderfall zur Lösung eines bestimmten Problems herausziehen können; etwa in einer verwickelten Figur ein gleichschenkliges Dreieck aufsuchen, so daß auf zwei gleiche Winkel geschlossen werden kann;

e) den logischen Fehler in einem Gedankengang finden, beispielsweise, wenn aus $\alpha + \beta = 180°$ auf $\alpha = \beta = 90°$ geschlossen wird.

Auch hierzu finden sich weitere Beispiele in Abschnitt 2.7.

2.4.3. Problemlösung

Die Kenntnis von Sätzen und Definitionen (Kategorie T) und die fehlerfreie Durchführung von Standardalgorithmen (Kategorie A) sind zwar notwendige aber nicht hinreichende Bedingungen, um mathematische Probleme zu lösen. Man muß seinen Schülern daneben Methoden vermitteln, mit denen sie auch an ziemlich neue Probleme herangehen können. Es folgen wieder Beispiele zur Erläuterung.

Beispiel 1: Jemand wird aufgefordert, die Summen der ersten tausend natürlichen Zahlen zu berechnen. Da er die Lösung nicht sofort herausfinden wird, sollte er ein paar Dinge wissen und können.

- Aus der großen Anzahl sollte er schließen, daß hier nicht alle Zahlen zu addieren sind, sondern daß für die Berechnung eine Formel gefunden werden soll.
- Er muß wissen, daß man bei Problemen dieser Art gut daran tut, systematisch einige einfache Sonderfälle aufzuschreiben, in der Hoffnung, dabei eine Gesetzmäßigkeit zu entdecken. In diesem Fall sollte er daher untereinanderschreiben:

$$1 + 2 = 3$$
$$1 + 2 + 3 = 6$$
$$1 + 2 + 3 + 4 = 10$$
$$1 + 2 + 3 + 4 + 5 = 15 \quad \text{usw.}$$

- Er muß sich klar darüber sein, daß eine so gefundene Gesetzmäßigkeit nichts als eine Hypothese ist, die bewiesen werden muß (oder durch ein Gegenbeispiel widerlegt werden kann).
- Er muß dazu die Hypothese formelmäßig erfassen können.
- Er muß wissen, daß er in der Formel für die Variable, die für die Anzahl der Zahlen steht, später die Zahl 1000 einsetzen muß.
- Er muß wissen, daß er dem so erhaltenen Ergebnis trauen darf.

Beispiel 2: Jemand soll beweisen, daß in einem Parallelogramm gegenüberliegende Seiten gleichlang sind. Auch hier muß er über gewisse Kenntnisse und Fertigkeiten verfügen, die nicht in A oder T einzuordnen sind:

- Er muß wissen, daß er das, was gegeben ist, zweckmäßig formulieren muß (Parallelogramm heißt: ein punktsymmetrisches Viereck).
- Er muß wissen, daß man oftmals zum Ziel kommt, wenn man die Problemstellung geschickt formuliert. (Wenn ich beweisen will, daß zwei Strecken gleichlang sind, muß ich nach einer Abbildung suchen, die längentreu ist, etwa eine Drehung, Verschiebung, Achsenspiegelung oder Punktspiegelung.)

Der Problemlösung haben schon viele Forscher Aufmerksamkeit geschenkt [1]. Dies Thema ist fesselnd, weil ungeachtet der vielen Regeln, die man hierzu lernen kann, doch immer wieder ein hohes Maß an Kreativität zur Lösung nötig ist. Das ist vermutlich das, was man mathematische Begabung nennt. Schüler und leider auch Eltern und Lehrer neigen allzuoft dazu, dieser Anlage größere Bedeutung als nötig beizumessen. Schlechte Ergebnisse werden nicht selten dadurch beschönigt, daß man sie als angeborenen Talentmangel hinstellt. Kreativität ohne Grundwissen, das sog. Naturtalent, ist dagegen so selten, daß man in der Praxis kaum damit rechnen muß. Sollte sich ein Naturtalent herausstellen, dann ist es immer noch früh genug, dem durch besondere Behandlung Rechnung zu tragen. Grundwissen ist dagegen fast immer nötig, und dazu gehören Kenntnisse und Fertigkeiten aus Kategorie P.

Schulbücher schenken dieser Kategorie normalerweise wenig Aufmerksamkeit. Fast immer bleibt es dem Lehrer überlassen, Lernziele in P zu formulieren und in eine den Schülern

---

[1] Siehe z.B. Polya, *Vom Lösen mathematischer Aufgaben,* oder *Mathematik und plausibles Schließen,* beide Birkhäuser.

verständliche Sprache umzusetzen. Darüber hinaus ist es sehr lästig und sogar unverständlich, Schülern im voraus verschiedene Verallgemeinerungen zu diesem Thema zu vermitteln. Meist ist es besser, die Schüler erst selbst ein bißchen suchen zu lassen und dann später zu versuchen, gemeinsam zu einer Formulierung zu kommen. Wie groß die Rolle des Lehrers dabei ist, hängt unter anderem vom Niveau ab, das er mit seinen Schülern anstrebt (siehe Abschnitt 2.5). *In jedem Fall muß ihm klar sein, daß Kenntnisse und Fertigkeiten aus P auch zum Lehrstoff gehören. Darauf muß er seinen Unterricht abstimmen.*

Frage 18: Nennen Sie zu den nachfolgenden langfristigen Lernzielen ein oder mehrere kurzfristige Lernziele.

a) Eine Abstraktion in mathematischer Ausdrucksweise formulieren können. Gehen Sie beispielsweise von folgenden Situationen aus:

- Sie beschäftigen sich mit Schülern der Unterstufe mit spiegelsymmetrischen Figuren.
- Sie beschäftigen sich mit Schülern der neunten Klasse Realschule mit der Summe von arithmetischen Folgen.
- Sie beschäftigen sich mit Schülern der achten Klasse eines naturwissenschaftlichen Gymnasiums mit der Nullstellenbestimmung von Funktionen.

b) Eine Lösungsmethode erklären können. Hierzu können Sie sich eine der folgenden Situationen vorstellen:

- Sie beweisen mit Schülern der achten Klasse Realschule, daß im Parallelogramm gegenüberliegende Seiten gleichlang sind.
- Sie üben mit Schülern der zehnten Klasse Gymnasium mathematisches Zeichnen.
- Sie üben mit Schülern der siebten Klasse Realschule die näherungsweise Berechnung von Quadratwurzeln mit dem Rechenschieber.

Frage 19: Im Abschnitt 11.2 stehen einige Aufgaben aus dem Buch *Moderne Mathematik*, Teil 3, von Krooshof u.a. Überlegen Sie ein oder mehrere langfristige Lernziele aus P, die mit diesen Aufgaben verfolgt werden (können).

Denken Sie sich dazu noch zwei ganz anders geartete Aufgaben mit derselben Zielstellung aus.

In Abschnitt 2.7 stehen noch weitere Beispiele für langfristige Lernziele aus P.

2.4.4. Logischer Zusammenhang

Wenn ein Schüler eine Menge Theorie beherrscht und anwenden kann, daneben genügend Fertigkeiten aus A und P besitzt, dann ist man noch nicht sicher, daß er jenen Aspekt der Mathematik begriffen hat, den man Logik oder besser logischen Zusammenhang nennt. Es ist ganz gut möglich, daß er den Beweis eines Satzes durchführt, weil er Angst hat, sonst eine schlechte Note zu bekommen, und nicht weil er überzeugt ist, daß eine Behauptung ohne Beweis stets anzweifelbar bleibt. Ebensogut ist es möglich, daß er die Umkehrungen bestimmter Sätze weiß, weil er sie auswendig gelernt hat, und nicht, weil er in der Lage ist, einen beliebigen Satz umzukehren.

Frage 20: Ist folgende Aussage richtig oder falsch? (Sie stand jahrelang in einem Schulbuch für Analytische Geometrie.)

Zwei Geraden stehen aufeinander senkrecht, wenn $m_1 m_2 = -1$; ist umgekehrt $m_1 m_2 = -1$, so stehen die Geraden aufeinander senkrecht.

Frage 21: Wie beurteilen Sie das Folgende (ebenfalls aus Schulbüchern):

a) Die distributive Eigenschaft lautet: a (b + c) = ab + ac. Das Distributivgesetz läßt sich auch in umgekehrter Richtung anwenden: ab + ac = a (b + c).

b) Von einem Dreieck ABC sind a = 15 und b = 17 gegeben. Berechne die fehlende Seite und die Winkel, wenn $\gamma = 63°$.

Frage 22: Aus den Aufgaben 98 bis 101 in Abschnitt 11.3 kann man drei Lernziele herauslesen, eins aus A, eins aus P und eins aus L. Welche Aufgaben gehören zu welchem Ziel? Für die betroffenen Schüler ist es nicht nötig, die drei Lernziele explizit zu kennen. Welches ist das wichtigste?

Sind Sie, nach Formulierung der drei Lernziele, mit der Art und Weise einverstanden, mit der das Thema in diesem Buch behandelt wird?

Frage 23: Machen Sie das gleiche mit Abschnitt 11.4.

Beispiele langfristiger Lernziele	Beispiele kurzfristiger Lernziele
Schlüsse aus einem Sonderfall ziehen können, wenn der allgemeine Fall bekannt ist,	aus Parallelogrammeigenschaften Rechteckeigenschaften gewinnen,
Satz und Definition unterscheiden können,	den prinzipiellen Unterschied zwischen $a^4 = a \cdot a \cdot a \cdot a$ und $a^7 = a^4 \cdot a^3$ nennen können,
die formal-logische Struktur eines Beweises darlegen können,	bei einem gegebenen Gedankengang sagen können, warum er falsch ist.

Auch hierzu findet man in Abschnitt 2.7 weitere Beispiele.

2.4.5. Kommunikation

Lernziele dieser Kategorie sind sehr wichtig. Dafür sprechen nicht nur soziale Argumente. („Es ist wichtig, daß Sie Ihr Wissen klar und verständlich einem anderen vermitteln können.") Auch im eigenen Interesse sollte jeder lernen, seine Gedanken in Worte zu fassen und zu Papier zu bringen. Wer seine Ideen abgeklärt hat, kann darauf aufbauen. Wer sich verworren und unklar äußert, wird nicht weiter kommen. Dies gilt nicht nur für die Umgangssprache, sondern auch für mathematische Formulierungen.

Von allen Kategorien T, A, P, L und K wird der letzten in den Schulbüchern die geringste Aufmerksamkeit zuteil. Das ist nicht schlimm, doch hat es zur Folge, daß sich der Mathematiklehrer selbst um Lehrstoff dieser Kategorie bemühen muß. Ein oft gemachter Fehler junger Lehrer ist es, diesen Aspekt nicht genug zu beachten. Zu oft wird als selbstverständlich vorausgesetzt, daß die Schüler von sich aus in der Lage seien, eine übersichtliche Darstellung zu geben. Es wird ganz den Schülern überlassen, sauber zu schreiben oder auch nicht. Einige Lehrer glauben zu Unrecht, dies gehöre nicht zum Mathematikunterricht. („Dafür soll der Deutschlehrer sorgen.") *Dennoch gehört es auch zum Lehrstoff in Mathematik.*

Beispiele langfristiger Lernziele	Beispiele kurzfristiger Lernziele
wissen, wo man Information findet,	wissen, daß hinten im (Schul-)Buch ein Index ist,
Regeln für die Niederschrift kennen,	wissen, wie man den Beweis eines Satzes systematisch niederschreibt,
für die Ausführung notwendige Konventionen kennen,	wissen, welche Klammern weggelassen werden können und welche nicht.

Frage 24: Warum lehren Sie Ihre Schüler den Gebrauch von Graphiken und Diagrammen?

Frage 25: Nehmen Sie an, Sie lassen Ihre Schüler nicht nur die Antworten auf kleine Aufgaben ($z.B.$ a(a + 3) =   oder $p^3 \cdot p^7$ =   ) sondern auch die Aufgaben niederschreiben. Ein Schüler stellt fest, daß es ihm schwerer fällt, die Antwort direkt hinzuschreiben. Was sagen Sie dazu?

Frage 26: In einer Aufgabe heißt es: Berechne den kleinsten Wert von $x^2 - 3x + 8$. Es ist auffällig, daß Schüler damit anfangen, $x^2 - 3x + 8$ abzuschreiben, auch wenn es ihnen nicht aufgetragen wird. Offenbar haben sie ein Bedürfnis danach. Können Sie das erklären? (In Abschnitt 5.3.1 wird eine Antwort darauf gegeben.)

Frage 27: Meistens wird ein Text eines Schülers nur von ihm und seinem Lehrer gelesen. Es scheint, daß dies Schüler nicht ausreichend motiviert, den Text sauber und übersichtlich zu gestalten. Sie haben das Gefühl, überflüssige Arbeit zu tun: sie selbst wissen ja, was sie meinen, und der Lehrer ist klug genug, es auch zu wissen. Was könnte man bei diesem Problem tun?

Frage 28: Warum sollen Sie selbst sauber und übersichtlich an der Tafel arbeiten? Warum sollen Sie auch gesprochene Erläuterungen auf die Tafel schreiben?

Auch hierzu stehen weitere Beispiele in Abschnitt 2.7.

Frage 29: Geben Sie Beispiele für kurz- und langfristige Lernziele, bei denen man sieht, daß die zugehörigen Kategorien sich ebenso wie die Lernziele überschneiden können.

Frage 30: Geben Sie Beispiele kurzfristiger Lernziele, die sich in eine andere Kategorie verlagern, wenn der Schüler an Übung gewinnt.

2.5. Kenntnisse und Fertigkeiten

Im Abschnitt 2.4 wurde eine Einteilung nach spezifischen Lernzielen vorgenommen, wobei verschiedene Arten mathematischer Aktivitäten herausgestellt wurden. Man könnte dies eine Einteilung in der Breite (mit Überschneidungen) nennen. Daneben ist noch eine Einteilung in der Höhe möglich. Das soll in diesem Abschnitt geschehen.

Einige Lernziele sind von Schülern schwerer zu erreichen als andere aus derselben Kategorie, da sie intellektuelle Fertigkeiten höheren Niveaus erfordern. So ist das Erlernen des Satzes von Pythagoras durch Hören, Lesen und Auswendiglernen von niedrigerem Niveau als das Erlernen des Satzes mittels einiger gut aufgebauter Aufgaben, aus denen man den Satz selbst entdecken und formulieren kann (siehe auch Frage 14). Solche Niveauunterschiede bezüglich des Lernens werden u.a. im Buch *Taxonomie* von *Bloom* u.a. (Abschnitt 12.1) beschrieben. In diesem Buch wird eine stark vereinfachte Form dieser Taxonomie benutzt.

Eine Taxonomie ist eine hierarchisch geordnete Klassifikation. Und zwar so, daß jede nachfolgende Klasse die vorige umfaßt. Keine Taxonomie ist demnach: Die Klassifikation von Vielecken nach der Seitenzahl (Dreieck, Viereck, Fünfeck). Dagegen erhält man eine Taxonomie, wenn man Vierecke nach der Anzahl paarweise paralleler Seiten klassifiziert (allgemeine Vierecke, Trapeze, Parallelogramme). Die Klassifikation in der Breite aus Abschnitt 2.4 ist keine Taxonomie, die Klassifikation in der Höhe, wie sie in diesem Abschnitt beschrieben wird, jedoch sehr wohl.

Bloom macht eine erste grobe Einteilung, indem er *Kenntnisse* von intellektuellen *Fertigkeiten* unterscheidet. Bei den Kenntniszielen geht es um Erkennen und Reproduzieren. Fertigkeitsziele erfordern hingegen die Anwendung der Kenntnisse. In diesem Buch werden Fertigkeitsziele in drei Klassen unterteilt. Die unterste Klasse wird *Begreifen* und *Anwenden* genannt, die darauffolgende *Analyse* und *Synthese*, und die oberste Klasse heißt *Bewertung*. Dies sind vier taxonomisch geordnete Klassen:

- *Kenntnisse,* gekennzeichnet durch k (2.5.1).
- *Begreifen* und *Anwenden,* bezeichnet mit b (2.5.2).
- *Analyse* und *Synthese,* bezeichnet mit a (2.5.3)
- *Bewertung.* Da im heutigen Unterricht Lernzielen aus dieser Klasse in der Mathematik noch wenig oder gar keine Aufmerksamkeit geschenkt wird, soll darüber in diesem Buch nicht weiter gesprochen werden. In der Übersicht in Abschnitt 2.7 werden aber Beispiele für Lernziele aus dieser Klasse gegeben.

2.5.1. Kenntnisse

Kenntnisziele beschreiben Aktivitäten des Erkennens und Reproduzierens. Es folgen nun Beispiele solcher Kenntnisziele in Form von langfristigen oder spezifischen Zielen und dazu Beispiele von kurzfristigen oder Lehrstoffzielen:

Erkennen von Symbolen	Füge $<$, $>$ oder $=$ ein: a) 3...8 b) 6...2 c) 8...4 + 4	Dies ist ein Ziel aus T und auch aus K. Wir bezeichnen es daher mit Tk oder Kk
Wissen, wo Information zu finden ist	Was kannst Du tun, wenn Du nicht mehr genau weißt, was eine rationale Zahl ist?	Das ist offenbar ein Kenntnisziel aus K, wird also mit Kk bezeichnet

Absprachen und Konventionen kennen	Ist ein Unterschied zwischen:
	 a) 2 + (3 + 5) und
	    2 + 3 + 5?
	 b) 2 − (3 + 5) und
	    2 − 3 + 5?
	 c) 2·p, 2p und p2?
	 d) − a^2 und (− a)^2?
		Wir ordnen dieses Ziel in T ein und kennzeichnen es durch Tk.

Grundkonstruktionen kennen	Wie zeichnest Du eine Winkelhalbierende?	Ein Ak-Ziel, doch auch Pk wäre vertretbar

Satz und Definition unterscheiden können	Die folgende Aussage sieht wie ein Satz aus, doch ist sie eine Definition. Erkläre dies.	Ein Lk-Ziel
	Läßt sich eine Zahl als Quotient zweier ganzer Zahlen schreiben, so ist sie eine rationale Zahl und umgekehrt.	
Sätze kennen	Wie lautet der Satz von Pythagoras?	Tk
Gängige Beweisverfahren schildern können	Wie gehst Du bei einem indirekten Beweis vor?	Pk
Definitionen von Begriffen kennen	Was ist eine Ähnlichkeitstransformation?	Tk

Auch hierzu sind weitere Beispiele in Abschnitt 2.7 enthalten.

2.5.2. Begreifen und Anwenden

In der Terminologie von *Bloom* ist das Begreifen die einfachste Form intellektueller Fertigkeiten. Dabei geht es um Aktivitäten wie: normale Sprache in Formeln umsetzen können und umgekehrt, graphische Darstellungen in Formeln erfassen können und umgekehrt, Interpretationen von Graphiken geben können usw.

Anwendung ist, immer noch in der Terminologie von *Bloom*, eine schon höhere Stufe der Kenntnisse. Gemeint ist die Anwendung gelernter allgemeiner Sätze auf konkrete Situationen. Vorausgesetzt ist natürlich, daß die Situation auch etwas Neues darstellt. *Bloom* unterscheidet deutlich zwischen Begreifen und Anwenden (comprehension, application), doch ist es in der Praxis offenbar sehr schlecht entscheidbar, ob eine bestimmte Lehraktivität in die eine oder die andere Kategorie fällt. Die Zuordnung hängt nämlich davon ab, wieviel Übung der Schüler besitzt. Je mehr eine bestimmte Tätigkeit geübt wird, um so tiefer sinkt sie in Blooms Taxonomie. So steht z.B. das Zeichnen des Graphen einer Funktion 1. Grades anfangs auf dem Niveau der Anwendung oder gar noch höher, aber dann fällt diese Fertigkeit allmählich bis auf die unterste Begriffsstufe: übersetzen. Es ist sogar denkbar, daß Schüler völlig automatisch arbeiten (wenn auch mit gutem Erfolg), wodurch ihre Aktivität in die Rubrik k abrutscht. In der Praxis ist es sehr schlecht, wenn man bei ein und derselben Aktivität für jeden einzelnen Schüler derselben Gruppe bestimmen muß, auf welchem Niveau er sich bewegt. Man kann nur grob abgrenzen, und darum werden Ziele, die mit Begreifen und Anwenden zu tun haben, gemeinsam in eine Klasse eingeordnet. Es folgen nun wieder ein paar Beispiele:

Eigenschaften in einer anderen Terminologie formulieren	Schreibe in Formeln: Die Addition ist kommutativ	Tb

Selbständig geeignete Algorithmen wählen können	Berechne den Radius des Kreises mit dem Mittelpunkt (2,3), der die Gerade $3x + 4y = 8$ zur Tangente hat.	Ab, vielleicht auch Pb
Einen Sonderfall eines allgemeinen Satzes erkennen können	Beweise, daß $x \to \sin x \cdot \cos x$ eine beschränkte Funktion ist	offenbar Pb
Eine zusammenhängende, übersichtliche Lösung eines Problems liefern können		Kb

2.5.3. Analyse und Synthese

Die Kategorien Analyse und Synthese werden aus demselben Grund zusammengefaßt wie
Begreifen und Anwenden in Abschnitt 2.5.2. Wir befinden uns hier schon auf ziemlich
hohem Niveau. Prüfungsaufgaben des Abschlußexamens, die sich auf diesem Niveau bewegen, werden als sehr schwer eingestuft. Wer mathematisch begabt ist und auch noch
das Fach mag, fängt auf diesem Niveau eigentlich erst an, Spaß an der Arbeit zu bekommen.

*Daraus darf man jedoch nicht schließen, daß Fertigkeiten dieses Niveaus nicht geübt werden
sollten.* Durch geeignete Aufgaben und ausgeprägtes Training auf tieferem Niveau kann
man sehr wohl lernen, völlig unbekannte Probleme durch sorgfältige Analyse der Voraussetzungen und systematisches Vorgehen bei deren Verarbeitung aufzulösen. Dies ist bei
Schülern aller Altersstufen und Schultypen möglich.

Auch und vor allem hier gilt, daß Handlungen, die sich zunächst auf dem a-Niveau befinden, mit der Zeit auf tiefere Ebenen sinken. Darum muß der Lehrer genügend Übungsstoff aus anderen Gebieten zur Verfügung haben, um seine Schüler auf dem hohen Niveau
zu halten. Daher ist es auch so wichtig, in Lernzielen zu denken. Die Lehrer sollten sich
über die Existenz von Niveauunterschieden bzgl. der Lernziele klar werden und dies zum
Ausdruck bringen. Geschieht dies nicht, so besteht die Gefahr, daß stets zu hohe oder zu
niedrige Ansprüche gestellt werden. Wer die Lernziele kennt und sie einordnen kann,
kann auch besser beurteilen, welches Niveau ein neuer Lehrstoff hat, warum seine Klassenarbeit nicht gut ist, wieviel er mit seinen Schülern noch üben muß usw.

Beispiele für Schüleraktivitäten auf diesem Niveau sind:

- selbst eine Klassenarbeit entwerfen (Ka),
- einen Lösungsweg verallgemeinern (Pa),
- ein Verfahren für einen Algorithmus ersinnen (Aa).

2.6. Zusammenfassung der Abschnitte 2.4 und 2.5

Kurzfristige Ziele sollen in einer oder in wenigen Stunden erreicht werden. *Langfristige
Ziele* werden vom Schüler durch nahezu die gesammte Schulzeit verfolgt. Beide beziehen

sich auf *Lernaktivitäten*, insbesondere seitens der Schüler. Die Aktivitäten des Lehrers, die *Lehraktivitäten*, ergeben sich daraus.

Lernziele lassen sich in Matrixform anordnen. Den Spalten kann man die fünf Kategorien *Theorie (T)*, *Algorithmen (A)*, *Problemlösung (P)*, *Logischer Zusammenhang (L)* und *Kommunikation (K)* zuordnen. Diese Kategorien überlagern sich teilweise. Die Zeilen entsprechen den drei Klassen: *Kenntnisse (k)*, *Begreifen* und *Anwenden (b)*, sowie *Analyse* und *Synthese (a)*. Diese Kategorien sind hierarchisch geordnet und bilden daher eine *Taxonomie*.

	Theorie T	Algo- rithmen A	Problem- lösung P	Logischer Zusammenhang L	Kommuni- kation K
Kenntnisse k	Tk	Ak	Pk	Lk	Kk
Begreifen und Anwenden b	Tb	Ab	Pb	Lb	Kb
Analyse Synthese a	Ta	Aa	Pa	La	Ka

In jedes Fach lassen sich natürlich auch kurzfristige Ziele einordnen. Lehrer müssen beachten, daß sich die Zuordnung mit der Übung des Schülers ändert.

Man kann (in einem hohen Maß) lernen, Aktivitäten auf den oberen Stufen der Taxonomie (z. B. a) zu entfalten. Dazu muß der Lehrer oftmals seine Schüler unter anderen Themenstellungen arbeiten lassen. Natürlich wird er sich dabei des Schulbuchs bedienen, doch muß er dabei berücksichtigen, das Schulbücher sehr wenig Lehrstoff aus P, L und K anbieten, am allerwenigsten aus K.

Abschließend folgen noch ein paar Übungen. Der Leser soll dabei bedenken, daß Geschick im Formulieren langfristiger Ziele nur langsam und schrittweise zu erwerben ist. Man muß als Lehrer immer wieder vor, während und nach der Stunde auszudrücken versuchen, was man erreichen will. Damit verhindert man einerseits, daß man seinen Schülern eine Menge Routine anlernt, mit der sie wenig anfangen können, andererseits, daß sie sich immer strecken müssen und dabei ein Gefühl der Ohnmacht erwerben, woraus später Desinteresse wird.

In Abschnitt 2.7 werden Beispiele langfristiger Ziele gegeben, die man bei Übungen und in der Praxis wirklich anwenden kann.

Frage 31: Nehmen Sie an, daß Schüler einer siebten Gymnasialklasse Beispiele für lineare Gleichungen mit zwei Unbekannten geben können und daß sie so eine Gleichung auch graphisch darstellen können.

Sie wollen ihnen beibringen, wie sie in einem rechtwinkligen Achsensystem die Gleichung einer gegebenen Geraden finden können. Welche langfristigen Ziele können Sie damit verbinden und welche Schüleraktivitäten gehören dazu?

Frage 32: Nehmen Sie ein beliebiges Thema aus einem beliebigen Schulbuch und beantworten Sie die vorige Frage.

Frage 33: Wählen Sie ein spezifisches Ziel und denken Sie sich dazu drei gänzlich verschiedene Themen aus, mit denen Sie es verfolgen können.

2.7. Affektive Lernziele

Affektive Lernziele beziehen sich auf eine positive Einstellung *(Attitude)* der Schüler gegenüber dem Lernen im allgemeinen und dem Lernen von Mathematik im besonderen. Hierher gehören Begriffe wie Interesse zeigen, Vertrauen haben, Initiativen ergreifen usw.

Johnson und *Rising* schreiben über die Rolle der „Attitude" beim Lernvorgang:

- Ein Schüler kann nicht gezwungen werden, Mathematik zu lernen, wenn er sie ablehnt.
- Selbst wenn die Schüler einen Teil des Lehrstoffs lernen, gehen die wichtigsten Triebfedern für ein Weiterlernen verloren, wenn keine positive Einstellung entwickelt wird.
- Berufswahl hat einen großen Einfluß auf die Einstellung.
- Mathematik anwenden können und wollen hängt im hohem Maße von einer positiven Einstellung ab.
- Eltern, deren Kinder Mathematik lernen müssen, prahlen gern damit, nichts von Mathematik zu verstehen.
- Lehrer lassen sich danach beurteilen, in welchem Maße sie eine positive Einstellung bei ihren Schülern zu wecken vermögen.

An wünschenswerten positiven Einstellungen nennen sie:
- Anerkennung von Nützlichkeit, Schönheit und Struktur der Mathematik,
- Interesse an mathematischen Begriffen und Eigenschaften,
- Zutrauen zur Mathematik,
- Aufgeschlossenheit gegenüber der Mathematik, dem Lehrer und den Mitschülern,
- Befriedigung beim Erlernen von Mathematik,
- Achtung vor guten Leistungen bei sich und anderen,
- Optimismus und Anteilnahme an Fortschritten anderer.

Hinzu kommt noch die Verantwortung des Lehrers für allgemeine Werte wie Ehrlichkeit, Achtung und Selbstvertrauen.

Als häufigste Ursachen für eine negative Einstellung nennen *Johnson* und *Rising:*
- Begriffsschwierigkeiten,
- fehlende Anwendungen, wodurch das Gefühl für die Bedeutung der Mathematik verloren geht,

	Theorie (T)	Algorithmen (A)	Problemlösung (P)	logischer Zusammenhang (L)	Kommunikation (K)
Kenntnisse (k)	Bedeutung von Symbolen kennen, erkennen einer Terminologie, sich erinnern an Konventionen bzgl. der Reihenfolge bei der Bearbeitung, Beispiele für Begriffe geben können, wissen, was eine Definition ist, wissen, was eine Eigenschaft ist,	Zahlen in Formeln einsetzen können, feststellen können, ob richtig eingesetzt wurde, Berechnungen korrekt nach einem auswendig gelernten Algorithmus durchführen können, einen Beweis für einen Algorithmus wiedergeben können,	verschiedene Problemtypen unterscheiden können, Standardmethoden für Beweise schildern können, desgleichen für Konstruktionen,	elementare Vereinbarungen über Relationen kennen, Sätze von Definitionen unterscheiden können, logische Prinzipien begreifen können, die Axiome einer Struktur behalten können,	über ein mündliches und schriftliches Vokabular von Symbolen und Termen verfügen, wissen, wo Information zu finden ist, Regeln für die Niederschrift kennen, Kriterien kennen, nach denen sich schriftliche Mitteilungen äußerlich beurteilen lassen,
Begreifen und Anwenden (b)	eine Eigenschaft in einer anderen Terminologie formulieren, aus einem Beispiel einen Satz herleiten können,	einen Rechengang durch ein Diagramm verdeutlichen können, selbständig relevante Zahlen für eine Substitution wählen können, selbständig zweckmäßige Algorithmen auswählen können,	einen Sinngehalt mathematisch formulieren können, Hypothesen über die Lösung aufstellen können, mit Hilfe einer Begriffsdeutung eine Lösung herausfinden,	Schlüsse bei einem Sonderfall ziehen können, wenn der allgemeine Fall bekannt ist,	einen Sinngehalt korrekt in Worte kleiden können, ein Beispiel zu einem allgemeinen Satz geben können, die Lösung eines Problems zusammenhängend und übersichtlich schriftlich niederlegen können,

			aus regelmäßigen Vorlagen eine Hypothese gewinnen, einen Sonderfall eines allgemeinen Satzes nennen können,		
Analyse und Synthese (a)	die Struktur einer Menge beschreiben können, eine Eigenschaft formulieren können.	die Eigenschaften eines neuen Verfahrens untersuchen können, eine neue Rechenvorschrift ausdenken können,	eine Lösungsmethode verallgemeinern können, Gmeinesamkeiten zweier Methoden feststellen können, den Beweis eines Satzes nachvollziehen können,	die formal-logische Struktur eines Beweises beschreiben können, Ähnlichkeiten von Strukturen angeben können, Schlüsse unabhängig vom Wahrheitsgehalt ziehen können,	eine systematische Übersicht eines Rechengangs geben können, selbst eine Klassenarbeit entwerfen können, Fragen sauber formulieren können,
Bewertung	—	beurteilen können, ob ein Algorithmus umständlich ist.	die Eleganz eines Beweises beurteilen können.	entscheiden können, unter welchen Voraussetzungen eine allgemeine Aussage wahr ist.	die äußere Form einer schriftlichen Mitteilung beurteilen können.

- zuviele langweilige Aufgaben in der Schule und zu Hause,
- einfallslose, desinteressierte, ungeduldige Lehrer,
- fehlender Erfolg, woraus sich Frustration und Unsicherheit entwickelt.

Damit soll in diesem Buch nicht weiter ausdrücklich über die Förderung einer positiven Einstellung gesprochen werden, da hier die Priorität ganz auf Informationen über die kognitive Seite des Mathematikunterrichts gelegt wird. Ohne dieses Grundwissen kann ein Lehrer sehr schlecht eine positive Einstellung bei seinen Schülern wecken und wenn er noch so nett ist. Hinzu kommt noch, daß ein Verfolgen kognitiver Ziele stets auch ein Verfolgen affektiver Ziele impliziert. *Wer seinen Unterricht so zu gestalten weiß, daß seine Schüler das Gefühl bekommen, begreifliche und nützliche Kenntnisse und Fertigkeiten zu erwerben, erzielt schon dadurch eine positive Einstellung bei seinen Schülern.*

Anregung: Lesen Sie: *Avital/Shettleworth, Objectives for Mathematics Learning* (siehe 12.1). Darin werden Beispiele für Niveauziele gegeben.

3. Der Anfangszustand

Um Unterrichtsziele zu erreichen — mögen das nun kurz- oder langfristige sein —, müssen die Schüler dazu *bereit* und *imstande* sein. Dies hat Einfluß auf eine weitere Lernvoraussetzung, nämlich die *Lernbereitschaft* der Schüler. Sind diese Bedingungen nicht erfüllt, kann der Lehrer tun, was er will, das Ergebnis wird nicht seinen Erwartungen entsprechen (siehe auch 2.7). Darum ist es auch so wichtig, den Anfangszustand genau zu bestimmen. In diesem Kapitel werden einige Möglichkeiten dazu angedeutet.

Die Frage nach dem Anfangszustand löst eine Reihe weiterer Teilfragen aus, die sich in drei Kategorien zusammenfassen lassen:

- Fragen, die mit dem Schüler als Individuum zu tun haben (3.1),
- Fragen, die auf die Schüler in der Gruppe Bezug nehmen (3.2),
- Fragen über die notwendigen Vorkenntnisse und Fertigkeiten im Zusammenhang mit den angestrebten Zielen (3.3).

3.1. Die Schüler als Individuen

In diese Kategorie gehören Fragen über Reife, Intelligenz, Charakter und häusliche Umstände des einzelnen Schülers. Ein Lehrer, der über diesbezügliche Informationen verfügt, sollte seine Ausdrucksweise anpassen können, sollte wissen, welchen Schüler er mit Nachdruck zum Lernen ermahnen muß, und auch, wem er freundlich aber bestimmt den Mund stopfen muß. Hier folgen Beispiele für Fragen, die vor und evtl. auch während der Stunde beantwortet werden sollten.

- Wie kann ich meine Ausdrucksweise dem Alter der Schüler anpassen?
- Wie kann ich meine Ausdrucksweise ihrer Intelligenz anpassen?
- Wie kann ich, unter Berücksichtigung der Reife der Schüler, Abwechslung in die Lernaktivitäten bringen?
- Welche Arbeitsformen sind dazu besonders geeignet?
- Welche Schüler soll ich etwas großzügiger zu Wort kommen lassen und welchen muß ich dann und wann den Mund stopfen?
- Wie kann ich der Tageszeit Rechnung tragen, den Stunden, die die Schüler vorher hatten, den Stunden (Klassenarbeiten), die noch auf sie zukommen?
- Welche Erwartungen knüpfen die Schüler an meinen Unterricht, und wie kann ich das herausfinden?

3.2. Die Gruppe

Die Schüler und der Lehrer einer Klasse bilden zusammen ein soziales System, in denen Menschen mit *Bedürfnissen, Wünschen, Emotionen interaktiv* sind, um *Aufgaben* zu erfüllen. Dabei treten *Führungsfunktionen* auf, *Normen* und *Werte* werden entwickelt.

Dies alles hat großen Einfluß auf die Lernaktivitäten der einzelnen Individuen. Darum sollte ein Lehrer einiges über die Prozesse wissen, die sich in solch einem sozialen System abspielen können. Doch liegt die Beschäftigung hiermit außerhalb des Rahmens dieses Buchs.

3.3. Notwendige Kenntnisse und Fertigkeiten

Die wichtigsten Fragen hierzu lauten:

- Was müssen die Schüler kennen und können, um dem Unterricht zu folgen?
- Wie können sie (!) und ich feststellen, ob sie die geforderten Kenntnisse und Fertigkeiten besitzen?

Wie diese Fragen beantwortet werden können, wird in den Kapiteln 4 und 8 ausführlich besprochen.

Frage 1: Welche Kenntnisse und Fertigkeiten sollten Ihre Schüler haben, wenn Sie:

a) ihnen ein Verfahren zeigen wollen, um mit Zirkel und Lineal (ohne Maßeinteilung) die Streckenmitte zu bestimmen;

b) darüber hinaus wollen, daß sie die Richtigkeit des Verfahrens beweisen können;

c) lehren wollen, wie sie nur mit dem Zirkel zu zwei gegebenen Punkten A und B einen Punkt C finden können, der auf der Verlängerung von $\overline{AB}$ liegt, und zwar so, daß B die Strecke $\overline{AC}$ halbiert;

d) darüber hinaus noch wollen, daß sie die Richtigkeit der Konstruktion beweisen können?

Frage 2: Welche Kenntnisse und Fertigkeiten benötigen Ihre Schüler, wenn Sie ihnen beibringen wollen, wie sie

a) in einem Koordinatensystem zu zwei gegebenen Punkten eine Vektordarstellung der zugehörigen Geraden erhalten können;

b) die allgemeine Form der Vektordarstellung einer Geraden herleiten können?

Frage 3: Welche Vorkenntnisse und Fertigkeiten werden bei folgenden Lehrstoffen unterstellt?
a) in 11.2;   b) in 11.3;   c) in 11.4.

Frage 4: Wie können Sie feststellen, ob die in den Fragen 1, 2 und 3 vorausgesetzten Kenntnisse und Fertigkeiten auch tatsächlich vorhanden sind?

Nicht nur vor einer Schulstunden sollen der erwünschte Anfangszustand festgelegt und der tatsächlich vorhandene Zustand bestimmt werden, *dies soll auch während des Lernprozesses im Unterricht erfolgen.* Das ist logisch, weil sich durch jede Aktivität der Schüler ihr Anfangszustand verändert. Daher sollte ein Lehrer fortwährend und automatisch den Lernerfolg schätzen und messen. Jede Frage oder andere Reaktion eines Schülers läßt seinen Anfangszustand erkennen. Ein Lehrer muß auch wissen, daß Schüler oft nicht sagen, was sie meinen. (Wer nämlich seine Frage klar und deutlich formulieren kann, ist damit in den meisten Fällen bereits der Antwort auf der Spur.) Routinierte Lehrer können mögliche Fragen schon vorweg nehmen. Sie stellen sie nicht selbst, sondern steuern das Gespräch so, daß Schüler es tun. Dadurch erreichen sie, daß sich die Gruppe vorhandener Lücken bewußt wird und die Schüler motiviert werden, diese Lücken zu füllen.

Frage 5: Wie würden Sie in der folgenden Situation reagieren und warum?

a) Sie tragen (1. Klasse Gymnasium) eine Methode vor, negative rationale Zahlen zu addieren (z.B. $5\frac{1}{7} + (-8\frac{1}{4})$). Einer der Schüler unterbricht Sie: „Aber das geht doch auch anders".

b) Sie geben Beispiele für die Berechnung von Ableitungen mit Hilfe der Definition. Als Sie mit dem dritten Beispiel anfangen wollen, hören Sie einen Schüler murren: „Mach mal langsam!"

c) Sie erklären Ihren Schülern die Ähnlichkeitstransformation. Sie tun das, indem Sie Vektoren vervielfältigen. Als Sie aus dem Vektor a den Vektor 3a konstruieren, unterbricht Sie ein Schüler und sagt: „Aber das geht doch nicht, man muß doch bei einem Vektor immer zwei Bestimmungsstücke haben!" Sie erinnern sich, daß die Schüler zuvor nur Vektoren im Koordinatensystem kennengelernt hatten.

Frage 6:

a) Wie würden Sie Ihre erste Stunde an einer für Sie neuen Schule beginnen?

b) Wie würden Sie Ihre erste Stunde mit Ihnen unbekannten Schülern an der vertrauten Schule beginnen?

c) Wie würden Sie eine Stunde mit den gewohnten Schülern anfangen, wenn Sie wüßten, daß am Vortag ... geschehen ist?

(Tragen Sie bitte selbst ein Ereignis ein, daß Ihnen wichtig erscheint.)

Frage 7: Lesen Sie die Fragen in 8.1.3. Was halten Sie jeweils für den notwendigen Anfangszustand der Schüler?

Anregung: Lesen Sie De Cecco: *The Psychology of Learning and Instruction,* Kapitel 5, Motivation (siehe 12.1).

4. Der Lehrstoff

In Kapitel 2 wurde erörtert, daß der Begriff Lehrstoff mehr beinhaltet als nur Theorie und Algorithmen. Auch in diesem Kapitel wird dieser Standpunkt beibehalten, doch werden der Einfachheit halber die meisten Beispiele aus diesen Kategorien (T und A) genommen.

In Kapitel 2 wurde eine Methode genannt, festzustellen, was Schüler am Ende eines Lernprozesses kennen und können sollten. Darum wurde auch nicht von Lehrstoff, sondern von Lernzielen gesprochen. In Kapitel 4 wird nun der Lernprozeß selbst betrachtet. Dabei geht es um zwei Dinge: Nach welchen Kriterien läßt sich der Lehrstoff *auswählen* (4.2), und wie kann man ihn nach erfolgter Wahl *anordnen*, damit der Lernprozeß optimal verläuft (4.3)? (Siehe auch das Vorwort zur zweiten Auflage.) In Abschnitt 4.1 wird zunächst der Unterschied zwischen Auswahl und Anordnung, so, wie diese Begriffe hier verwendet werden, verdeutlicht.

4.1. Auswahl und Anordnung

Lehrstoff ist selten das Endziel des Unterrichts. Doch kann das durchaus auch einmal der Fall sein. Dazu folgende Frage:

Frage 1: Nehmen Sie an, Sie wollen einer Schülergruppe beibringen, wie sie das Mittellot der Strecke AB zeichnen können. *Achtung:* Lehrstoff ist nicht der Begriff Mittellot oder die Definition davon, sondern die Konstruktion. Sie haben die Wahl zwischen folgenden Möglichkeiten:

a) Konstruktion mit Zirkel und Lineal auf Grund der Kenntnis, daß ein Mittellot diejenige Punktmenge ist, deren Elemente gleichen Abstand von A und B haben (Bild 4.1).

b) Konstruktion mit Zirkel und Lineal auf Grund der Kenntnis, daß ein Drachen eine spiegelsymmetrische Figur ist, und daß bei einer Spiegelung die Strecke zwischen Urbild und Bildpunkt von der Spiegelachse lotrecht halbiert wird (Bild 4.2). (Diese Konstruktion ist freilich dieselbe wie die vorige, doch wird eine andere Theorie zugrunde gelegt.)

c) Konstruktion mit dem Geodreieck: Mit dem Maßstab des Dreiecks die Mitte der Strecke $\overline{AB}$ markieren (geht mit 0,5 mm Genauigkeit) und dann mit demselben Dreieck das Lot zeichnen (Bild 4.3).

Bedenken Sie, daß Methode c den besten Anschluß an die Definition des Mittellots darstellt. Bei den anderen Methoden muß man zumindest glauben, am besten aber beweisen, daß die gezeichnete Linie tatsächlich Mittellot ist.

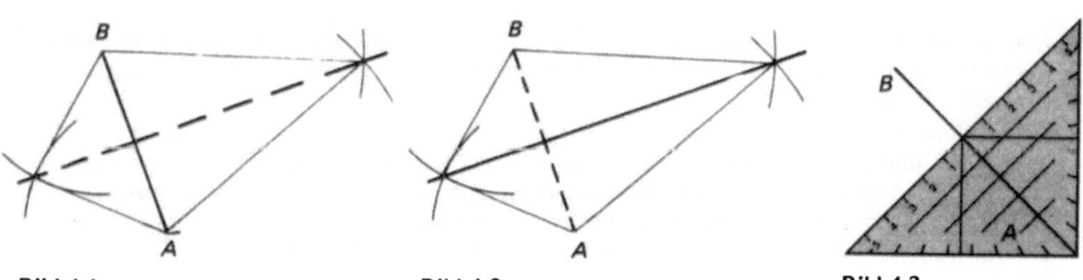

Bild 4.1   Bild 4.2   Bild 4.3

Welche dieser Methoden wählen Sie jeweils bei den folgenden Gegebenheiten und warum?

- Siebte Klasse eines naturwissenschaftlichen Gymnasiums,
- siebte Klasse eines altsprachlichen Gymnasiums,
- siebte Klasse einer Realschule,
- Lehrgang für technisches Zeichnen.

Bei der Beantwortung dieser Frage haben Sie sich durch das Unterrichtsziel und den Anfangszustand der Schüler leiten lassen.

Vielleicht haben Sie Methode c sofort verworfen, weil Sie diese unexakt finden. Dabei stellt sich die Frage, was Sie denn genau unter exakt verstehen? Betrachten Sie dazu die folgende Frage.

Frage 2: Sie wollen einer Gruppe Schüler vermitteln, wie sie ein Lot von einem Punkt A auf eine Gerade a fällen können (A liegt nicht auf a). Sie haben zwei Möglichkeiten:

a) Die klassische Konstruktion: Ein Kreis um A schneidet a in P und Q. Danach schlägt man um P und Q mit demselben Radius zwei Kreisbögen (Bild 4.4).

b) Mit dem Geodreieck (Bild 4.5).

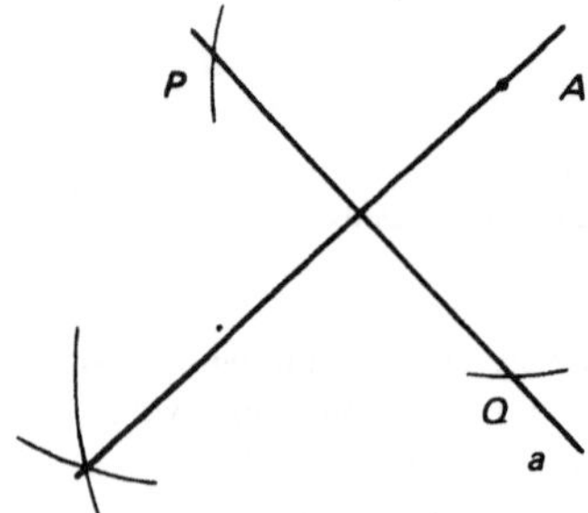

Bild 4.4

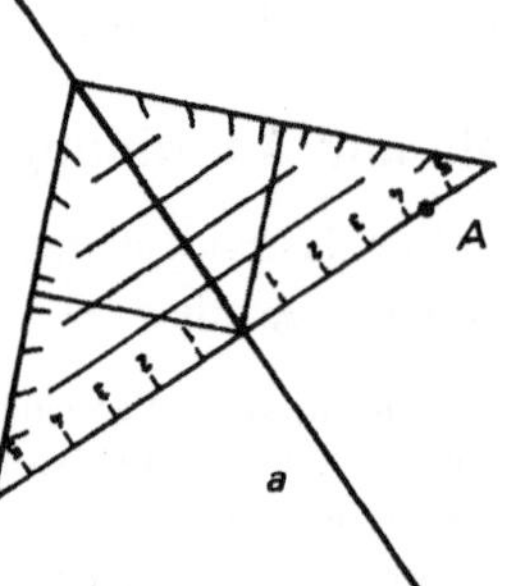

Bild 4.5

Die erste Methode fußt auf einem Beweis von der Existenz des Lots von einem Punkt auf die Gerade. Die zweite Methode ist wesentlich genauer und knüpft an die Definition des Lots an. Können Sie sich Situationen vorstellen, in denen Sie trotzdem der ersten Methode den Vorzug geben würden?

Frage 3: Was würden Sie (11. Klasse altsprachliches Gymnasium) zuerst behandeln? Die Stetigkeit einer Funktion oder den Grenzwertbegriff?

In den Fragen 1, 2, 3 wird von Ihnen eine Lehrstoffauswahl gefordert. Diese Wahl muß auf gesicherten Kriterien fußen. Diese werden in 4.2 erörtert.

Ist der Lehrstoff ausgewählt, muß er noch angeordnet werden. Zur Verdeutlichung folgen mit den Fragen 4 und 5 erst noch zwei Beispiele.

Frage 4: Sie sollen Ihre Schüler lehren, daß die Potenz einer negativen Zahl bei ungeraden Exponenten negativ und bei geraden Exponenten positiv ist. Sie haben die Wahl zwischen folgenden Möglichkeiten. Welche wählen Sie und warum?

a) Sie schreiben an die Tafel:
Wenn $a < 0$ und $k \in \mathbf{Z}^+$, dann ist $a^{2k} > 0$ und $a^{2k-1} < 0$. Anschließend begründen Sie dies (z.B.: a^{2k} kann ich als Produkt von k Quadraten schreiben, wenn a negativ ist, ist a^2 positiv und das Produkt von k positiven Zahlen ist wieder positiv. Entsprechend machen Sie es für den ungeraden Exponenten). Abschließend geben Sie Ihren Schülern einige kleine Aufgaben.

b) Sie legen den Schülern einige Potenzen vor, etwa: $(-2)^8$, $(-1)^5$, $(-3)^3$, $(-1739)^{928}$ und fragen
   bei jeder, ob das Ergebnis positiv oder negativ ist. Danach fordern Sie ein paar Schüler auf, die
   Potenz einer negativen Zahl aufzuschreiben, die negativ ist, und eine, die positiv ist. Schließlich
   versuchen Sie, Ihre Schüler zur Formulierung eines allgemeinen Satzes zu bewegen. Sie fordern in
   dieser Stunde aber keinen Beweis.

Frage 5: Wie würden Sie die Definition des Logarithmus lehren?

a) Sie geben die Definition an, danach Beispiele und schließlich Übungsaufgaben.

b) Sie erinnern Ihre Schüler an das Potenzieren und stellen dann die „umgekehrte" Operation vor,
   die Sie Logarithmus nennen. Anschließend nennen Sie die Definition. Danach kommen Beispiele
   und Übungen.

c) Sie beginnen wie bei b): Anknüpfen an das Potenzieren. Dann stellen Sie einige Aufgaben, in denen
   die Schüler zu einer gegebenen Potenz mit bekannter Basis den Exponenten herausfinden sollen.
   Anschließend sagen Sie, daß man anstelle des Wortes Exponent auch das Wort Logarithmus verwendet und fordern nun die Schüler zu einer Definition auf.

Die Fragen 4 und 5 betreffen die Art, in der ein Stoff angeordnet werden kann. Das kann
auf Grund eigener Erfahrungen geschehen (‚Ich habe das früher auch so gelernt, und das
ging gut‘) oder nach dem Schulbuch (‚die Autoren haben es sich sicher gut überlegt‘) oder
in Anlehnung an die Erfahrungen von Kollegen (‚Ich habe das so und so gemacht, und das
hat prima geklappt‘). All diese Argumente sind nicht vertrauenswürdig. Deshalb wird in
Abschnitt 4.3 eine Strategie vorgestellt, die objektive Ergebnisse liefert. Natürlich ist es
gut möglich, daß man daraufhin zum selben Ergebnis wie die Autoren des Schulbuchs
oder die Kollegen kommt.

4.2. Kriterien für die Auswahl des Lehrstoffs

In diesem Buch werden vier wichtige Kriterien behandelt:

- Der Lehrstoff muß *mathematisch richtig* sein (4.2.1).
- Der Lehrstoff muß spätere Erweiterungen *vorbereiten* (4.2.2).
- Der Lehrstoff muß *an den Anfangszustand* der Schüler *anknüpfen* (4.2.3).
- Der Lehrstoff muß *den gestellten Zielen entsprechen* (4.2.4).

Mathematiklehrer müssen diese Kriterien kennen und in der Lage sein, den Lehrstoff
daraufhin zu untersuchen. Dafür gibt es folgende Gründe:

- Sie müssen erkennen können, welcher Lehrstoff im Buch fehlt.
- Sie müssen feststellen können, welcher Lehrstoff im Buch schlecht angeordnet ist.
- Sie müssen gut angeordneten Lehrstoff des Buchs erkennen können.
- Sie müssen in der Lage sein, zusammen mit Kollegen ein für Ihre Schule geeignetes
  Lehrbuch auszusuchen.

4.2.1. Mathematische Korrektheit

Gegen dieses Gebot wird in der Praxis noch viel zu sehr verstoßen. Die folgenden Beispiele
stammen aus dem Schulalltag:

- Fünf plus Null gibt fünf, denn wenn nichts dazugezählt wird, ändert sich nichts.
- Was ist die Menge der Buchstaben aus dem Wort AMSTERDAM?

- 3a plus 5a ist dasselbe wie 8a, weil drei Äpfel plus fünf Äpfel acht Äpfel sind.
- Parallele Geraden schneiden sich im Unendlichen.
- Die Addition ist kommutativ, denn a plus b ist gleich b plus a.
- Ein Integral ist eine Fläche.
- Eine Fläche ist ein Integral.
- Wenn x null wird, wird $\frac{1}{x}$ unendlich.
- Null durch null geht nicht.
- ab + ac = a (b + c) ist die Umkehrung des Distributivgesetzes.
- Bringt man eine Zahl auf die andere Seite, so ändert sie ihr Vorzeichen: Wer umzieht, bekommt eine neue Adresse.

Frage 6: Was ist eigentlich falsch an diesen Aussagen? Warum wurden sie wohl so formuliert?

Dergleichen Fehler von Lehrern folgen fast immer aus Irrtümern oder Schludrigkeiten. Sie werden oftmals noch mit dem Argument verteidigt, daß die Schüler noch theoretisch zu wenig geschult seien, um die Feinheiten zu begreifen. Oder man glaubt (zu Unrecht), daß eine (scheinbar) populäre Ausdrucksweise von den Schülern besser verstanden wird.

Das Argument vom niedrigen theoretischen Niveau ist nicht sauber: Als ob es wahr wäre, daß Schüler nichts begreifen, wenn man den Lehrstoff nicht ihrer schlechten Ausbildung anpaßt.

Wer durch populäre Ausdrucksweise erreicht, daß seine Schüler kurzfristig viele kleine Aufgaben fehlerlos lösen können, betrügt sich auf lange Sicht selbst (und selbstverständlich auch die Schüler). Er legt Barrieren vor das Endziel (siehe auch das Kriterium für die Vorbereitung in 4.2.2).

Jedes Argument für eine falsche Aussage muß grundsätzlich zurückgewiesen werden: Falsch bleibt falsch!

Frage 7: „Wenn Du in x + 3 = 8 die Drei auf die andere Seite bringst, mußt Du das Vorzeichen verändern!" Ist diese Aussage im Unterricht zulässig?

Frage 8: Ist es richtig, wenn man mit einem intuitiven Flächenbegriff „beweist", daß die Fläche zwischen dem Graph einer Funktion und der x-Achse gleich dem Absolutbetrag eines Integrals ist?

Frage 9: Kann man über Punkte und Geraden sprechen, ohne die Geometrie axiomatisch aufzubauen?

Frage 10: Wenn man befürchtet, daß Schüler ein schwieriges theoretisches Kapitel nicht begreifen können, kann man es ihnen anders (aber falsch) auftischen, oder man kann es überschlagen. Ist da ein Unterschied?

4.2.2. Vorbereitung späterer Erweiterungen

Die Auswahl des Lehrstoffs für ein bestimmtes Schuljahr hat oft endgültigen Einfluß auf die Lehrstoffwahl eines späteren Schuljahres. Zur Verdeutlichung dieser Behauptung folgen hier zwei Beispiele:

Beispiel 1: In der neunten Klasse Gymnasium wurde früher große Sorgfalt auf das Rechnen mit höheren Wurzeln gelegt. Ausdrücke wie $\sqrt{3} \cdot \sqrt[3]{2}$ mußten fehlerlos in einer Wurzel zusammengefaßt werden können:

$$\sqrt{3} \cdot \sqrt[3]{2} = \sqrt[2]{3} \cdot \sqrt[3]{2} = \sqrt[6]{3^3} \cdot \sqrt[6]{2^2} = \sqrt[6]{(3^3 \cdot 2^2)} = \sqrt[6]{108} \; .$$

Dies hat zur Folge, daß diese Schüler in der folgenden Klasse Ausdrücke wie $3^{1/4} : 3^{1/2}$ zwangsläufig mittels Wurzelrechnen behandeln:

$$3^{1/4} : 3^{1/2} = \sqrt[4]{3} : \sqrt{3} = \sqrt[4]{3} : \sqrt[2]{3} = \sqrt[4]{3} : \sqrt[4]{3^2} = \frac{1}{\sqrt[4]{3}} = \frac{1}{3^{1/4}} = 3^{-1/4} \; .$$

Dabei geht es schneller und sauberer, wenn man mit den Exponenten rechnet:

$$3^{1/4} : 3^{1/2} = 3^{(1/4)-(1/2)} = 3^{-1/4} \; .$$

Die Schüler glauben, sie hätten die erste Methode besser *begriffen* und empfinden die neue Methode mehr als Trick.

In neueren Lehrplänen trägt man dem schon Rechnung und läßt das Rechnen mit höheren Wurzeln einfach weg. Das Arbeiten mit rationalen Exponenten erweist sich dagegen zur Vorbereitung des Logarithmenkalküls als sehr nützlich. Es ist also zielgerichtet, Symbole wie $2^{1/4}$ direkt zu definieren. Daß man dann — unter gewissen Voraussetzungen — die Exponenten addieren, subtrahieren und multiplizieren darf, muß natürlich bewiesen werden. Aber das muß man bei den höheren Wurzeln auch, die Beweise sind gleich.

Frage 11: Wie würden Sie $z^{1/4}$ definieren?

Dieses Beispiel zeigt, wie eine fast schon vergessene Fertigkeit später das Erlernen zielgerichteter Methoden behindern kann, obwohl diese Fertigkeit durchaus richtig ist. Das folgende Beispiel zeigt nun, wie eine gut eingeübte Fertigkeit Anlaß zu Fehlern sein kann.

Beispiel 2: Aus Traditionsgründen beginnt man beim Lösen zweier linearer Gleichungen mit zwei Unbekannten mit dem Einüben der sog. Additions-Subtraktions-Methode, z.B.:

$$
\begin{array}{ll}
2x + 3y = 17 \;\big|\cdot 2 \qquad & 4x + 6y = 34 \\
3x - 2y = 6 \;\big|\cdot 3 \qquad & \underline{9x - 6y = 18} \\
 & 13x = 52 \\
 & x = 4 \quad \text{usw.}
\end{array}
$$

Dieselbe Tradition schreibt vor, daß man anschließend eine andere Methode einübt, nämlich die sog. Substitutions-Methode, z.B.:

$$
\begin{array}{l}
2x + 3y = 17 \\
3x - 2y = 6 \;\Rightarrow\; 3x = 6 + 2y \;\Rightarrow\; x = 2 + \tfrac{2}{3}y
\end{array}
$$

somit

$$2\left(2 + \tfrac{2}{3}y\right) + 3y = 17 \quad \text{usw.}$$

Das Ziel ist natürlich, die Schüler dahin zu bringen, daß sie später jeweils die beste Methode auswählen können. Aber wer nicht so fest auf seinen mathematischen Beinen steht, wird sich sicherheitshalber an eine einzige Methode halten, wie sollte das auch anders sein. Die Wahl fällt dann gewöhnlich auf die zuerst gelernte Methode. Sie wird dann auf Biegen und Brechen angewendet, auch wenn gar keine Veranlassung dazu besteht:

$$
\begin{array}{ll}
x^2 + y^2 = 25 \;\big|\cdot 3 \qquad & 3x^2 + 3y^2 = 75 \\
2x - 3y = 17 \;\big|\cdot y \qquad & \underline{2xy - 3y^2 = 17y} \\
 & 3x^2 + 2xy = 75 + 17y \ldots ???????
\end{array}
$$

Der Schüler, der so etwas tut, glaubt natürlich, die erste Methode *begriffen* zu haben.
Hätte der Lehrer mit der zweiten Methode begonnen, hätte der Schüler vermutlich
weniger Probleme gehabt.

Es gibt noch eine dritte, wenig verwendete Methode, bei der der Schüler dazu angeregt
wird, zu *begreifen*, was eigentlich geschieht: Das Überführen des Gleichungssystems in
ein gleichwertiges. Diese Methode läßt sich folgendermaßen andeuten:

$$\left.\begin{array}{l} 2x + 3y = 17 \\ 3x - 2y = \;\; 6 \end{array}\right\} \Longleftrightarrow \left\{\begin{array}{l} 3\,(2x + 3y) - 2\,(3x - 2y) = 3\cdot 17 - 2\cdot 6 \\ 2\,(2x + 3y) + 3\,(3x - 2y) = 2\cdot 17 + 3\cdot 6 \quad \text{usw.} \end{array}\right.$$

Bei den Kommentaren der obigen Beispiele taucht ein paar mal das Wort *begreifen* auf.
Dabei muß man beachten, daß möglicherweise mancher etwas falsch begreift. Das ist
gar nicht so selten:

- Wer glaubt, alle Hauptschüler seien dumm, kann nicht „begreifen", daß auch Hauptschüler gute Leistungen erzielen können.

- Wer davon überzeugt ist, daß jeder Nicht-Sozialist nur darauf aus ist, Arbeiter zu unter-
drücken und auszubeuten, „begreift" das Vorgehen der Firmenleitung, die Personal
entlassen muß: „Sie wollen alle Gewinne in die eigene Tasche stecken!".

- Wer an Wotan mit dem Schmiedehammer glaubt, „begreift" ein Gewitter: „Wotan ist
wieder zugange!"

- Wer gut mit höheren Wurzeln umgehen kann, „begreift" Potenzrechnen bei rationalen
Exponenten nur über den umständlichen Weg der Wurzelrechnung.

- Wer auf klassische Art lineare Gleichungssysteme auflösen lernt, „begreift" nicht ohne
weiteres, warum die Additions-Subtraktions-Methode bei quadratischen Gleichungen
versagt.

Bei all diesen Beispielen, in denen „begreifen" eine Rolle spielt, ist auch von Vorkenntnissen die Rede. *Offenbar ist „begreifen" ohne Vorkenntnisse unmöglich.* Ein Lehrer
muß darum beachten, daß das, was Anfänger jetzt von ihm lernen, großen Einfluß auf
ihre späteren Lernaktivitäten hat. Darum ist das Kriterium der Vorbereitung bei der Lehrstoffauswahl so wichtig.

Frage 12: Können Sie folgende Aussage „begreifen"?
Ein Axiom soll man gar nicht erst „begreifen" wollen, man soll es einfach hinnehmen. „Begreifen"
kann man dabei höchstens, wie man auf die Idee kam, dieses Axiom zu formulieren.

Die folgenden Teilabschnitte sind der Koppelung von „Begreifen" und Vorkenntnissen
gewidmet. Dabei soll klargestellt werden, daß Vorkenntnisse allein nicht genügen, um
etwas zu begreifen. Zu diesem Zweck wird zunächst der Begriff *Schema* eingeführt (4.2.2.1).
Neuer Lehrstoff kann von einem Schema, zu dem auch Vorkenntnis gehört, *assimiliert*
werden oder auch nicht (4.2.2.2). Im ersten Fall handelt es sich um „Begreifen" (4.2.2.3).
Im zweiten Fall muß man das Schema erst *akkomodieren*, um neue Information aufnehmen
zu können (4.2.2.4/5). Der Leser, der diese Worte noch nicht „begreift", braucht sich noch
nicht zu sorgen. In 4.2.2.6 findet er zudem wiederum eine Zusammenfassung. Ferner
fehlen nicht Hinweise auf andere Theorien.

4.2.2.1. Lernen mittels eines Schemas

Wenn man lernt, sammelt sich im Gedächtnis Information an.

Van Parreren spricht von Gedächtnisspuren: Information hinterläßt im Gedächtnis Spuren (*C.F. van Parreren, Lernen in der Schule*, siehe 12.1).

Information besteht nicht nur aus Einzelmerkmalen. Zwischen den einzelnen Merkmalen bestehen Zusammenhänge, die wiederum Strukturen bilden.

Van Parreren: Zwischen den Spuren bestehen Verbindungen.

So entsteht im Gedächtnis eine Art Netzwerk aus Kenntnissen und Fertigkeiten. So ein Netzwerk wird hier (Denk-)*Schema* genannt (siehe auch 12.1 bei *Skemp*).

Bei *van Parreren* heißt es Spurensystem.

Ein Schema kann durch ein einzelnes Wort oder Bild in das Bewußtsein gerufen werden. Bei verschiedenen Menschen kann dasselbe Wort verschiedene Schematas aus dem Gedächtnis nach oben holen.

- Das Wort Auto ruft bei dem einen ein Schema auf mit Villa, Pelzjacke und Kontoauszügen, bei einem anderen umfaßt das Schema Lastzüge mit Anhänger, Hebekräne, Rheinfähren und Frachtbriefe, während ein dritter, der sich von einem Zusammenstoß noch nicht wieder erholt hat, beim Wort Auto an Mörder, zumindest aber an überfüllte Straßen denkt.

- Der Anblick zweier Gleichungen mit zwei Unbekannten ruft bei dem einen Schüler ein Schema mit Addition und Subtraktion von Gleichungen hervor, ein anderer denkt ans Substituieren, während ein dritter gleich eine Figur mit Schnittpunkten vor sich sieht.

- Eine Aufgabe zu Bild 4.6: Beweise, daß der Winkel bei A gleich dem Winkel bei D ist, wenn $AE \cong DE$ und $BE \cong CE$. Beim ersten Schüler mag das ein Schema mit kongruenten Dreiecken hervorrufen, bei dem zweiten mit Spiegelungen und deren Eigenschaften, während ein dritter auf Grund seiner Ausbildung es gleich mit dem inneren Produkt von Vektoren versuchen will.

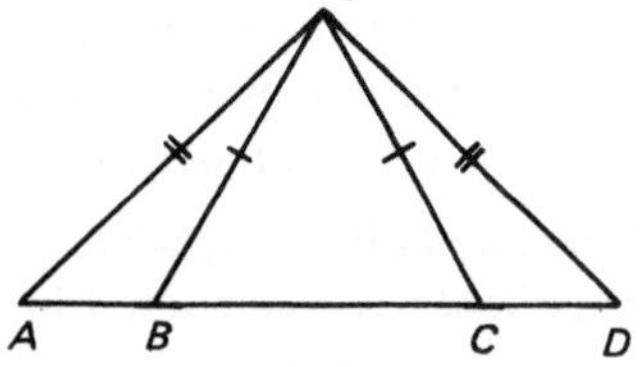

Bild 4.6

Ein Schema ist mitunter recht verworren und es kann sich, wie in der Einleitung dieses Kapitels angedeutet, recht hinderlich in einem Hirn festgesetzt haben. Die Aufgabe eines Lehrers ist es, seinen Schülern möglichst zweckmäßige Schemata zu vermitteln. Zweckmäßig heißt hier wieder: Auf das Ziel gerichtet.

Frage 13: Beschreiben Sie oder charakterisieren Sie das Schema, das sich womöglich bei einem Schüler festgesetzt hat, der:

a) $\dfrac{\log(2x + 4)}{\log 2}$ vereinfacht zu x + 2,

b) bei der Funktion $x \rightarrow (x-2)^2 (x-4)$ folgende Vorzeichentabelle anlegt:

$$\frac{+++++0\;-----\;0+++++}{2 \qquad\quad 4} \;,$$

c) $3^{-1\,1/2}$ wie folgt umformt:

$$3^{-1\,1/2} = \frac{1}{3^{1\,1/2}} = \frac{1}{3^{3/2}} = \frac{1}{\sqrt{3^3}} = \frac{1}{3\sqrt{3}} = \frac{1}{9}\sqrt{3}\;,$$

d) die Fläche A zwischen den Graphen von $x \rightarrow 3$ und $x \rightarrow x^2 - 4x + 3$ wie folgt berechnet:

$$A = \int_0^4 3\,dx - \int_0^1 (x^2 - 4x + 3)\,dx + \left| \int_1^3 (x^2 - 4x + 3)\,dx \right| - \left| \int_3^4 (x^2 - 4x + 3)\,dx \right| \;,$$

e) die Gleichung der winkelhalbierenden Ebene zwischen $2x + 3y + z = 0$ und $x + 2z = 1$ mit Hilfe der Abstandsformel schreibt:

$$\left| \frac{2x - 3y + z}{\sqrt{2^2 + 3^2 + 1^2}} \right| = \left| \frac{x + 2z - 1}{\sqrt{1^2 + 2^2}} \right| \;.$$

Frage 14: Erläutern Sie den Titel dieses Teilabschnitts!

4.2.2.2. Assimilieren

Man kann zielgerichtet etwas Neues lehren, wenn man bereits angelegte Schemata so ausnutzt, daß diese vervollständigt und in ihrer Struktur bereichert werden.

Bei dem Problem zweier Gleichungen mit zwei Unbekannten darf man sich nicht auf eine Lösungsmethode konzentrieren, sondern muß die Idee, das System durch ein gleichwertiges zu ersetzen, verfolgen. Wer dies bei seinen Schülern versuchen möchte, darf nicht zu früh spezielle Methoden bringen. Dagegen sollte er seinen Schülern viele einfache Problemchen anbieten, bei denen die Frage nach gleichwertigen Systemen im Vordergrund steht. Das Schema: *Ein System durch ein gleichwertiges ersetzen* soll systematisch mit neuer Information angefüllt werden, wodurch es auch stärker strukturiert wird. So kann beispielsweise auch die Additions-Subtraktions-Methode dem Schema eingegliedert werden: Das Schema hat dann die Methode aufgenommen; besser: Das Schema hat die Methode *assimiliert.*

Ein anderes Beispiel, bei dem Assimilation auftreten kann, findet man bei der Einführung räumlicher Koordinaten. Ein Lehrer kann dabei sinnvoll die Kenntnis der ebenen Koordinaten einsetzen (Bild 4.7).

Bild 4.7

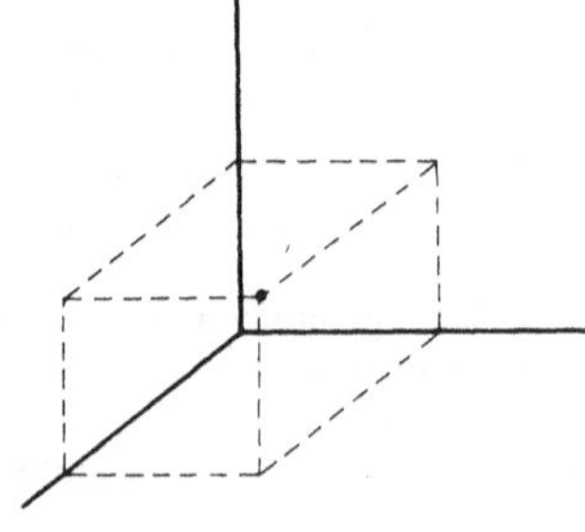

Das Schema *Punkte, Koordinaten und ihre Beziehungen* kann nach und nach neue Informationen über den Raum assimilieren, es entsteht ein reicher strukturiertes Schema.

Van Hiele hat in seiner Dissertation: *Die Problematik der Einsicht* (niederl.) auch auf eine derartige Erscheinung im Zusammenhang mit seiner Theorie der verschiedenen Denkniveaus hingewiesen. Ein Schüler hat z.B. anfangs ein recht dürftiges Schema zum Begriff Raute. Er kann in der Raute nur die Form einer Salmiakpastille erkennen (Bild 4.8).

Ein Quadrat wird er nicht als Raute erkennen (Bild 4.9), höchstens, wenn es auf einer Ecke steht (Bild 4.10). Aber dann erkennt er es wiederum nicht als Quadrat. Der Schüler befindet sich auf dem *nullten Denkniveau*.

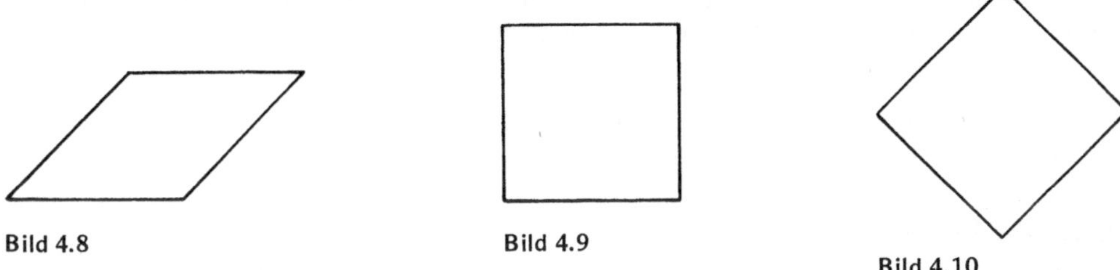

Bild 4.8   **Bild 4.9**

Bild 4.10

Das *erste Denkniveau* ist der Zustand — hier Schema genannt — der den Schüler in die Lage versetzt, die Umwelt geometrisch zu deuten. Er ‚sieht' Kreise bei Wagenrädern und Quadrate bei Badezimmerkacheln. Er kann ein Quadrat als Raute erkennen und ein auf der Ecke stehendes Quadrat auch als Quadrat.

Anschließend gelangt der Schüler auf das *zweite Denkniveau*, wenn er nämlich Eigenschaften und Merkmale einer Raute kennenlernt. Diese werden vom vorhandenen Schema assimiliert. Das Schema *Raute* besteht nun nicht mehr nur aus einer Figur, sondern ist ein Netzwerk aus der Figur, deren Elementen (Winkel, Seiten, Diagonalen) und deren Zusammenhängen (die Diagonalen halbieren die Winkel, alle Seiten sind gleichlang, die Diagonalen halbieren sich und stehen senkrecht aufeinander usw.) (Bild 4.11).

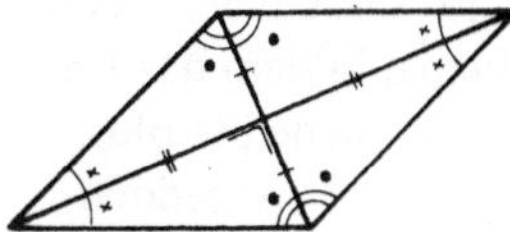

Bild 4.11

Danach kann er lernen, wie diese Sätze untereinander zusammenhängen, wie man aus dem einen Satz den anderen gewinnt, wie man einen Satz aus einer Definition herleitet, worin der Unterschied zwischen dem Satz und seiner Umkehrung besteht, usw. Auch diese neuen Dinge assimiliert das Schema. Die Struktur wird immer reicher, das relevante Wort immer stärker verwoben, aber das Ganze kann — so merkwürdig es klingt — vom Schüler noch gut überblickt werden. Der Schüler ist auf das *dritte Denkniveau* gelangt.

Es gibt dann noch ein *viertes Denkniveau*. Das erreicht ein Schüler, wenn er z.B. vom geometrischen System abstrahieren kann zu einer Reihe möglicher deduktiver Systeme. Das Studienobjekt ist dann solch ein deduktives System.

In einem späteren Werk (*Begriff und Einsicht* (niederl.)) unterscheidet *van Hiele* oberhalb des Grundniveaus nur noch zwei weitere Denkniveaus. Dabei führt er den Begriff Niveau-reduktion ein. Im wesentlichen geht es dabei um folgendes: Wer über ein Netz von Zu-sammenhängen zwischen Begriffen verfügt, die er auf dem ersten Niveau erworben hat, kann bereits dadurch auf das zweite Niveau gelangen. Auch *Wansink* (*Didaktische Orien-tierung für Mathematiklehrer,* Teil 2 (niederl.)) wies auf diese Erscheinung hin.

Nach der Terminologie von *Skemp* ist das erste Niveau ein Schema, das durch Assimilierung neuer Zusammenhänge auf das zweite Denkniveau führt. Ein höheres Niveau zeigt sich auch darin, daß man über Dinge des tieferen Niveaus reden kann.

Frage 15: Sehen Sie sich die gebräuchlichsten Schulbücher einmal daraufhin an, wie dort das Schema *Vierecke mit ihren Eigenschaften, Merkmalen und Beziehungen* aufgebaut wird.

Frage 16: Tun Sie dasselbe für *Vektoren.*

Frage 17: Dasselbe für *Ungleichungen mit zwei Unbekannten.*

Frage 18: Dasselbe für *Differentialrechnung.*

4.2.2.3. Die Vorteile

Verschiedene Untersuchungen zeigen, daß Lernen mittels Schematas *effizienter* ist als das Auswendiglernen einzelner Begriffe, Sätze und Methoden. So ist es besser, Logarith-mus, Quadratwurzel, Sinus und Kosinus, Kongruenzen, Vergrößern von Figuren gemein-sam einem zentralen Thema unterzuordnen, nämlich: Funktionen und Relationen, anstatt — wie früher üblich —, jedes für sich zu behandeln und später notfalls eine Synthese zu versuchen. Das ist dann viel schwieriger, weil dabei von mehreren Schematas her so allerlei schnell angelernt wurde, was sich einer Synthese widersetzt. Auch das Wiederholen von Merksätzen ist um so effizienter, je mehr sich deren Worte und Begriffe in ein bestehendes Schema einordnen lassen.

Ein zweiter Vorteil, der damit eng zusammenhängt, ist: Neue Begriffe werden *besser be-griffen. Begreifen ist nichts anderes als Assimilation durch ein bestehendes Schema.* Wer sich gegen den Ausspruch „3a plus 5a ist 8a, weil drei Äpfel und fünf Äpfel acht Äpfel sind" wendet, bekommt häufig entgegengehalten, daß es die Schüler auf diese Weise doch ganz gut begreifen. Das stimmt auch noch: die Schüler haben ein Schema, in dem das Ab-zählen von Gegenständen eine große Rolle spielt. Dieses Schema kann das neue ‚3a plus 5a ist 8a' mittels des beschriebenen Ausspruchs ausgezeichnet assimilieren. Es ist jedoch eine schlechte Assimilation, zumal es den eigentlichen Sachverhalt verschleiert, schließlich ist mit a eine Variable aus einer Zahlenmenge gemeint. Man kann natürlich viele Dinge ausgezeichnet begreifen, indem man sie falsch in ein bestehendes Schema assimiliert. Menschen können beispielsweise abnormales Verhalten einer Person (zu Unrecht) begrei-fen, wenn diese nicht zu ihrer Gruppe gehört: Das Schema *Fremdling* kann leicht *fremdes Verhalten* assimilieren.

Das bedingt eine große Verantwortung des Lehrers: Er muß nicht nur verhindern, daß neuer Lehrstoff auf falsche Weise durch ein vorhandenes Schema assimiliert wird, so daß die Schüler meinen, etwas zu begreifen ohne daß dies tatsächlich der Fall ist. Er muß da-neben auch noch zielgerichtete Schematas aufbauen, damit seine Schüler zukünftigen Lehrstoff begreifend lernen können.

Ein dritter Vorteil ist die Konsolidierung von früher Gelerntem. Die vorhandenen Begriffe und ihre Zusammenhänge müssen immer wieder neu verwendet werden, so daß der Schüler immer mehr Fertigkeiten im Umgang mit ihnen erwirbt.

Frage 19: Wenn ‚3a plus 5a ist 8a' nicht mit den Äpfelchen geht, um nicht ein falsches Schema zu pflegen, wie soll man es dann gut bringen?

Frage 20: Ein Lehrer erklärt das Lösen von Gleichungen des Typs $x + 3 = 8$ wie folgt: „Das Gleichheitszeichen besagt, daß auf beiden Seiten gleichviel ist. Denkt also an eine Waage (Bild 4.12). Auf den Waagschalen liegt gleich viel, links $x + 3$ und rechts 8. Die Waage ist im Gleichgewicht. Was muß ich tun, um links x übrig zu lassen? Ich muß 3 wegnehmen. Was muß ich tun, um nun die Waage wieder ins Gleichgewicht zu bringen? Ich muß rechts auch 3 abziehen. Dann bleibt links x und rechts 5. Die Waage ist im Gleichgewicht, also $x = 5$". Kommentieren Sie diese Erklärung! Beachten Sie dabei, daß die Schüler diese Erklärung leicht begreifen sollen. Wie würden Sie es machen? Ist das so entstehende Schema anwendbar auf spätere Aufgaben wie etwa $x + 3 = 1$, $x^2 = 4$ oder $x^2 + 1 = 0$?

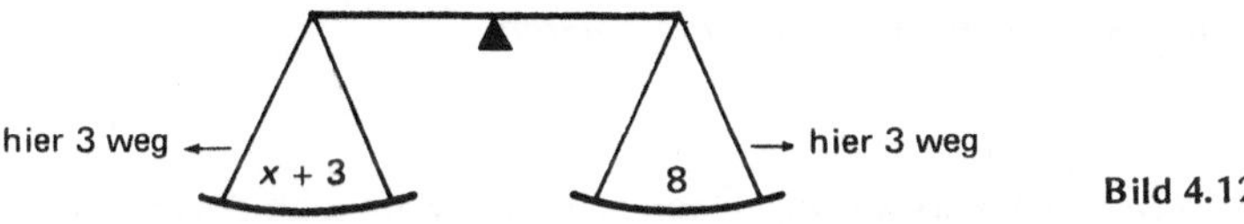

Bild 4.12

4.2.2.4. Die Nachteile

Natürlich hat das Lernen mittels Schemata nicht nur Vorteile: Es hat auch wichtige Nachteile.

Zum einen *kostet* das Lernen mittels Schemata *Zeit.* Man kann viel schneller etwas auswendig lernen lassen, als das Lernen durch den Aufbau eines relevanten Schemas vorzubereiten. Zwar geht das eigentliche Lernen mittels eines Schemas schneller, aber zusammen mit der Vorbereitungszeit dauert es doch länger.

Wir geben ein Beispiel: Einem Schüler, der für einen Ferienjob für ein paar Wochen wenige komplizierte Handgriffe benötigt, ist mit einem Kurzlehrgang, in dem er einige Handgriffe lernt, sehr gedient. Wird aber jemand mit dem Ziel fest eingestellt, den Betrieb von Grund auf kennenzulernen, um später eine leitende Stellung bekleiden zu können, dann wäre derselbe Kurzlehrgang unverantwortlich. Es ist viel besser, ihm zunächst den Hintergrund seiner Arbeit nahe zu bringen und die Arbeitsweise der Maschinen zu erklären, während man ihm die erforderlichen Handgriffe erst ein paar Wochen später vermittelt. Er kann so in die Lage versetzt werden, in neuen Situationen selbständig Lösungen zu finden.

Wenn jemand nicht mehr benötigt als einen Algorithmus zur Auflösung von zwei linearen Gleichungen mit zwei Unbekannten, dann ist das Anlernen der Additions-Subtraktions-Methode äußerst effizient. Soll er aber später mehr können, dann ist, man muß es immer wieder sagen, eine gute Vorbereitung in Richtung *Äquivalenzidee* nötig, und das möglichst mit geometrischen Interpretationen.

Auswendiglernen geht schneller als das Lernen mittels Schemata. Die für den Mathematikunterricht an höheren Schulen vorgesehene Zeit ist äußerst knapp bemessen. Das heißt aber sicher nicht, daß man vom Lernen mittels Schemata absehen muß. Wer alles auswendiglernen soll, bekommt irgendwann Schwierigkeiten. Es geht immer schwerer und es belastet immer mehr, soviel verschiedene unzusammenhängende Fakten auswendig zu lernen und man vergißt sie immer rascher. Das zeigt, daß es auf lange Sicht sicher Vorteile bringt, wenn man mit dem sorgfältigen Aufbau von Schemata beginnt. Die Zeit, die man anfangs verliert, gewinnt man später mit Zinsen.

Das Lernen mittels Schemata geschieht *selektiv*. Was nicht hineinpaßt, wird verworfen. Erfahrungen, die nicht begriffen werden können (lies: assimiliert), erwecken Unwillen, oftmals gar Agressionen. (Man „begreift" einen Fremdling, der sich ungewohnt benimmt; aber ein Fremdling, der sich eingliedern will, bekommt Schwierigkeiten.) Aufgabe des Lehrers ist es, seine Schüler so zu unterrichten, daß sie nötigenfalls in der Lage (und bereit) sind, sich einer neuen Situation anzupassen.

Ein weiterer Nachteil ist von grundsätzlicher Art. Es ist nämlich unmöglich, *Schemata immer weiter durch Assimilation neuer Begriffe auszubauen*. Dagegen muß ein bestehendes Schema oftmals teilweise wieder abgebaut werden, damit es einen neuen Begriff aufnehmen kann. Wir sagen dann: *Das Schema muß akkommodieren*.

4.2.2.5. Akkommodieren

Wer einmal im Ausland war, kennt die merkwürdige Überraschung, wenn man dort ganz kleine Kinder mit Leichtigkeit die Sprache reden hört, mit der man selbst solche Schwierigkeiten hat. Das eigene Schema beinhaltet, daß die fremde Sprache schwierig ist, daß man zu ihrem Erlernen viel Zeit und Mühe aufwenden muß, daß man ein gewisses Alter erreicht haben muß, sie ein klein bißchen zu begreifen. Dieses Schema kann die neue Erfahrung nicht assimilieren. Die Information, daß vierjährige Kinder die Sprache leichter lernen als man selbst, paßt nicht hinein. Und doch babbeln kleine Kinder Französisch, Englisch oder Türkisch. Die neue Erfahrung kann erst dann assimiliert werden, wenn sich das Schema umstrukturiert hat. Man muß eben erst mal nachdenken: Das Schema muß *akkommodieren*. Ist dies geschehen, wird einem seine frühere, falsche Reaktion klar, man kann darüber lachen und es anderen erzählen.

Genau das gleiche beobachtet man bei Schülern, denen man zuerst den Umgang mit höheren Wurzeln intensiv beigebracht hat, wenn man sie dann auffordert, geschickt Potenzen mit rationalen Exponenten zu behandeln. Das Schema muß akkommodieren, das kostet Mühe. Man hat das Gefühl, zuvor unnötige Dinge gelernt zu haben. In diesem Beispiel kann man der Notwendigkeit zu akkommodieren durch Fortlassen des Themas: „Höhere Wurzeln" zuvorkommen.

Genauso verhält es sich auch bei dem Beispiel mit den linearen Gleichungen.

Frage 21: Was bezweckt wohl ein Lehrer, der seinen Schülern folgende Aufgabe stellt: „Berechnet die Extremwerte der Funktion $x \rightarrow 2 \cdot \sin x \cdot \cos x$, ohne Differentialrechnung!"? Finden Sie es moralisch anfechtbar, ein gutes Hilfsmittel zur Auflösung zu verbieten?

Es gibt aber auch Situationen, in denen man die Akkommodation nicht vermeiden kann. Wer seine Schüler gelehrt hat, mit Zahlenpaaren zu arbeiten und sie als Punkte der Ebene zu interpretieren, wer anschließend Zahlentripel als Punkte des Raumes erklärte, bekommt einige Schwierigkeiten, wenn er mit 4-tupeln arbeitet und diese als Punkte eines vierdimensionalen Raumes interpretieren will. Die Schüler werden fragen, wie sie sich diese Punkte vorstellen sollen. Das bedeutet, daß ihr Schema die neue Erfahrung assimilieren will, und

das geht nicht. Das Schema muß erst akkommodieren. Der Faktor „räumliche Vorstellung"
muß erst beseitigt werden. Danach kann das Schema die neue Erfahrung assimilieren.
Und dann kann auch die vierte Dimension begriffen werden (als Begriff).

Das gleiche geschieht auch beim Rechenunterricht. Die Addition natürlicher Zahlen paßt
ausgezeichnet in das Schema vom Zählen: 3 + 5 bedeutet, erst bis drei zu zählen und dann
noch fünf weiter. Die Multiplikation paßt dann wieder ausgezeichnet in das Schema vom
Aufaddieren. Teilen natürlicher Zahlen paßt in das Schema, in dem die Multiplikation bereits enthalten ist. So läßt sich das Schema *Zählen* durch fortlaufende Assimilation neuer
Kenntnisse weiter anreichern. Aber dann kommen die Probleme: Die Kinder sollen Bruch-
rechnen lernen. Der Begriff *Bruch* ist mit dem bestehenden Schema noch gut erklärbar,
das Rechnen mit Brüchen aber sicher nicht (denken Sie nur ans Gleichnamig-Machen oder
gar an die Division durch einen Bruch). Das bestehende Schema muß stark akkommodieren.
Ist es da ein Wunder, daß so viele Kinder noch nichts von Brüchen begriffen haben (lies:
nicht gelernt haben, ihr Schema so zu akkommodieren, daß es Brüche assimilieren kann)?

Dem Akkommodieren kann man in solchen Fällen nicht zuvorkommen. Obwohl der Lehrer
daran nichts ändern kann, trägt er dabei eine große Verantwortung. Er muß den Unterricht
beispielsweise bei Brüchen dann besonders sorgfältig vorbereiten.

Frage 22: In welcher Beziehung ist bei der Einführung der Irrationalzahlen die Rede von Akkommodieren und nicht von Assimilieren?

4.2.2.6. Zusammenfassung

Lehrstoff muß spätere Erweiterungen vorbereiten. Dazu muß ein Lehrer seinen Unterricht
so gestalten, daß neuer Lehrstoff von einem bestehenden *Schema assimiliert* werden kann.
Dies geht nicht immer: Oftmals muß ein Schema erst *akkommodieren.* Durch Assimilation
neuen Lehrstoffs wird das Schema strukturell bereichert.

Begreifen ist nichts anderes als Assimilation von Lehrstoff in ein bestehendes Schema. Ein
Schüler glaubt oft, etwas begriffen zu haben, obwohl das aus der Sicht des Lehrers gar
nicht der Fall ist. Der Lehrer hat Unrecht: Der Schüler hat tatsächlich etwas begriffen,
wenn auch falsch. Der verkehrte Lehrstoff ist auf verkehrte Art durch ein verkehrtes
Schema assimiliert worden.

Vorteile des Lernens mittels Schemata sind:

- Man kann zielstrebiger lernen;
- neuer Stoff wird besser begriffen;
- die Verwendung von Schemata festigt früher Gelerntes;
- es arbeitet selektiv (kann auch ein Nachteil sein).

Nachteile sind:

- Es kostet Zeit;
- bestehende Schemata lassen sich nicht immer durch Assimilation neuen Lehrstoffs
  ausbauen;
- es arbeitet selektiv (kann auch ein Vorteil sein).

Ein Lehrer muß seine Schüler so anleiten, daß sie neue Erfahrungen zu den bestehenden assimilieren können, oder, wenn das nicht geht, daß sie im Stande und bereit sind, die Schemata zu akkommodieren. Das bedeutet auch, daß man nicht sklavisch dem Schulbuch folgen darf, sondern daß man das Buch kritisch an dieser Theorie messen muß, um nötigenfalls Lehrstoff hinzuzufügen, abzuändern oder fortzulassen.

Die Theorie vom Assimilieren — Akkommodieren geht auf *Piaget*[1]) zurück, der weittragende Untersuchungen auf dem Gebiet der Sprach- und Denkentwicklung bei Kindern gemacht hat. Sie haben auf den Rechenunterricht an den Grundschulen großen Einfluß gehabt. (Niederlande)

Wer sich über dieses Thema noch anderweitig orientieren will, findet bei *van Parreren* eine klare Darstellung von der Theorie der Denkbahnen. Ferner wurde schon das Werk von *P.M. van Hiele* erwähnt. (Siehe auch 12.1)

Frage 23:   a) 584 : 23 = 25   b) 584 : 23 =   c) 584 : 23 = 20 + 5 = 25
              46   230   10   460 = 20 · 23
             ────   ────   ────
              124   354   124
              115   230   10   115 = 5 · 23
             ────   ────   ────
                9   124   9
                                      ────
                                       115   5
                                      ────   ────
                                         9   25

Man kann gute Fertigkeiten besitzen, ohne zu wissen, was man tut. Man kann auch etwas genau begreifen, ohne daß man ausreichende Fertigkeiten für Anwendungen besitzt. Erörtern Sie diese beiden Aussprüche anhand der drei Algorithmen für die Division mit Rest.

Frage 24: Betrachten Sie die verschiedenen Abschnitte des Kap. 9 vor dem Hintergrund des Kriteriums von der Vorbereitung und der Theorie vom Schema mit Assimilation und Akkommodation.

4.2.3. Anschluß an den Anfangszustand

In Kapitel 3 wurden bei der Behandlung des Anfangszustands drei Fragenkomplexe genannt:

- Fragen über die Person des einzelnen Schülers,
- Fragen über die Gruppe,
- Fragen über die vorausgesetzten Vorkenntnisse und Fertigkeiten.

Das Kriterium: *Anschluß an den Anfangszustand* ist so selbstverständlich, daß einige wenige Bemerkungen dazu genügen. Zunächst zum ersten Fragenkomplex: Man muß bei der Lehrstoffauswahl darauf achten, daß sie dem Entwicklungsstadium der Schüler angepaßt ist. So soll man beispielsweise besser nicht versuchen, 11- bis 12-jährigen Schülern den axiomatischen Aufbau der Geometrie zu lehren. Ein guter Lehrer würde dies natürlich schaffen und ein ausgezeichneter Lehrer würde auch noch die Chance wahrnehmen, die Schüler damit arbeiten zu lassen. Das wurde experimentell nachgewiesen, doch paßt diese Art des formal-logischen Denkens nicht zu diesem Lebensalter. Darum werden die Be-

---

[1]) Schweizer Psychologe, *1896

troffenen für derlei Dinge auch nicht viel Interesse zeigen und eventuell erzielte Erfolge sind sicher nicht von langer Dauer. Entsprechendes gilt natürlich auch bezüglich Intelligenz, Charakter, Milieu und dergleichen.

Auf den zweiten Fragenkomplex über Beziehungen der Schüler untereinander und zwischen Klasse und Lehrer soll hier nicht eingegangen werden.

Die dritte Fragengruppe über Vorkenntnisse und Fertigkeiten ist ein Anreiz für den Lehrer, sich zu überlegen, wie er das richtige Schema bei den Schülern anspricht, das heißt, wie er sie in die Lage versetzt, den neuen Lehrstoff aufzunehmen. Das Kriterium beinhaltet auch, daß der neue Lehrstoff *Bedeutung* für die Schüler haben muß. Das ist weniger selbstverständlich als es zunächst klingt. Genug Beispiele zeigen, daß gegen diese Forderung häufig verstoßen wird. Fragt ein Schüler, warum er etwas tun muß, deutet das an, daß der Lehrstoff keine Bedeutung für ihn hat, aber daß er unter Umständen (kommende Klassenarbeit, netter Lehrer) bereit ist, einen Algorithmus auswendig zu lernen.

Frage 25: Nehmen Sie einmal an, Ihre Schüler können zügig und mit Verstand bei ganzen positiven Exponenten Potenzrechnen. Was sollte dann der Definition von Potenzen mit negativen ganzen Zahlen vorausgehen?

Frage 26: Ein Schüler der achten Klasse Gymnasium schreibt:

$$(a + 3)(a - 2) = 2a - 3a - 2a - 6 = 3a - 6 = -3a.$$

Was schließen Sie daraus? Glauben Sie, daß Sie diesem Fehler hätten vorbeugen können?

Frage 27: Ein Schüler soll in Faktoren zerlegen und schreibt:

$$6p^2 - 3p = 3p(2p).$$

Was folgern Sie? Hätten Sie den Fehler vermeiden können?

Frage 28: Was halten Sie von folgendem Ausspruch?

‚Das Nachschlagen von Logarithmen aus einer Logarithmentafel ist leicht zu lehren und muß unbedingt gekonnt werden. Darum müssen die Schüler erst einmal lernen, flott und fehlerfrei die Logarithmentafel vorwärts und rückwärts zu benutzen. Dann kann man ihnen leicht erklären, was sie damit anfangen können. Aber ohne das geht es wohl nicht!'

4.2.4. Übereinstimmung mit den Lernzielen

Hierbei geht es wieder um langfristige Lernziele, d.h. um solche, die dauernd verfolgt werden. Die Wahl solcher Ziele hat für die Auswahl des Lehrstoffs Konsequenzen. Wer beispielsweise das Ziel: *selbständig Entscheidungen treffen* wichtig und erstrebenswert findet, sollte als Lehrstoff oft Lösungsmethoden wählen. Wer dieses Ziel nicht verfolgen will, sollte (in Hinblick auf Examensanforderungen) öfter Standardalgorithmen üben.

Nicht alle Lernaktivitäten sind auf ein Ziel ausgerichtet. Darum muß man schon starke Argumente haben, wenn man Stoff unterrichten will, der nicht dem augenblicklichen Ziel entspricht. Ein solches Argument ist die Vorbereitung späterer Lernaktivitäten in anderen Fächern oder das Studium im Anschluß an die Schulzeit.

Ein anderes Argument ist, daß der Lehrstoff nun einmal vorgeschrieben ist. Das ist kein würdiges, aber ein starkes Argument. Kann ein Lehrer den Sinn eines vorgeschriebenen Themas nicht erkennen, so heißt das noch nicht, daß es nicht trotzdem zielgemäß sein kann. Vielleicht ist das Unvermögen des Lehrers hier teilweise auf mangelnde Erfahrung oder gar auf mangelnde Phantasie zurückzuführen. Eine solche Situation kann dann Ursache für eine desinteressierte, phantasielose, nachlässige Art des Unterrichtens sein; was auch heißt, daß die Schüler desinteressiert, phantasielos und nachlässig sein werden, die Lernresultate schlecht. Ein gewarnter Lehrer wird doppelt aufmerksam sein: Er wird sich bei einem solchen Lehrstoff doppelt um geeignete Lernziele bemühen. Kann er trotzdem solche nicht finden, und kann er auch nicht erkennen, daß spätere Entwicklungen vorbereitet werden, darf er erwägen, den Lehrstoff besser zu überschlagen. Selbstverständlich muß er sich dabei mit den Mathematikkollegen seiner Schule besprechen, und es kann auch nicht schaden, Kollegen anderer Fächer zu fragen, ob diese nicht vielleicht großen Wert auf das fragliche Thema legen.

Das schwächste Argument für ein bestimmtes Thema ist, daß es bei der Abschlußprüfung gefragt werden könnte. Man soll nicht unterrichten, um jemand auf ein Examen vorzubereiten. Jedenfalls nicht auf der höheren Schule. Prüfungen sollen erweisen, ob jemand bestimmte Ziele erreicht hat. Ist das der Fall, bekommt er zum Beweis dafür ein Zeugnis. Das bedeutet aber, daß es grundsätzlich falsch ist, etwas zu lehren, damit es in einer Prüfung abgefragt werden kann. Trotzdem kann sich ein Lehrer nicht weigern, ein bestimmtes Thema zu unterrichten, von dem er meint, es sei nur als Examensstoff im Lehrplan. Er würde dann der Verantwortung seinen Schülern und anderen gegenüber nicht gerecht. Er sollte sich bemühen, das Beste daraus zu machen. Es ist auch sinnvoll, so etwas mit den Schülern zu diskutieren. Im übrigen kommt dieser Fall viel seltener vor, als man als Lehrer denkt.

Frage 29: In 11.5 ist eine Abschlußprüfung (Niederlande) abgedruckt. Welche Ziele werden in den einzelnen Teilen abgefragt?

4.2.5. Schlußbemerkungen

Es wurden hier vier Kriterien für die Auswahl des Lehrstoffs genannt: *Mathematische Korrektheit, Vorbereitung, Anschluß an den Anfangszustand und Übereinstimmung mit den Zielstellungen.* Es gibt aber auch Lehrstoffe, bei denen diese Kriterien zu Widersprüchen führen.

So entspricht beispielsweise die Behandlung der Gruppenaxiome dem Ziel, die Schüler mit mathematischen Strukturen vertraut zu machen. Aber in den unteren Klassen entspricht dieser Stoff nicht dem Entwicklungsstadium und folglich auch nicht dem Anfangszustand der Schüler. Oder man soll ein Thema behandeln, dem man auch beim besten Willen momentan kein verständliches Ziel ansehen kann, aber man unterrichtet es dennoch, um anderen Lehrstoff vorzubereiten. Ein Lehrer muß also dann und wann Wasser in den Wein gießen. Dem Kriterium der mathematischen Korrektheit aber sollte man niemals Gewalt antun.

Das Kriterium der Vorbereitung wurde von dem Standpunkt aus betrachtet, daß der Lehrstoff A dazu dient, den Lehrstoff B zu begreifen. Das heißt, mit dem Lehrstoff A wird ein Schema aufgebaut, das den Lehrstoff B assimilieren kann. Dabei wird es sich oft nicht vermeiden lassen, daß ein Schema erst akkommodieren muß.

Das Kriterium von den Lernzielen entspringt dem Gedanken, daß mit dem Lehrstoff A dasselbe Ziel wie mit dem Lehrstoff B verfolgt werden kann.

Vielleicht entstand der Eindruck, die Kriterien der mathematischen Korrektheit und des Anfangszustands würden nur negativ eingesetzt, um bestimmte Lehrstoffe als ungeeignet zu verwerfen. Das ist sicher nicht beabsichtigt. So kann das Kriterium der mathematischen Korrektheit dazu benutzt werden, Lehrstoff auszusuchen, der den Schülern zeigt, wie sie Mathematik und mathematische Verfahren richtig anwenden können. Das Kriterium des Anfangszustands kann positiv benutzt werden, Lehrstoff zu wählen, der an die Vorstellungswelt der Schüler anknüpft.

Diese Kriterien sind nicht vorrangig für Lehrplanentwerfer und Schulbuchschreiber gedacht, sondern vor allem für Lehrer, die ein auf einem durchdachten Lehrplan basierendes gutes Schulbuch benutzen. Sie müssen bei der Themenwahl die Gedanken und Argumente der Autoren erkennen und beurteilen können. Wer begreift, was die Schreiber gewollt haben, ist in der Lage, besseren Unterricht zu geben. Die vier Kriterien sollen hierbei helfen. Auf ihrem Hintergrund können Sie Ihre Unterrichtsstrategie entwerfen. Dafür bringt der folgende Abschnitt ein Modell.

4.3. Eine Strategie für die Anordnung des Lehrstoffs

Wenn über die Anordnung des Lehrstoffs gesprochen wird, geht es nicht um die Tatsache, daß zum Erlernen des Satzes C die Definition A und der Satz B benötigt werden (so wie man für den Satz des Pythagoras unbedingt wissen muß, was ein rechtwinkliges Dreieck ist, daß man dazu quadrieren, addieren, subtrahieren, Wurzelziehen und einigermaßen mit Variablen umgehen können muß). Das wurde bereits in 4.2.2 beim Kriterium der Vorbereitung besprochen.

Hier geht es vielmehr darum, daß das Erlernen neuer Begriffe und Prinzipien zielgerichtet stattfindet und um die Konsequenzen, die sich daraus für den Unterricht ergeben. Es wird also nicht die Rede davon sein, welcher Stoff dem Satz B vorausgehen muß, sondern wie die Information über den Satz B am besten angeordnet werden kann. Die nötigen Vorkenntnisse werden dabei vorausgesetzt.

Im vorigen Abschnitt wurden auch die Beziehungen zwischen verschiedenen Lehrstoffgebieten angesprochen. Dieser Abschnitt behandelt allein die Anordnung innerhalb eines Gebiets.

4.3.1. Das Lehren von Begriffen

Ein Begriff wird eindeutig durch eine Definition festgelegt. Aber so lehrt man Begriffe meistens nicht. Dieser Abschnitt handelt davon, wie man es macht.

Stellen Sie sich vor, jemand kennt den Begriff *rechtwinkliges Dreieck* nicht, und wir sollen ihm diesen vermitteln. Wir setzen die Kenntnis des Begriffs Dreieck voraus. Nicht, daß er eine Definition davon geben könnte, sondern daß er Beispiele nennen kann und aus unterschiedlichen Figuren die Dreiecke herauskennt.

Wir könnten ihm nun einfach sagen, daß ein rechtwinkliges Dreieck ein Dreieck mit einem rechten Winkel ist. Aber damit ist ihm wohl kaum gedient. Hier wird man besser daran tun, ihm einige Figuren vorzulegen und ihn bei jeder zu fragen, ob es wohl ein rechtwinkliges Dreieck ist oder nicht.

Hat man das eine Weile lang geübt, legen wir ihm wieder eine Zeichnung vor und fragen wieder. Bei genügender Vorübung wird er nun den Begriff kennen und die Frage richtig beantworten. Nun bitten wir ihn, uns zu erklären, wie er zu dieser richtigen Antwort kam. So können wir ihn schließlich sogar dazu bringen, selbst eine Definition eines rechtwinkligen Dreiecks zu geben. Anschließend sollte er Gelegenheit erhalten, die erworbenen Kenntnisse anhand von Aufgaben zu festigen.

In diesem Beispiel sind verschiedene Lehrsituationen zu erkennen. Zunächst ist da die *Orientierung* auf den zu lernenden Begriff. Der Schüler erhält Informationen über das, was er lernen soll. (‚Wir wollen nun eine besondere Art von Dreiecken behandeln!‘) Das relevante Schema wird aufgerufen. (‚Wer kann ein Beispiel eines rechtwinkligen Dreiecks geben? Was wißt ihr über die Winkel eines Dreiecks? Zeige in diesem Dreieck die Winkel, und die Seiten! Was ist ein rechter Winkel? Wie nennt man Winkel, die nicht rechtwinklig sind?‘)

Anschließend werden alle gegebenen Beispiele in zwei Klassen *eingeordnet*. In eine Klasse kommen alle Dreiecke, die rechtwinklig genannt werden, in die andere Klasse alle anderen Figuren. Damit erreichen wir, daß sich die Schüler von bestimmten Beispielen lösen. Ein rechtwinkliges Dreieck ist nun nicht mehr der Name einer einzelnen Figur, sondern von unendlich vielen. Die Schüler haben die kennzeichnende Eigenschaft *abstrahiert*. Man erkennt es daran, daß sie bei neuen Figuren sagen können, ob es sich um ein rechtwinkliges Dreieck handelt oder nicht; auch daran, daß sie selbst Beispiele geben können, obwohl dies nicht immer der Fall sein muß. Denn das Erreichen der Abstraktionsstufe verlangt nicht unbedingt, daß sie den neuen Begriff auch *explizieren* können. Exakt formulieren können ist der folgende Schritt des Lehrprozesses. Oftmals kann dieser Schritt ausgelassen werden. Wenn der Begriff kompliziert ist, ist es oft besser, in die danach folgende Phase einzutreten. Diese wird benötigt, um den neuen Begriff zu *verarbeiten*, und zwar so, daß die Schüler ihn behalten und anwenden können.

Nun ein anderes Beispiel: Es soll gelehrt werden, was eine inverse Funktion ist. Dazu werden die Schüler zunächst an Funktionen erinnert. Sie sollen Beispiele für Funktionen angeben und für Relationen, die keine Funktionen sind. Pfeildiagramme leisten dabei gute Dienste (Bild 4.13).

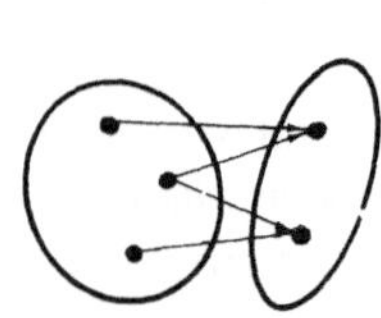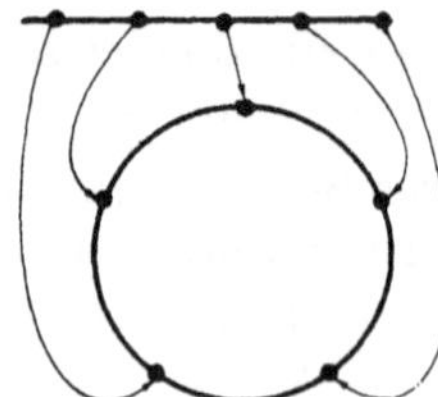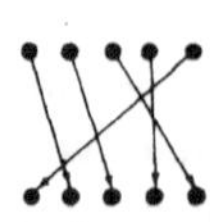

Bild 4.13

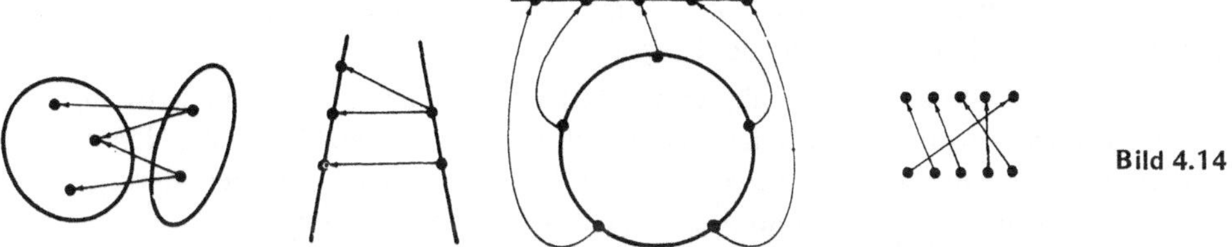

Bild 4.14

Nun drehen wir die Pfeile einfach um (Bild 4.14).

Die Frage ist, ob die so entstandenen Bildchen auch noch Funktionen darstellen? Dann
legt man den Schülern einige Beispiele für Funktionen vor. Bei jeder sollen sie herausfinden, ob man zu jedem Bild das Urbild angeben kann. Ist das eindeutig möglich, heißt
so eine Funktion umkehrbar. Die Funktion, die man durch die Umkehrung erhält, nennt
man zur ursprünglichen invers. Es wird nicht lange dauern, bis die Schüler bei nicht zu
komplizierten Funktionen sagen können, ob sie eine Inverse besitzen oder nicht.

Jetzt müssen sie formulieren lernen, was eine umkehrbare und was eine inverse Funktion
ist. Das kann mit Worten oder mit Formeln geschehen, die Hauptsache ist, daß sie damit
weiterarbeiten können. Also keine Definition verlangen, die dann doch nicht benutzt
wird. Anschließend muß noch geübt werden, um das so Gelernte zu verarbeiten.

Auch in diesem Beispiel kann man dieselbe Reihenfolge der Lernschritte erkennen.
Zunächst die Orientierung: Die Schüler werden über das Stundenziel informiert, relevante
Schematas werden aufgerufen und das Problem vorgestellt. Danach folgt die Sortierphase:
Die Schüler sollen die Beispiele klassifizieren; im letzten Beispiel kam das Merkmal dazu
von außen, während es bei den rechtwinkligen Dreiecken von den Schülern selbst entdeckt
werden mußte. Das ist bei den inversen Funktionen wohl auch möglich, aber dann muß
die Anzahl deutlicher Beispiele größer sein.

Durch das Klassifizieren erreichen die Schüler eine Abstraktion, die sie befähigt, neue
Beispiele zu erkennen. Später dann soll diese Abstraktion expliziert werden. Dies kann
durch eine Beschreibung mit sprachlichen Mitteln oder Symbolen geschehen, durch eine
schematische Übersicht oder ein Diagramm.

Abschließend wird die gewonnene Kenntnis durch Aufgaben verarbeitet. Diese können
so gestellt sein, daß sie nicht nur das Gelernte konsolidieren, sondern gleichzeitig auf ein
folgendes Lehrstoffgebiet vorbereiten (beispielsweise Algorithmen, die aus einer umkehr-
baren Funktion die Inverse herleiten).

4.3.2. Klassifizieren und Abstrahieren

Der Mechanismus, wie er in den beiden Beispielen beschrieben wurde, beruht auf der
Theorie, daß man neue Begriffe nicht durch Definitionen lernt, sondern durch Beispiele
und Gegenbeispiele. Die Schüler sortieren sie an Hand einer *Klassifizierungsvorschrift*,
die vorgegeben oder von ihnen selbst erarbeitet wird.

Im täglichen Leben lernen wir das Sortieren normalerweise nach von außen vorgegebenen
Klassifizierungsvorschriften: ‚Das ist rot, das ist rot, und das ist nicht rot!‘ ‚Das ist ein

Hund, das da ist auch ein Hund, das ist kein Hund sondern eine Katze!' ,Sieh mal, da fliegt
ein Hubschrauber und dort ein normales Flugzeug!'

Auch im Unterricht ist das der normale Ablauf. Der Erdkundelehrer zeigt zunächst auf
dem Globus einige Meridiane und erfragt dann nach und nach deren Merkmale. Nennt
jemand ein falsches Merkmal, so wird er eine Linie zeigen, die dem genannten Merkmal
genügt, die aber kein Meridian ist und fragen: „Ist dies hier ein Meridian?"

Indem jemand (bewußt oder unbewußt) in den vorgelegten Beispielen Gemeinsamkeiten
oder Unterschiede entdeckt, kann er sich nach kurzer Zeit von den Beispielen lösen. Er
kennt dann die Klasse der Objekte und kann bei einem neuen Beispiel entscheiden, ob es
zur Klasse gehört oder nicht. Meistens kann er sogar selbst Beispiele und Gegenbeispiele
angeben.

,Was ist Ehrlichkeit?' ,Das ist, wenn man nicht stiehlt'. ,Was ist ein Parallelogramm?' ,Das
ist ein Ding, das so und so aussieht.' ,Warum darf man nicht durch Null dividieren?' ,Das
geht nicht, denn welche Zahl ergibt schon mit Null multipliziert beispielsweise sechs?'

Dieses Loslösen von Beispielen nennt man *Abstrahieren*. Hat jemand aus Beispielen und
Gegenbeispielen einen Begriff abstrahiert, sagen wir, er kennt den Begriff. Jeder hat es
schon erlebt, daß ein Schüler fehlerlos die Definition etwa des Logarithmus hersagen kann.
Der Lehrer hat die Illusion, der Schüler kenne den Begriff, bis er sieht, das der Schüler
$^2\log 16$ nicht zu 4 vereinfachen kann. Es ist klar, daß er den Begriff nicht kannte, sondern
nur seinem Lehrer nachgeplappert hat.

Das Kriterium für die Kenntnis eines Begriffs (das Wort ,besitzen' würde die Sache wohl
besser treffen als ,kennen') ist nicht, daß man ihn benennen kann oder seine Definition
weiß, sondern daß man vorgegebene Dinge nach ihm klassifizieren kann.

4.3.3. Begriffsübertragungen

Stellen Sie sich vor, sie wollen einen Begriff B aus den Beispielen B_1, B_2, B_3, ..., B_n
lehren. Fast immer sind diese Beispiele selbst wieder Begriffe. Wir nennen nun B einen
Begriff höherer Ordnung als die Begriffe B_1, B_2, B_3, ..., B_n, weil man zuerst diese Beispiele kennen muß, bevor man B kennen lernen kann. Das kann man sich auch am
Beispiel mit den rechtwinkligen Dreiecken klar machen (Bild 4.15).

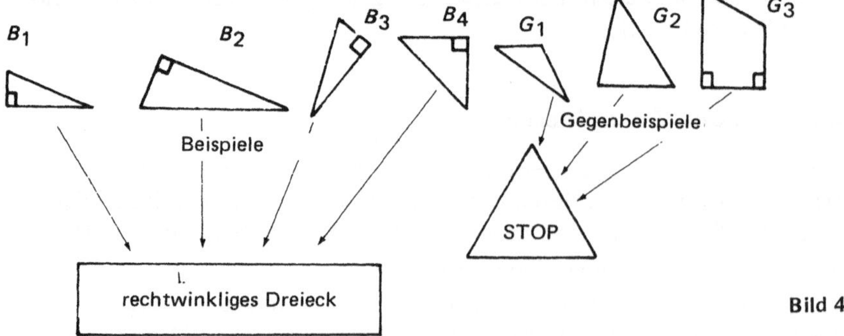

Bild 4.15

Skemp (12.1) formuliert ein äußerst wichtiges Prinzip der Begriffsübertragung wie folgt:
*Begriffe höherer Ordnung als die bereits vorhandenen können nicht durch Definition auf
jemand übertragen werden, sondern allein dadurch, daß man ihn befähigt, eine genügend
große Menge entsprechender Beispiele zu klassifizieren. Da in der Mathematik diese Beispiele fast immer wieder andere Begriffe darstellen, muß man dafür sorgen, daß diese Begriffe beim Lernenden bereits Gestalt angenommen haben.*

Der zweite Teil dieses Prinzips wurde schon in Abschnitt 4.2.2 behandelt. Er spricht die
Notwendigkeit des Lernens durch Schemata an. Der erste Teil weist auf die Sinnlosigkeit
hin, Definitionen zu lehren, die für den Schüler bedeutungslos sind.

Mit diesem Prinzip lassen sich die ersten drei Phasen des Lernprozesses erklären (Bild 4.16):

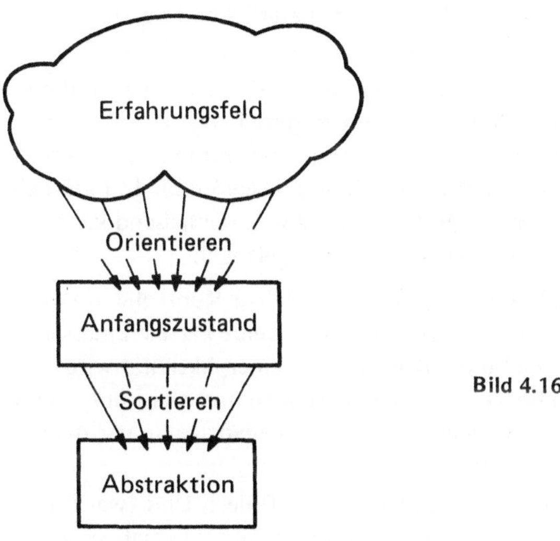

Bild 4.16

Orientierung, wobei der Schüler

a) das Lernziel kennenlernt,

b) das relevante Schema aufrufen muß,

c) durch eine Problemstellung motiviert wird, das Lernziel zu verfolgen,

d) Information über die Arbeitsweise erhält.

Diese Phase soll also einen geeigneten Anfangszustand herstellen. Die Problemstellung
leitet dabei über zum

Sortieren, wobei der Schüler anhand von Beispielen Begriffe niedrigerer Ordnung als der
neu zu lernende Begriff klassifizieren muß. Dieses Klassifizieren geschieht meistens unter
der Anleitung eines Lehrers und/oder eines Buches. Das Sortieren mündet in der

Abstraktion, einem Zustand, in dem der Schüler den neuen Begriff kennt. Das besagt, daß
der neue Begriff vom Schema assimiliert wurde, nachdem dieses möglicherweise akkommo-
dierte. Kennzeichnend für diesen Zustand ist, daß Schüler nun neue Begriffe selbständig
klassifizieren können. Dies kann man testen, indem man die Schüler bittet, passende Bei-

spiele herauszusuchen und/oder sich selbst neue Beispiele auszudenken. Wenn das nicht geht, müssen zunächst weitere Sortierbeispiele untersucht werden. Häufig kommt es sogar vor, daß man wieder ganz von vorn bei der Orientierungsphase ansetzen muß.

Frage 30: Hat sich der Autor in diesem Abschnitt an die beschriebene Strategie gehalten?

4.3.4. Möglichkeit und Notwendigkeit von Definitionen

Im Prinzip von *Skemp* geht es um das Kennenlernen von Begriffen, die von höherer Ordnung als die bereits erworbenen sind. Es kommt aber auch vor, daß wir einen Begriff niedrigerer Ordnung lehren wollen. In diesem Fall dürfen wir uns sehr wohl der Definition bedienen. Wer den Begriff Logarithmus und den Begriff der Zahl e kennt, hat keine Verständnisschwierigkeiten bei folgender Definition: Unter einem natürlichen Logarithmus versteht man einen Logarithmus zur Basis e.

Wer weiß, was ein Kreis ist, versteht leicht (= läßt durch ein relevantes Schema assimilieren) die Aussage seines Lehrers, ein Einheitskreis sei ein Kreis mit Radius 1. Wer den Begriff Teilmenge kennt, wird keine Schwierigkeiten mit der Definition einer echten Teilmenge haben. Offenbar ist in solchen Fällen die Sortierphase überflüssig. Dagegen bleibt natürlich die Orientierung der Schüler auf das neue Lernziel notwendig. Aber anschließend kann man direkt vom Anfangszustand in den Zustand der Abstraktion gelangen.

Doch auch hier benötigen sowohl Lehrer als auch Schüler Beispiele zur Kontrolle, ob die Schüler auch wirklich die erwünschte Abstraktion erreicht haben. Beide Parteien müssen sich an diese Notwendigkeit gewöhnen, so daß diese Kontrolle zu einer Aktivität wird, die systematisch beim Lernen eines neuen Begriffs durchgeführt wird und nicht nur, wenn man es zufällig für nötig hält. Die hier beschriebene Situation ist die einzige, in der man einen Begriff durch eine Definition erlernen kann.

Aber auch aus anderen Gründen werden Begriffe von Menschen definiert. Und zwar im Gegensatz zum vorhergehenden aus grundsätzlichen Erwägungen heraus. Oftmals sind Definitionen überflüssig, weil wir mit Beispielen unserer unmittelbaren Umgebung deutlich machen können, was wir meinen. Dabei geht es freilich nicht um hierarchisch geordnete Begriffe. Der Begriff Baum hat nichts mit dem Begriff Haus zu tun und beide wiederum nichts mit dem Begriff Dromedar. In der Geographie kann man Afrika durchnehmen ohne Europa behandelt zu haben. Und man kann im Französischunterricht das ‚passé simple' unabhängig vom Futur lehren.

Mathematik fällt vielen deshalb so schwer, weil hier viel weniger von unabhängigen Begriffen die Rede ist. Fast immer ist ein neuer Begriff von höherer Ordnung als der vorhergehende. Wer unterwegs einmal etwas nicht ganz begriffen hat, läuft somit Gefahr, alle folgenden Schritte nicht mehr zu begreifen. Um mitzukommen, nimmt er dann Zuflucht zu auswendig gelernten Fakten und Rezepten. Er verliert die Übersicht und sieht das Fach nur noch als Bedrohung für Versetzung und Prüfung.

Die Schwierigkeit beim Erlernen mathematischer Begriffe liegt darin, daß es sich oft um Abstraktionen handelt, die sich auf solche Abstraktionen stützen, deren Bedeutung wiederum mittels Abstraktionen verdeutlicht werden kann usw. Wer einen Begriff übertragen will und Beispiele dazu nennt, muß daher sicher sein, daß sein Gesprächspartner die Beispiele richtig interpretieren wird. Sonst läuft man Gefahr, Reaktionen zu erhalten wie: „Sie reden von Rechtecken und nun zeichnen sie da ein Quadrat!" Oder man muß lange Diskussionen darüber führen, ob nun die Menge der (x, y) mit $x^2 + y^2 = 0$ ein Kreis ist oder nicht. Daneben kann es vorkommen, daß man Probleme, wie etwa Beweise von Rechengängen, nur dann gut lösen kann, wenn die gegebenen Begriffe sorgfältig definiert sind. Somit erscheint es notwendig, von einigen Begriffen eindeutige Definitionen vorliegen zu haben. Damit lassen sich dann neue Abstraktionen höherer Ordnung erreichen und Probleme besser lösen. In solchen Fällen folgt der Abstraktion die Phase:

Explizieren. In dieser Phase wird der neue Begriff durch Worte und/oder andere Symbole (Formel, Diagramm, Skizze) eindeutig festgelegt.

Es gibt noch andere wichtige Gründe für das Explizieren. Oftmals wird einem erst bei dieser Aktivität bewußt, was man gelernt hat. Man kennt zwar den Begriff in seiner Abstraktion und kann Beispiele klassifizieren, aber bei kleinen Abweichungen wird man schnell unsicher. Hier einige Beispiele:

a) ‚Diese schraffierten Figuren nennt man konvex‘ (Bild 4.17).
   ‚Diese schraffierten Figuren sind nicht konvex‘ (Bild 4.18).
   ‚Ist die schraffierte Figur in Bild 4.19 konvex?‘

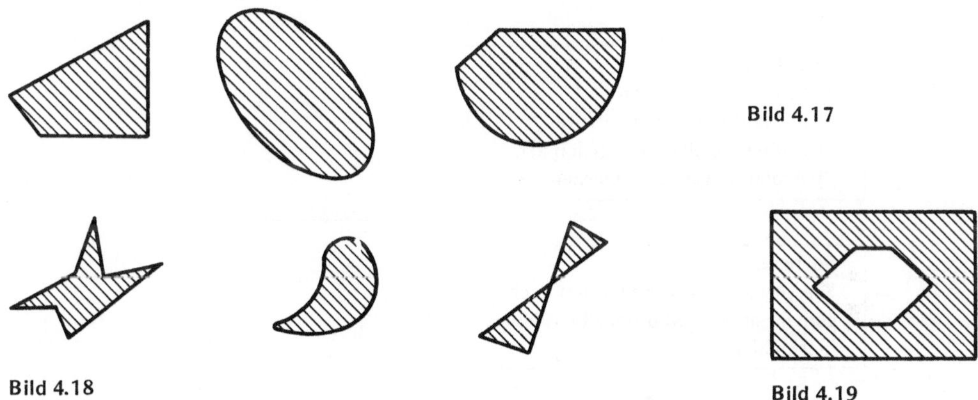

Bild 4.17

Bild 4.18

Bild 4.19

    Antwort: ‚Ja, weil keine Einbuchtung drin ist.‘ (Offenbar verspürte der Schüler bereits selbst das Bedürfnis zu explizieren, siehe auch Kap. 5, Frage 25.)

b) ‚Warum ist die Funktion $x \rightarrow |x^3|$ in 0 nicht differenzierbar?‘
   Antwort: ‚Ich denke, weil Absolutstriche gesetzt sind.‘ (Wieder der deutliche Drang zum Explizieren: Offenbar wurde die richtige Definition der Differenzierbarkeit nicht vollständig verarbeitet.)

c) ‚$-x^2$ kann doch nicht negativ sein! Da steht doch ein Quadrat, und das Quadrat einer negativen Zahl ist nicht negativ!‘

An diesen Beispielen wird nicht nur klar, wie wichtig treffende Beispiele zum Erlernen neuer Begriffe sind, sondern auch, wie wichtig es ist, daß sich die Schüler mittels Symbolen (gesprochene oder geschriebene Worte sind auch Symbole) die Bedeutung der Begriffe bewußt machen.

4.3.5. Einprägen und anwenden

Einen neuen Begriff lernt man, um ihn später anwenden zu können. Darum muß man die
neu erworbenen Kenntnisse auch behalten. Ein Hilfsmittel hierfür sind genügend viele
anwendungsorientierte Übungen, in denen das Erlernte angewendet, eingeübt, in einen
größeren Kontext integriert und konsolidiert werden kann. Diese Phase des Lernprozesses
heißt hier **Verarbeiten.**

4.3.6. Zusammenfassung

Neue Begriffe höherer Ordnung lassen sich nicht durch Definitionen lernen, sondern allein
(bewußt oder unbewußt) durch Klassifizieren geeigneter Beispiele. Dazu muß der Schüler
die Beispiele, die meist selbst Begriffe sind, kennen. Oftmals sollte er den neuen Begriff
umschreiben können. Das erspart ihm Kommunikationsschwierigkeiten mit anderen und
erleichtert sein eigenes Weiterkommen. Das Erlernte muß er sich auch einprägen, um es
später auf Probleme anzuwenden und um neue Begriffe lernen zu können.

Diese und andere Gründe führten zu dem Strategiemodell für die Reihenfolge der Unter-
richtslehrsituationen in Bild 4.20.

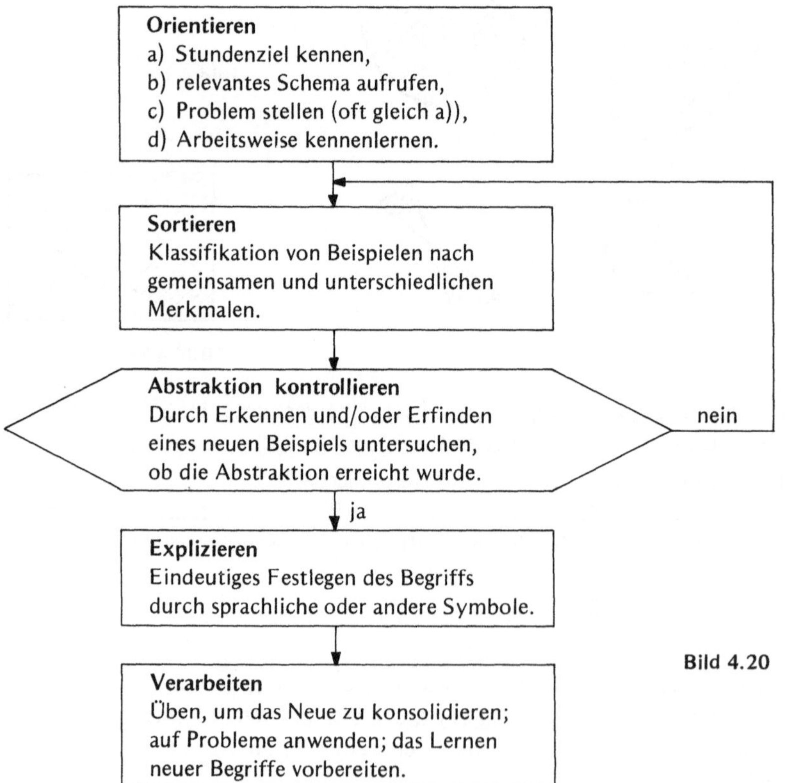

Bild 4.20

Frage 31: Eine Klasse beschäftigt sich mit Aufgaben. Ausdrücke der Form 5a + 3a, 7b + 2b, 5q − 2q
sollen vereinfacht werden. Die Schüler wissen, daß 5a eine verkürzte Schreibweise von 5 · a ist, was
wiederum a + a + a + a + a heißt. Beim Überprüfen der eigenen Ergebnisse meldet sich ein Schüler, er
habe eine Aufgabe falsch, er habe 1q heraus, während in der Ergebnisliste q stehe. Wählen und begründen Sie eine der folgenden Möglichkeiten:

a) Der Lehrer sagt, daß beide Antworten richtig sind, denn es sei vereinbart worden, daß ‚ein mal q
   gleich q sei.‘

b) Der Lehrer bespricht das Problem mit der Klasse und ein Schüler sagt: ‚Ein mal q ist q, weil man
   das besser schreiben kann.‘

c) Der Lehrer bespricht das Problem mit der Klasse und ein Schüler sagt: ‚Ein mal q ist q, denn ein
   mal etwas ist etwas.‘

d) Der Lehrer bespricht das Problem mit der Klasse und einer der Schüler sagt: ‚Ein mal eins ist eins,
   einmal zwei ist zwei und einmal drei ist drei.‘

e) Wie d), doch schließt der Lehrer eine Frage an den ersten Schüler an: ‚Und was ist ein mal tausend?‘
   Antwort: ‚Tausend.‘ Lehrer: ‚Und also ein mal q?‘ *Antwort:* ‚Einmal q ist q.‘

Frage 32: In einer Diskussion über Frage 31 spricht sich jemand für a aus, weil dem Schüler damit vollständig geholfen sei. ‚Er hat es ja gewußt, muß also die Sortierphase nicht mehr durchmachen. Dadurch,
daß er an die Regel erinnert wurde, hat er seinen Fehler vollkommen eingesehen.‘

Selbst wenn das wahr ist, läßt es sich doch auf Grund langfristiger Ziele vertreten, d) oder sogar e) zu
wählen. Welche Ziele?

Frage 33: Wählen Sie sich einen Begriff aus, der an der höheren Schule unterrichtet wird. Sehen Sie in
drei verschiedenen Schulbüchern nach, wie dort der Begriff eingeführt wird. Versuchen Sie dabei, die
verschiedenen Phasen des Lernprozesses wiederzuerkennen. Was würden Sie tun, wenn Sie das Buch in
Ihrer Klasse benutzen müßten und feststellen, daß ein oder mehrere Phasen fehlen? Oder wenn Sie bemerken, daß die Phasen in der falschen Reihenfolge angeordnet sind? Wiederholen Sie diese Übung so
oft Sie können!

Frage 34: Wie würden Sie den Unterschied zwischen Satz und Definition erklären?

4.3.7. Rauschen

Durch schlechte Sortierbeispiele kann man verhindern, daß der Schüler diejenige Abstraktion erreicht, die zur Assimilation notwendig ist. Ein paar Beispiele dazu:

Einem kleinen Kind kann man den Begriff drei lehren, indem man drei beliebige Gegenstände auf den Tisch legt. Diese Dinge müssen dem Kind aber vertraut sein, sonst wird
seine Aufmerksamkeit womöglich in eine unbeabsichtigte Richtung abgelenkt. Ein un-
überlegtes Beispiel gibt dem Kind Information, die in diesem Fall irrelevant ist. Solche
Informationen nennt man *Rauschen.*

Wenn Schüler schlecht rechnen können, darf man ihnen den Wurzelbegriff nicht durch
die Frage nach der Zahl, deren Quadrat 1764 ergibt, nahebringen wollen. Sie benötigen
dann viel Information, um diese Zahl zu finden. Diese Information ist für das Ziel irrelevant und daher Rauschen.

Ein Lehrer kann durch eine Bemerkung oder durch eine Frage eines Schülers zu einem
Verhalten verleitet werden, das für sich betrachtet gut ist, aber nicht zum ursprünglichen
Lernziel führt. Bezüglich dieses Lernziels vermittelt er irrelevante Information und so ge-
sehen ist das Rauschen.

*Im allgemeinen ist Rauschen derjenige Teil der Gesamtinformation, der für das gestellte
Ziel irrelevant ist.*

Oftmals kommt es auch vor, daß dem Schüler wichtige Information vorenthalten wird.
Auch da kann von Rauschen gesprochen werden. Dazu ein paar Beispiele.

Nehmen wir beim Beispiel vom Kind und der Zahl drei an, daß wir ihm nur runde Gegenstände vorlegen. Dieses Rundsein der Vorlagen kann für das Kind eine so wichtige Information sein, daß es den Begriff rund auf die eine oder andere Art mit dem Begriff drei
verbindet. Das Rundsein der Vorlagen ist daher eine irrelevante Information und somit
Rauschen.

Im Beispiel der konvexen Figuren (4.3.4) stellen die Einbuchtungen irrelevante Information dar. Da alle Sortierbeispiele nicht-konvexer Figuren eine Einbuchtung hatten, wird
diese Information zum Rauschen.

Will man an Hand eines Beispiels die These ableiten, daß sich die drei Höhen eines Dreiecks in einem Punkt schneiden, darf man nicht mit einem gleichschenkligen Dreieck beginnen. Die Gleichschenkligkeit kann nämlich leicht zum Rauschen werden.

Wer testen will, ob der Begriff der Quadratwurzel gut verstanden wurde, darf nicht $\sqrt{3^2}$
vereinfachen lassen. Es besteht nämlich die Gefahr, daß der Schüler zuerst $\sqrt{9}$ daraus
macht und dann 3, weil er weiß, daß $\sqrt{9}$ und 3 dasselbe sind. Die Informationen $3^2 = 9$
und $\sqrt{9} = 3$ sind hier irrelevant, also Rauschen. Man sollte ihm besser $\sqrt{638^2}$ vorlegen.

Man kann also offenbar durch scheinbar einfache Beispiele irrelevante Information her-
vorrufen, wodurch Rauschen entsteht. Dies kann einem Lehrer große Schwierigkeiten
bereiten, denn komplizierte Beispiele können ihrerseits auch wieder zu Rauschen führen.
Er muß also den goldenen Mittelweg suchen. Gute Kenntnis des Anfangszustands und des
Lernziels sind auch hier wieder wichtige Voraussetzungen für eine gute Anordnung des
Lehrstoffs.

Das soll aber nicht heißen, daß den Schülern alles Rauschen erspart bleiben soll. Sie müssen
schließlich auch lernen, zwischen relevanter und irrelevanter Information zu unterscheiden.
Das sollte aber erst geschehen, wenn sie die erworbene Kenntnis auf die Lösung neuer
Probleme anwenden lernen, keinesfalls beim Erlernen der Kenntnisse selbst.

4.3.8. Übertragen von Prinzipien, Methoden und Algorithmen

Was zuvor über Begriffsübertragungen gesagt wurde, gilt auch beim Unterrichten von
Sätzen, Algorithmen, Arbeitsmethoden und Strukturen. Beispiele sind: die distributive
Eigenschaft, ein Algorithmus des Wurzelziehens, die Art, einen Beweis schriftlich zu fassen,
die Struktur der Menge der Translationen in der Ebene und ihrer Zusammensetzungen.

Das ist leicht einzusehen, denn es handelt sich nicht um neue Begriffe, sondern um Beziehungen zwischen zwei oder mehreren bekannten Begriffen. Solch eine Relation kann
man vielleicht nicht mehr Begriff nennen, doch ist sie von höherer Ordnung als die zu-
grundegelegten Begriffe.

Beispiel:

Lernziel: Kenntnis und Formulierung des Satzes: ‚Für jede ganze positive Zahl n und jede negative Zahl a gilt: Ist n ungerade, so ist a^n negativ; ist n gerade, ist a^n positiv. Beispiele für diesen Satzes geben können. Beispiele finden, die zeigen, daß die Voraussetzung ‚a negativ' notwendig ist, damit a^n negativ wird.

Beschreibung des Anfangszustands: Die Schüler kennen die Eigenschaften von Potenzen mit ganzen positiven Exponenten bei positiver Basis und können damit umgehen.

Im nun beschriebenen Prozeß werden Aufgaben und Informationen durch L gegeben. Das kann der Lehrer sein oder ein Buch, es können aber auch beide sein. Der Schüler wird mit S abgekürzt.

Orientierung: L fragt nach möglichen Vereinfachungen von Symbolen wie 8^1, 3^4, 2^5, $\left(1\frac{1}{2}\right)^3$. Diese Fragen zwingen S, die Bedeutung dieser Symbole zu formulieren. Ferner weiß S nun aus der Herleitung, daß es um Potenzen geht. Seitensprünge wie $3^3 \cdot 3^5$ sind nicht relevant und müssen daher vermieden werden (Rauschen). Dagegen ist die Bemerkung, daß alle gegebenen Symbole positive Zahlen darstellen, relevant, obwohl S dies wohl irrelevant finden. Daher muß L an dieser Stelle ansetzen und nach der Bedeutung von $(-8)^1$, $(-3)^4$, $(-2)^5$ und $(-1)^3$ fragen. Nun wissen S, daß der neue Lehrstoff Potenzen mit negativer Basis sind. L teilt mit, daß untersucht werden soll, ob solche Potenzen positiv oder negativ sind. Diese Phase sollte nicht länger als fünf Minuten dauern.

Sortieren: L stellt S folgende Aufgabe: Vereinfache, und sortiere anschließend nach den Vorzeichen:

$$(-3)^1, \ (-3)^2, \ (-3)^3, \ ..., \ (-3)^7.$$

Dasselbe für

$$(-2)^1, \ (-2)^2, \ ..., \ (-2)^{10},$$

als Gegenbeispiel

$$(+2)^1, \ (+2)^2, \ ..., \ (+2)^{10},$$

und schließlich

$$(-1)^1, \ (-1)^2, \ ..., \ (-1)^{12}.$$

Diese Phase soll etwa zehn Minuten dauern.

Abstraktion: Wenn alles gut ging, hat das Sortieren zu dieser Phase geführt, indem S die Regelmäßigkeit der Vorlagen durchschaut haben. Nun sollten sie $(-1)^{1000}$ oder $(-1)^{9843}$ berechnen, die Vorzeichen von $(-2)^{83}$, $(-8)^{624}$ und $(+5)^{837}$ angeben und die Ergebnisse motivieren können. Dauer dieser Phase: Fünf bis zehn Minuten.

Explizieren: Die S sollen nun eine allgemeine Regel aufstellen. Da dies Kernstück der Stunde ist, muß diese so angelegt sein, daß die Schüler hier eine Steigerung bemerken. Dauer maximal fünf Minuten.

Verarbeiten: Diese Phase ist zweiteilig. Der erste Teil ist die Kontrolle des Satzes. In der Begründung müssen die Variablen quantifiziert werden, wobei man natürlich an die vorhergehende Phase anknüpft. Im zweiten Teil kommt die Kontrolle der S. Hierzu werden ihnen Aufgaben gegeben, in denen positive und negative Grundzahlen vermischt sind. Auch sollen sie Aussagen wie $(-2)^7 = -2^7$, $(-5)^{100} = -5^{100}$ auf ihre Richtigkeit untersuchen. Dabei kann es Schwierigkeiten geben. Normalerweise wird man dann einen Seitensprung in der Form eines Miniprozesses über die Bedeutung von $(-a)^n$ und $-a^n$ einschieben. Auch in diesem Prozeß müssen die einzelnen Phasen durchlaufen werden. Eventuell kann das sehr schnell geschehen, denn es handelt sich um eine Wiederholung und lenkt sonst die Aufmerksamkeit der S vom zentralen Thema ab. Diese Phase dauert bis zum Ende der Stunde und wird notfalls noch durch Hausaufgaben verlängert.

Bemerkung: In einer solchen Stunde machte L im Anschluß an die Abstraktionsphase einen Seitensprung und ging das Thema noch von einer anderen Seite her an: Wenn man bei einer ungeraden Anzahl von Faktoren eines Produkts die Vorzeichen vertauscht, wechselt auch das Vorzeichen des Produkts. Dies geschah auch in der richtigen Reihenfolge der Lernprozeßschritte. Beim Explizieren wollte L die beiden Prozesse ineinanderfließen lassen. Dabei wurde die Klasse unruhig, einige S begannen zu stören und L schaltete, ohne daß es ihm bewußt wurde, von einem intensiven Lehrgespräch auf Dozieren um. Das Explizieren klappte nicht und bei einigen S riß der Faden. Die Schlußfolgerung ist klar. Der erste Prozeß durfte nach der Abstraktion nicht unterbrochen werden. Dagegen wurden zwei Prozesse vermischt. Jeder der beiden wurde zum Rauschen für den anderen.

Frage 35: Folgende Verfeinerung unseres Strategiemodells findet sich in Kap. 10 des Buches von *De Cecco* (12.1):
- Step 1: Describe the performance expected of the student after he has learned the concept.
- Step 2: Reduce the number of attributes to be learned in complex concepts and make important attributes dominant.
- Step 3: Provide the student with useful verbal mediators.
- Step 4: Provide positive and negative examples of the concept.
- Step 5: Present examples in close successions or simultaneously.
- Step 6: Present a new positive example of the concept and ask the student to identify it.
- Step 7: Verify the student's learning of the concept.
- Step 8: Require the student to define the concept.
- Step 9: Provide occasions for student responses and the reinforcement of these responses.

a) Prüfen Sie nach, daß unser Strategiemodell im Schema von *De Cecco* zu erkennen ist.

b) Untersuchen Sie, ob obenstehendes Beispiel auch dem verfeinerten Modell genügt.

c) Warum stellt *De Cecco* die Forderung in Step 4 auf?

d) Warum Step 5?

e) *De Cecco* weist selbst darauf hin, daß Step 9 nicht der chronologisch letzte Schritt des Prozesses ist, sondern während des gesammten Prozesses wirksam sein sollte. Warum? Was bedeutet hier ,reinforcement'?

f) Wozu dient Step 2?

Frage 36: In 11.2 finden Sie Aufgaben aus dem dritten Teil des Lehrbuchs: *Moderne Mathematik* von *G. Krooshof* u.a. Sehen Sie sich jede der Aufgaben sorgfältig daraufhin an, inwieweit das Strategiemodell darin zu erkennen ist.

Frage 37: Tun Sie dies auch für die Aufgaben in 11.4.

5. Aktivitäten der Schüler

Im letzten Kapitel stand das didaktische Vorgehen des Lehrers im Mittelpunkt. In diesem Kapitel sollen nun diejenigen Aktivitäten der Schüler betrachtet werden, die diese benötigen, um die gestellten Unterrichtsziele zu verfolgen und zu erreichen (siehe auch 1.2.3 2c).

Das Streben nach einem Ziel steht und fällt mit der Aktivität der Schüler. Ohne ihr Dazutun kann der Lehrer didaktisch handeln wie er will, die Ziele werden von den Schülern nicht oder nur teilweise erreicht. Darum muß der Lehrer genau wissen, in welcher Situation welche Lernaktivität angebracht ist und warum. Auch seinen Schülern muß er erklären, welche Aktivitäten er von ihnen erwartet. Diese letzte Forderung wird auffällig oft bei sonst gut vorbereiteten Stunden vergessen. Nach Fehlern bei der Lehrstoffanordnung ist dies die häufigste Ursache von Disziplinproblemen.

Bei Lernaktivitäten spielt zwischenmenschliche Kommunikation eine große Rolle. Solch eine Kommunikation kann direkt durch Wort und Geste zustande kommen, oder auch indirekt durch geschriebene oder gezeichnete *Symbole*. Weil solche Symbole die Zielrichtung der Lernaktivitäten stark beeinflussen, werden sie in Abschnitt 5.1 behandelt. In 5.2 wird dann der Einfluß der Aktivitäten *Lesen und Hören* auf den Lernvorgang besprochen, während 5.3 *Sprechen und Schreiben* zum Thema hat. In Abschnitt 5.4 wird das Thema Lernen noch auf andere Weise angegangen.

Viele Ergebnisse und Folgerungen dieses Kapitels stammen aus den Büchern von *Skemp* und *Ausubel* (12.1).

Frage 1: Beantworten Sie die Fragen 1 bis 9 in Abschnitt 11.6!

5.1. Symbole

Manche Zeichen verdeutlichen einen Begriff, beispielsweise

$$5, \quad \sin, \quad \triangle, \quad \int_a^h f(x)\,dx, \quad \cong .$$

Es gibt auch Zeichen, die diese Eigenschaft nicht haben: Buchstaben, das rote Licht einer Ampel, die Schulglocke usw. In diesem Kapitel soll aber nur von Zeichen die Rede sein, die einen Begriff verdeutlichen und daher *Symbole* genannt werden. Dabei werden nur mathematische Symbole behandelt, also Symbole, die mathematische Begriffe bezeichnen.

Auf Grund der Rolle, die die einzelnen Symbole beim Begriffslernen einnehmen, unterscheidet man zweckmäßigerweise zwischen *visuellen* und *verbal-algebraischen* Symbolen. Dieser Unterschied wird in Abschnitt 5.1.1 erörtert. In 5.1.2.1 bis 5.1.2.4 wird die Wirkung der einzelnen Symbolarten auf den Schüler erörtert, 5.1.3 bringt eine Zusammenfassung.

5.1.1. Visuelle und verbal-algebraische Symbole

Verbal-algebraische Symbole lassen sich aussprechen. Beispielsweise die beiden Symbole

Wurzel aus einundzwanzig $\sqrt{21}$.

Zwischen den beiden gibt es keinen grundsätzlichen Unterschied. Das zweite ist lediglich eine Art Stenographie des ersten. Ein anderes Beispiel zweier verbal-algebraischer Symbole:

Integral von Null bis vier x-quadrat dx $\displaystyle\int_0^4 x^2\,dx$.

Auch hier ist sachlich kein prinzipieller Unterschied. Wer das erste hört, kann das zweite fehlerlos schreiben und umgekehrt. Genau das ist beabsichtigt. Kennzeichnend für verbal-algebraische Symbole ist also, daß sie aussprechbar sind. Das gilt auch für Zusammensetzungen wie z. B.

$$a^2 + b^2 = c^2 \qquad F: t \to \int_1^t f(x)\,dx .$$

Bequemlichkeitshalber sollen auch solche Zusammensetzungen verbal-algebraische Symbole genannt werden.

Ein Symbol wie

läßt sich nicht aussprechen. Es ist ein *visuelles* Symbol. Man kann es nicht durch das verbal-algebraische Symbol ‚Rechteck' ersetzen, denn darunter kann man sich sicher auch etwas anderes vorstellen als die obenstehende Figur,

z. B.   oder auch

Ein visuelles Symbol läßt sich mit einer gewissen Genauigkeit durch verbal-algebraische Symbole be- oder umschreiben. Wer aber ganz sicher sein will, nicht mißverstanden zu werden, tut besser daran, das Symbol *sehen* zu lassen.

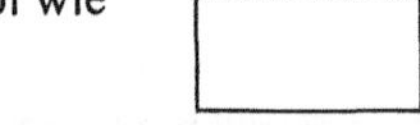

Bild 5.1

oder

Auch hier sind wieder Zusammensetzungen möglich, z. B. Bild 5.1. Dabei kann man sicher auch noch von visuellen Symbolen reden. Dagegen wird es schwierig bei Kombinationen von visuellen und verbal-algebraischen Symbolen, wie etwa in Bild 5.2. Die Existenz solcher Mischformen zeigt,

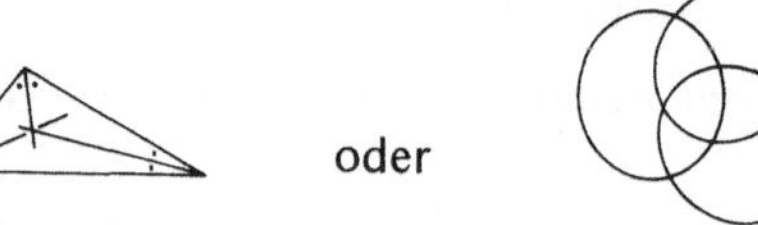

oder

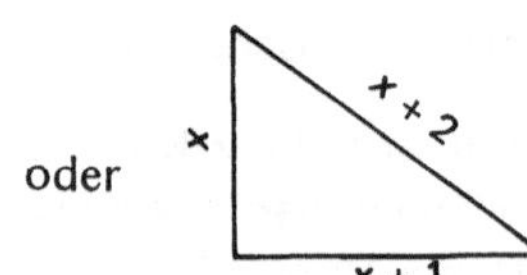

Bild 5.2

daß es nicht immer möglich ist, ein Symbol nur als visuelles oder nur als verbal-algebraisches zu klassifizieren. Die Klassifikationen können sich überschneiden. Es ist aber doch der Mühe wert, die charakteristischen Merkmale der einzelnen Symboltypen aufzuspüren. Der Mathematiklehrer kann die Kenntnis solcher Merkmale (5.1.2.1 bis 5.1.2.4) verwenden, um seinen Schülern bei der zielstrebigen Gestaltung ihrer Lernaktivitäten zu helfen.

5.1.2. Eigenschaften verschiedener Symboltypen

5.1.2.1. Abstraktion räumlicher und nicht-räumlicher Eigenschaften

Figuren sind typische Beispiele für visuelle Symbole. Im visuellen Symbol (Bild 5.3) kommen vor allem *räumliche Eigenschaften,* wie Form, Größe und Anordnung zum Ausdruck. Bei verbal-algebraischen Symbolen liegt der Schwerpunkt dagegen gerade auf den *nicht-räumlichen Eigenschaften* des betreffenden Begriffs, beispielsweise Anzahl, Differenzierbarkeit, Gleichheit, Inhalt:

$$5, \quad F'(t) = f(t), \quad 8 + 3 = 11, \quad \text{Liter} \,.$$

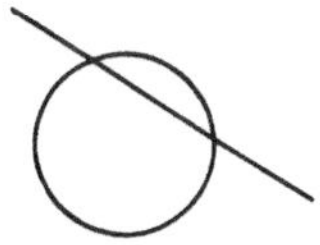

Bild 5.3

Für einen Mathematiklehrer ist es wichtig zu wissen, daß wir Begriffe mit räumlichen Eigenschaften leichter lernen können als solche mit nicht-räumlichen Eigenschaften. Darum kann man ihm raten, in der Orientierungs- und Sortierphase viel mit visuellen Symbolen zu arbeiten. *Piaget* zeigte dies bei kleinen Kindern unter anderem mit folgendem Test: Einem fünfjährigen Kind, das bereits bis zehn zählen kann, werden zwei Reihen Bausteine vorgelegt (Bild 5.4). Man bittet das Kind, die Steine in jeder Reihe zu zählen und zu sagen, in welcher Reihe mehr Steine liegen. Es wird sagen: „In beiden Reihen liegen gleichviel Steine." Nun legt man bei einer der Reihen die Steine weiter auseinander (Bild 5.5) (das Kind schaut zu) und wiederholt dann die Frage. Das Kind antwortet: „In der zweiten Reihe liegen weniger Steine." Offenbar sind die Begriffe ‚gleich viel' und ‚weniger als' an den visuellen Begriff ‚Länge' gekoppelt und noch nicht an den verbal-algebraischen Begriff der Zahl 5.

Bild 5.4

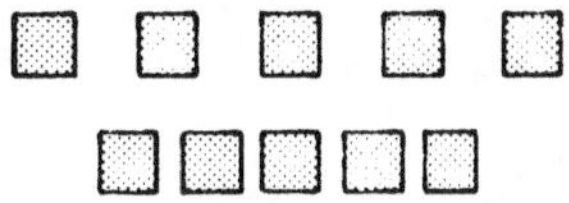

Bild 5.5

Auch am folgenden Beispiel wird sichtbar, daß Menschen viel leichter visuell als verbal-algebraisch lernen: der ersten Begegnung mit der Definition des Begriffs Stetigkeit. Wer sie mit Hilfe der sogenannten epsilon-delta-Definition einführt, bekommt meist kalte Füße. Man beginnt besser mit einem Bild, aus dem man eine topologische Definition ableiten kann. Die ϵ-δ-Definition wird erst dann interessant, wenn man bei verschiedenen Funktionen zeigen will, daß sie stetig sind.

Darum kann man auch leichter solche verbal-algebraischen Symbole lehren, die ihrem
Wesen nach visuell sind, als solche, bei denen das nicht so ist. So werden Schüler viel
schneller das (verbal-algebraische) Symbol ‖ anwenden lernen, als wenn man ‚parallel
sein' durch das Zeichen ∗ ausdrücken würde. Daß Schüler anfangs noch sehr stark visuell
gebunden sind, erkennt man an folgender Niederschrift:

> ‚∢ A ist spitz, ⊾ B ist rechtwinklig, ⌐ C ist stumpf'.

Daß sich dies später ändert, sieht man an folgender Mitteilung:

> ‚Die Basiswinkel des △ sind ='.

Aus der Tatsache, daß visuelle Begriffe, also Begriffe, bei denen räumliche Eigenschaften
(Größe, Form, Anordnung) eine Rolle spielen, schneller gelernt werden können als verbal-
algebraische, folgt auch, daß man als Lehrer (besonders anfangs) sauber mit Zirkel, Lineal
und Dreieck zeichnen muß. Schüler, die sich vom Visuellen noch nicht lösen konnten,
haben die größte Mühe, zu begreifen, daß in Bild 5.6 m und n parallel sind, wenn die
Winkel bei A und B rechte sind (siehe auch 4.2.2.3).

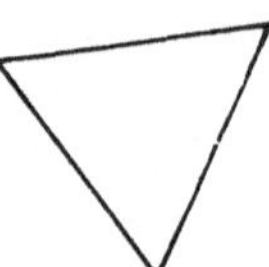

Bild 5.6

5.1.2.2. Übertragbarkeit von Begriffen

Wie gesagt lassen sich Begriffe in ihrer ersten Anlage leichter mit visuellen als mit verbal-
algebraischen Symbolen lehren. Auf lange Sicht aber können visuelle Symbole das Lernen
sogar blockieren, weil sie sich um so schwerer übertragen lassen, je komplizierter sie
werden. Zur Erläuterung ein paar Beispiele:

Das erste Beispiel handelt von regelmäßigen Vielecken. Wer lehren will, was ein regelmäßiges Zwanzigeck ist, darf nicht mit Bild 5.7 beginnen. Man kann durch Bilder gut
erklären, was ein regelmäßiges Dreieck ist, ein regelmäßiges Viereck und ein regelmäßiges
Fünfeck (Bild 5.8). Bei einem regelmäßigen Sechseck wird es dann schwieriger: Der
Schüler muß nun schon zählen, das heißt verbal-algebraische Symbole benutzen. Beim
regelmäßigen Zwanzigeck versagen visuelle Symbole. Man benötigt dazu Wörter.

Hier muß man jedoch erwähnen, daß man bei der Besprechung eines regelmäßigen Zwanzigecks die
Skizze eines regelmäßigen Sechsecks verwenden kann. Offenbar benötigt das Gegenüber nur die räum-
lichen Eigenschaften des visuellen Symbols, also Winkelgleichheit, Seitengleichheit, Symmetrien usw.
Nicht-räumliche Eigenschaften wie die Anzahl der Ecken beeinflussen den Denkvorgang dabei nicht.

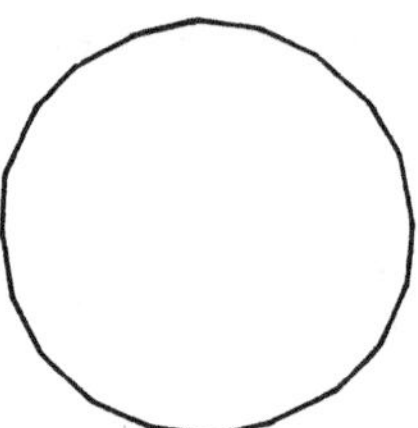

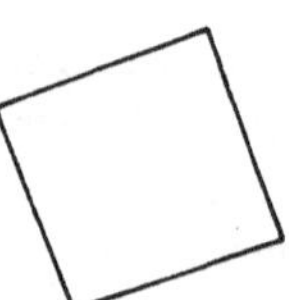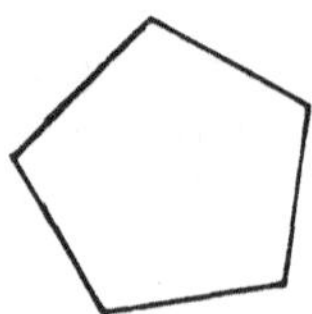

Bild 5.7   **Bild 5.8**

Das zweite Beispiel handelt von Venn-Diagrammen. Man kann einem anderen seine Gedanken über zwei Mengen mit Hilfe des visuellen Venn-Diagramms übertragen (Bild 5.9). Mit drei Mengen geht es auch noch ganz gut (Bild 5.10). Will man aber Begriffe übertragen, die mit vier Mengen zu tun haben, gelingt dies nicht mehr ohne verbal-algebraische Symbole (Bild 5.11). Wer nicht glaubt, daß dies ein richtiges Venn-Diagramm mit vier Mengen ist, benötigt verbal-algebraische Symbole, um es nachzuprüfen.

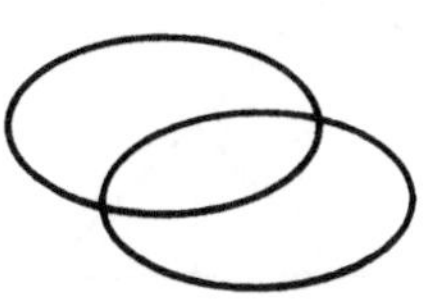

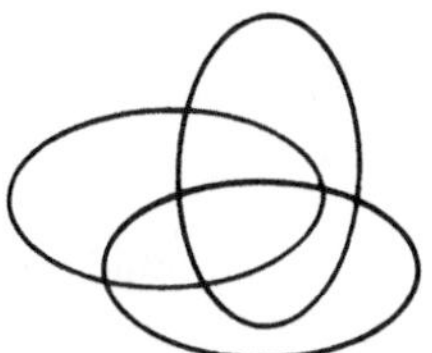

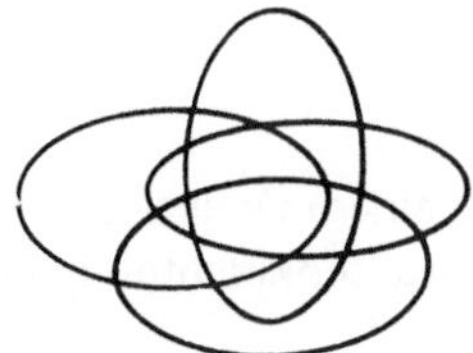

Bild 5.9   **Bild 5.10**   **Bild 5.11**

In diesen beiden Beispielen stellen das regelmäßige Zwanzigeck und das Venn-Diagramm von vier Mengen Grenzfälle dessen dar, was noch gerade mittels einer Kombination aus visuellen und verbal-algebraischen Symbolen einem anderen vermittelt werden kann.
Ein regelmäßiges Hunderteck und ein Venn-Diagramm mit sieben Mengen kann man sich wohl noch vorstellen, aber man kann diese Begriffe nicht mehr mit visuellen Symbolen übertragen. Dazu braucht man dann verbal-algebraische.

Mit zunehmender Kompliziertheit wird eine visuelle Begriffsübertragung gegenüber einer verbal-algebraischen immer *schwieriger*.

5.1.2.3. Zusammenfassend und gleichzeitig, analysierend und nacheinander

Diese Überschrift enthält noch ein paar Merkmale, die sich auf visuelle und verbal-algebraische Symbole beziehen. Das wird wieder mit einigen Beispielen verdeutlicht.

Das erste Beispiel handelt vom Satz des Pythagoras. Betrachten Sie beide Symbole in Bild 5.12. Das erste verdeutlicht die Merkmale aus dem vorigen Abschnitt: Die Figur betont die räumlichen Eigenschaften, die Formel die nicht-räumlichen (5.1.2.1); die Begriffe, die in der Figur stecken, lassen sich ohne Worte übertragen, bei der Formel ist das nicht mehr so (5.1.2.2). Aber es gibt noch mehr Unterschiede.

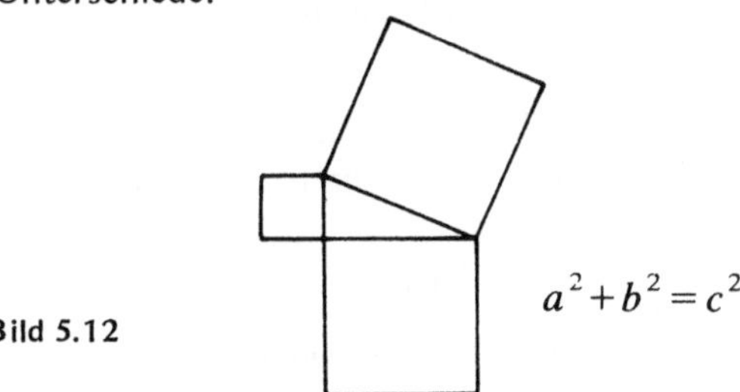

$$a^2 + b^2 = c^2$$

Bild 5.12

Hat jemand die Figur erst einmal begriffen, dann gibt sie ihm einen *zusammenfassenden Überblick* über alle möglichen Dinge, die beim Satz des Pythagoras wichtig sind; alle Information kann man mit einem Blick, d.h. *gleichzeitig* wahrnehmen. Die Formel zwingt dagegen viel mehr zur Analyse, was bei diesem Satz alles zu geschehen hat: dreimal quadrieren und zwei der Quadrate zusammenzählen, dann nachprüfen, ob die Summe dem dritten Quadrat gleich ist. Die Information wird uns nicht gleichzeitig, sondern *nacheinander* gegeben.

Das zweite Beispiel handelt von den Mittelsenkrechten eines Dreiecks. Auch hier wieder die Gegenüberstellung von visuellen und verbal-algebraischen Symbolen (Bild 5.13).

In einem Dreieck schneiden sich die
Mittelsenkrechten in einem Punkt.   **Bild 5.13**

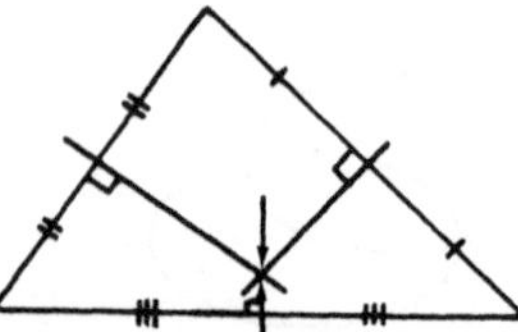

Figur: Betonung der räumlichen Eigenschaften, die relevanten Begriffe und Beziehungen sind ohne verbale Erläuterungen schwer übertragbar. Daneben als neues Merkmal: eine *zusammenfassende* Übersicht, in der die gesammte Information *gleichzeitig* gegeben wird.

Text: Fast keine Betonung der räumlichen Eigenschaften, die Begriffe und Zusammenhänge lassen sich ohne weitere Erklärungen begreifen. Daneben als neues Merkmal: Eine *Analyse* der Information wird *zeitlich nacheinander* gegeben.

Frage 2: Warum ist der Satz: ‚Die Mittelsenkrechten eines Dreiecks gehen durch einen Punkt.' Vom didaktischen Standpunkt her weniger gut?

5.1.2.4. Deduktives Denken und Intuition

In allen vorhergehenden Beispielen kann man noch ein weiteres wichtiges Merkmal erkennen. Um Begriffe richtig zu erkennen, benötigt man eine *intuitive* Orientierungs- und Sortierphase. Dazu benutzt man visuelle Symbole. Hat man die Abstraktionsphase erreicht, verspürt man mitunter das Bedürfnis nach einer *logisch-deduktiven* Begründung durch eine Definition oder einen Satz. Dazu benutzt man dann verbal-algebraische Symbole. Offenbar begünstigen visuelle Symbole das intuitive Denken, während deduktive Gedankengänge besser durch verbal-algebraische Symbole unterstützt werden.

5.1.3. Zusammenfassung

visuelle Symbole	verbal-algebraische Symbole
Heben räumliche Eigenschaften hervor;	betonen nicht-räumliche Eigenschaften;
sind schwer übertragbar;	sind leichter übertragbar;
wirken zusammenfassend, wodurch die Struktur sichtbar wird;	wirken analysierend, wodurch Details betont werden;
relevante Information erfolgt gleichzeitig;	relevante Information wird zeitlich nacheinander gegeben;
fördern intuitives Denken;	fördern logisch-deduktives Denken

Diese Übersicht macht deutlich, daß die unterschiedlichen Merkmale weniger Gegensätze, als vielmehr sich ergänzende Eigenschaften sind. Das kann der Mathematiklehrer bei der Anordnung des Lehrstoffs ausnutzen. Er kann zielgerichtetes Lernen bei seinen Schülern durch den Einsatz beider Symboltypen fördern.

Dies bestätigt auch ein Experiment, in dem drei Schülergruppen dasselbe Problem vorgelegt wurde. Die erste Gruppe wurde nur durch verbal-algebraische Symbole angeleitet. Bei der zweiten Gruppe folgte im Anschluß daran eine Unterweisung mit visuellen Symbolen. Bei der dritten Gruppe erfolgten diese Informationsarten nicht nacheinander, sondern vermischt und nahezu gleichzeitig. Danach erhielten alle drei Gruppen dieselben Aufgaben aus dem behandelten Problemkreis. Die dritte Gruppe schnitt merklich besser ab als die beiden anderen. Auffallend war, daß die zweite Gruppe nicht signifikant besser war als die erste.

Durch Ausnutzen der besonderen Merkmale der beiden Symboltypen kann man den Lernprozeß fördern. Das folgt unter anderem aus dem soeben beschriebenen Experiment. Dazu werden sie nebeneinander verwendet. Es ist aber oft auch möglich, beide Symbolarten zusammen als Ganzes einzusetzen, wie das am Ende von Abschnitt 5.1.1 erkennbar wird.

Durch solch eine Kombination, in der die besonderen Merkmale beider Symbolarten vereinigt sind, kann der Schüler eine klare Anleitung für die Lösung des Problems erhalten, zum Beispiel: Bestimme ein rechtwinkliges Dreieck, dessen Seitenlängen aufeinanderfolgende natürliche Zahlen sind (Bild 5.14).

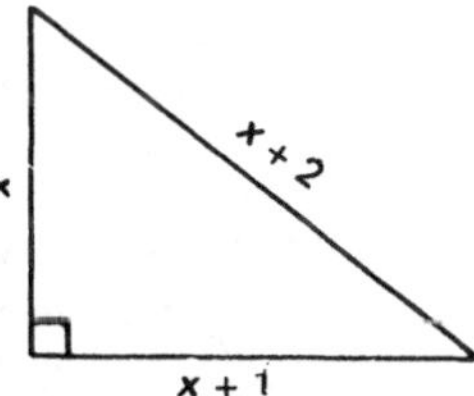

Bild 5.14

Frage 3: Welche Merkmale verbal-algebraischer und visueller Symbole werden in diesem Beispiel verwendet?

Ein anderes Beispiel für die Kombination beider Symboltypen ist die Matrix:

$$\begin{pmatrix} a_{11} & a_{12} & \cdots & a_{1n} \\ \vdots & \vdots & & \vdots \\ a_{m1} & a_{m2} & \cdots & a_{mn} \end{pmatrix}$$

Frage 4: Welche Merkmale werden hier verwendet?

Frage 5: Welche Merkmale finden sich in der Übersicht am Anfang dieses Abschnitts wieder?

Jemand sagte einmal, es sei eine der wichtigsten Aufgaben des Lehrers, seine Schüler den Wald zu lehren, indem er ihnen die Bäume zeigt. Man kann das visuelle Symbol, das zusammenfassend wirkt, mit dem Wald vergleichen und das analysierende, details-betonende verbal-algebraische Symbol mit dem Baum.

5.2. Lesen und Hören

Im Abschnitt 5.1 war vom Einfluß der verschiedenen Symboltypen auf den Lernvorgang
die Rede. Die dabei besprochenen Merkmale gelten für jede Lernaktivität. Dieser Abschnitt
bringt noch das eine oder andere über die Rolle der Symbole in Bezug auf Lesen
und Hören.

Lesen und Hören sind Aktivitäten, bei denen *Information gesammelt wird.* Beim Sprechen
und Schreiben geht es mehr um das Festhalten von Kenntnissen und um das Einüben von
Fertigkeiten.

Die Information wird vom Lehrer gegeben oder zumindest von ihm verantwortet. Bei der
Informationsübertragung werden Symbole verwendet. Darum ist es wichtig, daß die Sym-
bole bei den Schülern und der Informationsquelle übereinstimmen. Genauer gesagt, daß
Schüler und Informationsquelle mit demselben Zeichen auch denselben Begriff meinen.
Schwierigkeiten hierbei können verschiedene Ursachen haben:

- Der Schüler erkennt in einem bestimmten Zeichen überhaupt keinen Begriff: Das
  Zeichen ist bei ihm noch nicht zum Symbol geworden (siehe 5.2.1).

- Der Schüler verbindet mit einem bestimmten Zeichen einen falschen Begriff (5.2.2).

- Ein bestimmtes Zeichen kann verschiedene Begriffe bedeuten, und der Schüler weiß
  nicht, welcher Begriff in diesem Moment gemeint ist (5.2.4). Daneben muß sich der
  Lehrer bewußt sein, daß ein und derselbe Begriff mitunter durch verschiedene Symbole
  wiedergegeben werden kann (5.2.3).

5.2.1. Das Zeichen ist kein Symbol

Es ist nicht möglich, jemanden einen Begriff zu lehren, der von höherer Ordnung als die
ihm bekannten Begriffe ist (4.3.3). Versucht der Lehrer dies trotzdem und bietet daher
keine oder eine zu kurze Sortierphase an, ist die Gefahr groß, daß die neuen Symbole für
den Schüler keine Symbole werden, sondern Zeichen bleiben, mit denen er keinen Begriff
verbinden kann. Der Schüler versucht, sich Rezepte anzueignen, die nicht in ein Schema
passen. Das geht so lange gut, wie die Aufgaben von derselben Art sind wie die Rezepte;
weicht das Problem aber vom Gewohnten ab, sitzt er auf dem Trockenen.

Sehr viele Fehler dieser Art sind auch auf eine falsch gewählte Lernaktivität zurückzuführen: Muß der Schüler zu lange hören oder lesen, bemerkt der Lehrer nicht, wenn der
Schüler ,aussteigt'.

Frage 6: Für viele Schüler sind Buchstaben anfangs lediglich Zeichen, mit denen man Kunststückchen
macht, und nicht Symbole für Variable. So treten Fehler auf wie $2a^2 + 2a^2 = 4a^4$
a) Wie können Sie die Gefahr für das Auftreten dieses Fehlers verringern?
b) Was kann man tun, wenn ein Schüler einen solchen Fehler gemacht hat?

Folgerung: Lesen und Hören sind zwar Aktivitäten, die Information sammeln, doch muß
der Lehrer dafür sorgen, daß es sich nicht um Information über Begriffe höherer Ordnung
handelt, als die, die der Schüler bereits kennt. Selbst, wenn es um Begriffe geht, die sich
der Schüler bereits angeeignet hat (d.h., daß sie durch vorhandene Schematas assimiliert
wurden), selbst dann sollte die gesamte Information auf das Wesentliche beschränkt bleiben.

5.2.2. Verwechslung von Symbol und Signal

Das ‚Kürzen‘ bei Brüchen ist bei Schülern gefürchtet: Wenn sie in Zähler und Nenner einen gleichen Faktor finden, ist das bei ihnen kein Symbol für ‚ich *darf* Zähler und Nenner durch dieselbe Zahl teilen‘, sondern ein *Signal* für eine Handlung: ‚ich *muß* über und unter dem Strich dasselbe streichen.‘ Das gleiche findet man auch bei Gleichungen: ‚Terme auf die andere Seite bringen.‘

Ein Zeichen hat Symbolcharakter, wenn es ein kognitives Schema aufruft; es hat Signalcharakter, wenn es zu bestimmten Handlungen veranlaßt, wie beispielsweise eine Verkehrsampel.

In der Mathematik möchten wir gern, daß ein Zeichen beide Funktionen ausübt: Das Wahrnehmen ruft ein Begriffsschema auf (Symbolfunktion) und löst gleichzeitig bestimmte Handlungen aus (Signalfunktion).

Man kann so sagen: Im Lernprozeß sollen die Phasen O—S—A—E (siehe Abschnitte 4.3.3 und 4.3.4) zu einer guten Symbolvorstellung führen, während in der Phase V die Signalfunktion eingeübt wird. Ein zu schnelles Explizieren bewirkt eine zu schwache Symbolfunktion: In der Phase V lernen die Schüler nur noch, was sie tun müssen, nicht, was sie tun dürfen.

Frage 7: Wie erklären Sie: $2(x-5) = 8 \Longleftrightarrow x - 5 = 6$?

Frage 8: Kommentieren Sie folgende Aussagen:

a) Multipliziert man in einer Ungleichung mit einer negativen Zahl, klappt das Zeichen um.

b) Die Fläche der Figur ist ein Integral.

c) Das Maximum der Parabel ist (2,3).

d) Null geteilt durch Null geht nicht.

e) (Von einer niederländischen Examenskommission): Der Ausdruck ‚horizontaler Wendepunkt‘ statt ‚Wendepunkt mit horizontaler Tangente‘ muß als nicht-tolerierbare Schludrigkeit angesehen werden.

5.2.3. Verschiedene Symbole für denselben Begriff

Durch Symbole kann man jemandem, der liest oder hört, bestimmte Begriffe in sein Bewußtsein rufen. Diese Begriffe hängen nämlich mit bestimmten Schemata zusammen. Dabei kann ein Begriff mit mehreren Schemata zusammenhängen. Man kann nun versuchen, das gewünschte Schema durch ein dazu passendes Symbol aufzurufen (siehe auch 4.2.2).

Beispiele:

- Dieselbe quadratische Funktion kann durch drei verschiedene Symbole dargestellt werden:

$$x \to (x-2)(x+4),$$
$$x \to x^2 + 2x - 8,$$
$$x \to (x+1)^2 - 9.$$

- Die Zahl 64 läßt sich darstellen als $8^2, 4^3, 2^6, 10^2 - 6^2$.

- Ein Dreieck kann ‚gleichschenklig‘ oder auch ‚gleichwinklig‘ sein.
- Man kann ein ‚Parallelogramm‘ auch ‚punktsymmetrisches Viereck‘ nennen.

Frage 9: Nennen Sie bei jedem dieser Beispiele zu jedem Symbol eine passende Situation.

Diese Beispiele enthalten nur verbal-algebraische Symbole, doch gilt das gleiche für visuelle
Symbole: mehrere Symbole für einen Begriff, doch durch jedes wird ein anderes Schema
aufgerufen.

Frage 10: Beantworten Sie Frage 9 bei den Beispielen des Bildes 5.15.

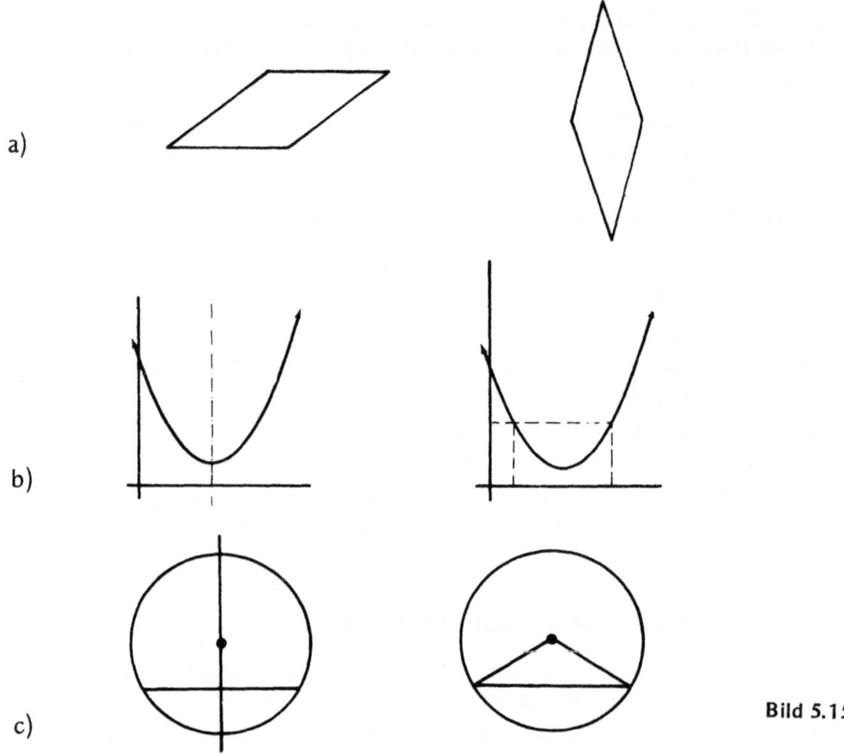

Bild 5.15

Langfristig gesehen müssen die Schüler natürlich selbst einen Begriff auf verschiedene
Arten schriftlich oder mündlich beschreiben können. Je mehr Darstellungsweisen man
für einen Begriff kennt, um so leichter kann man ihn einsetzen, Probleme zu lösen.
Daraus folgt, daß der Schüler auch Techniken erlernen muß, Symbole von einer Form
in eine andere umzusetzen.

Frage 11: Nehmen Sie an, daß Ihre Schüler alle folgenden Symbole für den Begriff ‚direkt proportional‘ kennen:

a) Wenn x mit k multipliziert wird, wird auch y mit k multipliziert.

b) Es gibt eine Zahl $c \neq 0$ so, daß $y = cx$.

c) Bild 5.16.

d) $\frac{y}{x}$ ist konstant.

e) x ist direkt proportional zu y.

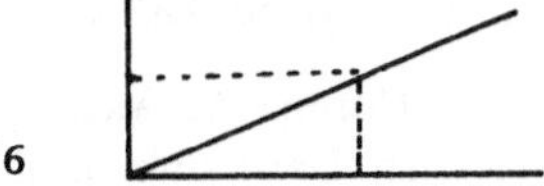

Bild 5.16

Welche dieser Symbole passen jeweils am besten zu den folgenden Situationen? (Sie können jeweils mehr als ein Symbol zuordnen, begründen Sie dies aber.)

A. Sie wollen mit Hilfe des Begriffs ,direkt proportional' Ihren Schülern den geometrischen Begriff ,Streckung' vermitteln.

B. Sie wollen mit diesem Begriff Ihre Schüler lehren, wie Volumen und Masse bestimmter Stoffe miteinander zusammenhängen.

C. Sie wollen mit diesem Begriff Funktionen ersten Grades lehren.

Frage 12: Wie können Sie unter Verwendung visueller Symbole Ihre Schüler davon überzeugen, daß die Summe der ersten n ungeraden Zahlen n^2 ergibt?

Frage 13: Bei einem Würfel ABCD EFGH stehen die Flächen BDE und CFH senkrecht auf der Körperdiagonalen AG. Wie können Sie mit Hilfe eines durchsichtigen Plastikmodells erreichen, daß Ihre Schüler dieses sehen (in des Wortes wahrer Bedeutung)?

5.2.4. Ein Symbol für verschiedene Begriffe

Durch ein Symbol kann man bei einem Schüler einen Begriff und das zugehörige Schema aufrufen. Abhängig vom Kontext, in den das Symbol gestellt wird, können verschiedene Begriffe und somit auch verschiedene Schemata aufgerufen werden.

An Beispielen kann man hier Symbole wie ,Gruppe', ,Vektor', ,Pol' nennen. Hierbei wird es für einen Schüler, der diese Wörter hört oder liest, nicht schwer sein, herauszufinden, welche Begriffe gemeint sind. Es gibt aber auch schwierigere Situationen. In den folgenden Fragen werden dazu ein paar Beispiele gegeben:

Frage 14: Nennen Sie drei Bedeutungen des Minus-Zeichens in: $- a - (- 7)$.

Frage 15: A und B sind Punkte: Nennen Sie drei Bedeutungen des Symbols AB. Anleitung: ,Die Strecke AB liegt auf der Geraden AB und hat die Länge AB.' Dieser Satz klingt zunächst absurd, obwohl folgender Satz durchaus gebräuchlich ist: ,Die Strecke AB liegt auf der Geraden PQ und hat die Länge KM.'

Frage 16: Im Gleichungssystem

$$\begin{cases} 2x - 3y = 5x - 3 \\ x + y = 15 \end{cases}$$

kann das Symbol y in der ersten Gleichung einen anderen Begriff darstellen als in der zweiten. Mit den drei x-Symbolen ist das noch komplizierter: In der ersten Gleichung müssen beide x denselben Begriff decken, der aber kann von dem x der unteren Gleichung differieren. Wie können Sie mit diesem Wissen Ihren Schülern klar machen, was eine gemeinsame Lösung ist?

Um einer möglichen Verwirrung vorzubeugen, muß der Lehrer dafür sorgen, daß

● sein Hörer oder Leser weiß, welches Schema benötigt wird. (Indem das Symbol während der Orientierungsphase in den richtigen Kontext gestellt wird);

● innerhalb dieses Schemas jedes Symbol nur einen Begriff darstellt;

● es nicht vom Schema verändert wird, ohne daß es die Schüler vorher wissen (durch eine neue Orientierungsphase).

5.2.5. Zusammenfassung

Lesen und Hören sind Aktivitäten, bei denen Information gesammelt wird. Dazu benutzt man Zeichen. Der Lehrer muß dafür sorgen, daß seine Hörer oder Leser die Zeichen richtig anwenden: als Symbol und/oder als Signal. Dabei können verschiedene Probleme auftauchen:

(5.2.1) Die benutzten Zeichen haben für die Schüler keinen Bezug zu einem Begriff und sind damit für sie keine Symbole. Der Lehrer kann sie davor bewahren, indem er:

- eine genügend lange Sortierphase anbietet,
- Gelegenheit zu einem *feed-back* gibt, so daß er und der Schüler Information über die Anforderung des Lernprozesses an den Schüler erhalten. Das beinhaltet, daß sich die Aktivitäten Lesen und Hören sowie Sprechen und Schreiben öfters abwechseln müssen.

(5.2.2) Der Schüler verwechselt Symbole und Signale. Die Vorkehrungen, die der Lehrer ergreifen muß, um diese Gefahr zu verringern, sind dieselben wie im vorhergehenden Fall, so daß die Signalfunktion in der richtigen Weise wirkt.

(5.2.3) Verschiedene Symbole können sich auf denselben Begriff beziehen. Im Gegensatz zu den beiden vorhergehenden Problemen ist dies positiv zu werten. Indem verschiedene Symbole denselben Begriff in verschiedenen Schemata aufrufen können, kann der Schüler lernen, Probleme zu lösen. Dieser Sachverhalt soll vor allem in der Explizierphase zum Tragen kommen.

(5.2.4) Verschiedene Begriffe können dasselbe Symbol haben. Auch dies muß positiv gewertet werden. Der Schüler muß lernen, aus dem Kontext zu schließen, welcher Begriff gemeint ist. Dies kann der Lehrer mit einer guten Orientierungsphase erreichen.

5.3. Sprechen und Schreiben

In diesem Abschnitt wird die Rolle der Symbole beim Sprechen und Schreiben behandelt.

Sprechen und Schreiben sind Lernaktivitäten, die *Kenntnisse festhalten* (siehe Abschnitt 5.3.1) und *Fertigkeiten einüben.*

Das letztere kann Bedeutung bei der Einübung von *Automatismen* haben (siehe 5.3.2) oder auf das Einüben von Fertigkeiten höheren Niveaus (in der Bedeutung von 2.5). Vorallem beim letztgenannten spielen Symbole eine große Rolle, wenn nämlich über die Probleme *nachgedacht* wird. Dem wird in 5.3.3 Aufmerksamkeit geschenkt.

5.3.1. Kenntnisse festhalten

Der Leser soll nun eine kleine Prüfung bei sich selbst vornehmen, indem er die Gleichung

$$2x - 5(3x + 1) = 5(x - 7) + 2$$

löst, und nicht weiterliest, bevor er damit fertig ist.

Bis auf wenige Ausnahmen wird er damit begonnen haben, die gesamte Gleichung abzuschreiben. Nur wer im Lösen solcher Gleichungen geübt ist, wird direkt eine gleichwertige
Gleichung hingeschrieben haben, etwa

$$2x - 15x - 5 = 5x - 35 + 2.$$

Offenbar besteht ein Bedürfnis, das gestellte Problem noch einmal zu wiederholen, um es
besser im Gedächtnis festzuhalten.

Diese Erscheinung, daß sich nämlich neue Begriffe, Probleme und Arbeitsweisen besser
dem Gedächtnis einprägen, wenn sie der Schüler selbst noch einmal ausspricht oder niederschreibt, muß sich ein Lehrer in vielfältiger Weise zunutze machen:

- Wie schreibt man wohl dieses Fremdwort?
- Wer will einmal das neue Wort an die Tafel schreiben?
- Schreibt in euer Heft, was ihr nacheinander tun müßt, um diesen Gleichungstyp zu
  lösen.
- Trage im Achsenkreuz möglichst viele Punkte des Graphen der Funktion ein und ver-
  suche zu beschreiben, wie der Graph aussieht.

5.3.2. Einüben von Automatismen

Durch das Einüben von Automatismen lernt man im Grunde mit Signalen zu arbeiten,
ohne sich die tieferliegenden Begriffe bewußt zu machen, so beim kleinen Einmaleins,
beim Multiplizieren von Potenzen mit gleicher Grundzahl und beim Differenzieren ganzrationaler Funktionen. Das ist beim Lösen von Problemen vorteilhaft: Man kann sich
voll dem Problem widmen und wird nicht durch zwar notwendige aber nicht-essentielle
Techniken abgelenkt.

Automatismen muß man durch ,selbst tun' einüben, d.h. durch Sprechen und Schreiben.
Mit Lesen und Hören erwirbt man keine Routine. Einige nützliche Hinweise für das Üben
findet man bei *Johnson* und *Rising:*

a) Zum Üben benötigt man den *Willen zur Verbesserung.* Der Schüler muß glauben, daß
   die Übungen der Mühe wert sind, weil die so erlernten Fertigkeiten für ihn von Vorteil
   sein können.

b) Das Üben muß *mit Verstand* geschehen. Automatisieren bestimmter Algorithmen darf
   nicht heißen, daß der Schüler nicht weiß, warum er sie ausführt. Die Signale dürfen
   ihre Symbolfunktion nicht verlieren, sonst werden die Handlungen zur bloßen Rezept-
   anwendung.

c) Die Resultate müssen vom Schüler *unmittelbar kontrollierbar* sein. Hierdurch erhält
   der Schüler ein schnelles Feed-back zu seinen Ergebnissen. Systematische Fehler werden
   verhindert und der Schüler behält den Spaß am Üben.

d) Üben muß *individualisiert* werden. Begabte Schüler müssen weniger üben, sonst besteht
   bei ihnen die Gefahr, daß Automatismen zu inhaltslosen Tätigkeiten werden. Schwache
   Schüler dagegen verlassen sich bei zu wenig Übung auf Rezepte, die sie noch nicht begriffen haben.

e) Die Übungen müssen *kurz aber abwechslungsreich* sein. Im allgemeinen erlangt man
   Routine besser in 3 × 10 Minuten als in 1 × 30 Minuten.

f) Übungen sollen *keine Strafe* sein.

5.3.3. Möglichkeiten zur Reflexion

Menschen benutzen Symbole nicht nur zur Kommunikation, sondern auch, um sich eigene
Gedanken bewußt zu machen. Indem man einem anderen gegenüber seine Gedanken laut
äußert, nötigenfalls auch sich selbst gegenüber, oder indem man sie niederschreibt, kann
man sie offenbar besser ordnen und logische Zusammenhänge entdecken. Beim Zeichnen
von Diagrammen, Figuren und schematischen Übersichten erkennt man leichter Strukturen.

Verfolgt ein Lehrer bei seinen Schülern Ziele höheren Niveaus als ihren Kenntnissen entspricht, muß er ihnen alle erdenklichen Möglichkeiten bieten, selbst nach richtigen Formulierungen und zweckmäßigen schematischen Übersichten zu suchen. Dabei muß er ständig
der Versuchung widerstehen, selbst das Problem zu erklären. Dies ist schwer, denn die
Gelegenheit dazu ist in dieser Situation besonders gut. Wenn es zum Erreichen von Routine
bei der Durchführung von Algorithmen nötig ist, daß die Schüler selbst sprechen und
schreiben, so gilt das noch mehr bei Fertigkeiten höheren Niveaus.

5.4. Rezeptives und selbstentdeckendes Lernen

Aus dem bisher Gesagten darf nicht geschlossen werden, daß Lesen und Hören mehr
passive, Sprechen und Schreiben dagegen aktive Formen des Lernens seien. Der Schüler,
der geduldig Routineaufgaben löst, ohne zu wissen, wozu man das überhaupt braucht,
verkörpert nur äußerlich Aktivität. Von echter Lernaktivität kann keine Rede sein.
Dagegen kann man sehr aktiv sein, wenn man zuhört, weil man mitdenkt.

Man kann sich dem Thema Lernaktivitäten auch noch von einer anderen Seite her nähern.
Ausubel zielt nicht so sehr auf die Form der Aktivitäten, wie Lesen, Hören, Sprechen
und Schreiben, sondern mehr auf die Art und Weise, wie sie zustande kommen (siehe 12.1).
Er unterscheidet *rezeptives* und *selbstentdeckendes* Lernen. Dabei weist er darauf hin,
daß das nicht dasselbe wie aktiv und passiv ist und daß es sich auch nicht einfach um
Gegensätze handelt.

Selbstentdeckendes Lernen ist nicht von vornherein besser als rezeptives Lernen. Wer so
denkt, begeht nach *Ausubel* drei schwere Fehler.

1. Man kann unmöglich von den Schülern erwarten, daß sie in wenigen Jahren Begriffe
   und Eigenschaften entdecken, während die Menschheit Jahrhunderte dazu benötigte.

2. Rezeptiv lernen bedeutet nicht dasselbe wie klaglos hinnehmen, was ‚von oben‘ mitge-
   teilt oder aufgetragen wird.

3. Es gibt nicht nur das rezeptive Lernen auf der einen und das selbstentdeckende Lernen
   auf der anderen Seite. Zwischen den beiden Formen besteht vielmehr ein kontinuierlicher Übergang.

Frage 17: Welcher der folgenden Handlungsweisen geben Sie den Vorzug und warum?

a) Der Lehrer gibt seinen Schülern Bleistift, Papier, Lineal und Zirkel und läßt sie damit spielen. Dabei hofft er, daß sie — evtl. gemeinsam — den Satz von Pythagoras entdecken.

b) Der Lehrer gibt seinen Schülern das gleiche Material und bittet sie, eine Anzahl rechtwinkliger Dreiecke zu zeichnen. Dann sollen sie untersuchen, ob die rechtwinkligen Dreiecke nicht vielleicht interessante Eigenschaften haben?

c) Wie b), doch bittet der Lehrer zwischendurch, einmal die Seiten der Dreiecke auszumessen.

d) Der Lehrer suggeriert noch zusätzlich, die gemessenen Längen zu quadrieren.

e) Der Lehrer handelt genau wie in d), nur läßt er die Schüler nicht selbst mit Bleistift und Papier zu Werke gehen, sondern er läßt das rechtwinklige Dreieck an die Tafel zeichnen und dort ausmessen. Der Lehrer tabelliert die Längenquadrate und bittet die Klasse, doch einmal gemeinsam zu überlegen, ob nicht eine bestimmte Gesetzmäßigkeit zu entdecken sei?

f) Fast dasselbe wie in e), nur daß der Lehrer die Kathetenquadrate selbst addiert.

g) Der Lehrer zeichnet ein rechtwinkliges Dreieck an die Tafel, teilt der Klasse den Satz des Pythagoras mit und läßt seine Schüler durch Nachmessen kontrollieren, ob es auch in diesem speziellen Fall ‚klappt'.

h) Der Lehrer teilt den Satz einfach mit. Eine experimentelle Verifikation erfolgt nicht.

Bemerkung: Bei den beschriebenen Handlungsweisen geht es nicht um einen allgemeinen Beweis oder um Anwendungen. Das kann später folgen. Das Beispiel beschränkt sich auf das Lernen des Satzes. Das Herausfinden und Lernen eines Beweises ist ein neues Lernziel, ebenso die Anwendungen.

Mit dieser Frage wird deutlich, daß vom rein rezeptiven Lesen und Hören einerseits zum reinen Selbstentdecken andererseits ein kontinuierlicher Übergang mit Mischformen möglich ist. Die Situationen a bis h können wie in Bild 5.17 auf einer Geraden angeordnet werden.

Es kommt noch etwas anderes hinzu. Selbst im letzten Fall h muß nicht von klaglosem Hinnehmen die Rede sein, während im Fall a, selbst wenn der Satz wirklich entdeckt werden sollte, nicht von sinnvollem Lernen die Rede sein kann, d.h. dem Lernen mittels Schemata. Es ist viel wahrscheinlicher, daß der entdeckte Satz ein Zufallstreffer war und darum klaglos auswendig gelernt wird.

Auch zwischen diesen beiden Extremen besteht ein kontinuierlicher Übergang, der wieder auf einer Geraden dargestellt werden kann (Bild 5.18).

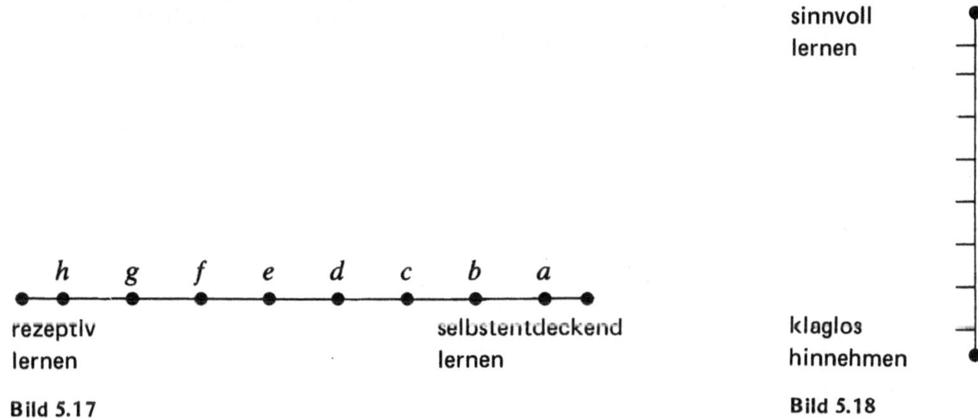

Bild 5.17   **Bild 5.18**

Die Kombination der beiden Kontinua rezeptiv-selbstentdeckend und sinnvoll-klaglos
liefert sehr viele Möglichkeiten, die alle in dem folgenden Schema einzuordnen sind. Die
Ecken stellen die Extrema dar. Dazwischen liegen alle möglichen Abstufungen.

sinnvolles Lernen gelesener und ge- hörter Begriffe	sinnvolles Lernen selbstentdeckter Begriffe
klagloses Hinnehmen gelesener und gehörter Begriffe	klagloses Hinnehmen selbstentdeck- ter Begriffe

Es ist Aufgabe des Lehrers, zwischen diesen vier Extrema die goldene Mitte zu finden,
um allem gerecht zu werden.

Frage 18: Welcher der folgenden Handlungsweisen geben Sie den Vorzug und warum?

a) Der Lehrer spricht und schreibt an die Tafel, die Schüler hören zu und lesen. Er leitet folgenden
Satz her: Die Summe der ersten n Terme einer arithmetischen Folge ist 1/2 n-mal die Summe aus
erstem und letztem Term. Dabei gibt er Gelegenheit zur Orientierung (wobei er das Problem in
einen größeren Rahmen stellt) und zum Sortieren (wobei er suggestiv einige Beispiele nebeneinander stellt) und kommt schließlich zu einem expliziten Beweis des allgemeinen Falls.

b) Der Lehrer stellt die Aufgabe, die Summe der folgenden Reihe in einer Formel zu erfassen: Der
erste Term ist die Zahl a. Jeden folgenden Term erhält man, indem man jeweils zum Vorgänger v
hinzuzählt. Insgesamt sollen es n Terme sein.

Frage 19: Nennen Sie bei jedem der obengenannten vier Extrema mindestens einen Vor- und einen
Nachteil.

Frage 20: Betrachten Sie die Aufgaben in Abschnitt 11.2. Wie werden dort visuelle und verbal-
algebraische Symbole gehandhabt? Welche Lernaktivitäten würden Sie für das Erarbeiten der Aufgaben
wählen?

Frage 21: Beantworten Sie die Fragen 1 bis 10 in Abschnitt 11.6. Vergleichen Sie Ihre Antworten
mit denen, die Sie bei Frage 1 dieses Kapitels gaben.

Frage 22: Untersuchen Sie, welche Rolle visuelle Symbole in Abschnitt 11.4 spielen.

Frage 23: In Abschnitt 4.3.4 wird bemerkt, daß Schüler mitunter spontan zu explizieren beginnen.
Davon muß der Lehrer Gebrauch machen; er kann es selbst provozieren. Doch es gibt Nachteile dieses
frühzeitigen Explizierens. Welche? Welche Vorteile bietet es? Können Sie Beispiele geben?

6. Arbeitsformen

Bislang wurde über *Lernziele*, die von Lehrern und Schülern erreicht oder verfolgt werden, über den dazu verwendeten *Lehrstoff*, über *Lernaktivitäten* und über den Einfluß des *Anfangszustands* der Schüler auf diese Dinge gesprochen.

In diesem Kapitel soll auf die Art und Weise eingegangen werden, in der die Kommunikation zwischen Lehrer und Schüler und zwischen den Schülern untereinander organisiert werden kann. Diese Organisationsformen werden *Arbeitsformen* genannt.

Frage 1: Führen Sie die Aufgabe von Abschnitt 11.7 durch.

Arbeitsformen kann man auf verschiedene Weisen gliedern. In 6.1 geschieht das gleichzeitig auf zwei Arten: einerseits nach dem Maß, in dem die Schüler den Lernprozeß und damit auch die Kommunikation beeinflussen, andererseits nach der Größe der Gruppe, in der die Kommunikation stattfindet. Es werden Beispiele verschiedener Kombinationsmöglichkeiten gegeben. In 6.2 werden sechs dieser Möglichkeiten weiter ausgearbeitet.

6.1. Einteilung nach Steuerung und Gruppengröße

Über das Ausmaß, in dem der Lernprozeß durch den Schüler beeinflußt werden kann, wurde schon in Abschnitt 5.4 gesprochen. Als Extrema wurden *rezeptives* und *selbstentdeckendes Lernen* genannt. Zwischen beiden sind allerlei Mischformen möglich.

rezeptiv lernen
(100 % Steuerung von außen)

selbstentdeckend lernen
(100 % Steuerung durch den Schüler)

Frage 2: Bei welcher der folgenden Arbeitsformen sollte vornehmlich rezeptiv gelernt werden, bei welcher selbstentdeckend und bei welcher sollte eine Zwischenform gewählt werden?

a) Dozieren;

b) Schüler durchsuchen einen Text nach Haupt- und Nebensachen;

c) Fernsehsendung;

d) der Lehrer antwortet auf Schülerfragen mit Gegenfragen;

e) Schüler lösen Aufgaben, mit denen die quadratische Ergänzung als Algorithmus eingeübt werden soll;

f) der Lehrer leitet eine Diskussion über die gesellschaftliche Bedeutung der Mathematik;

g) die Schüler sind mit programmierten Unterrichtsblättern beschäftigt.

Die Beispiele dieser Frage 2 zeigen, daß man auch die Gruppengröße beachten muß. Auch hier gibt es wieder alle Abstufungen zwischen den beiden Extrema: gesamte Klasse und einzelner Schüler in Form variabler Gruppengrößen. Die Kombination mit dem Ausmaß der Steuerung ergibt wieder, wie in 5.4, ein rechteckiges Schema (Bild 6.1).

Links oben kann man beispielsweise einsetzen: einen Unterrichtsfilm anschauen. Links unten: mit programmierten Unterrichtsblättern arbeiten. Bei beiden Beispielen findet zugleich auch Kommunikation zwischen Schüler und Lehrer statt. Es handelt sich dabei allerdings um eine indirekte Kommunikation über den Film bzw. Lerntext.

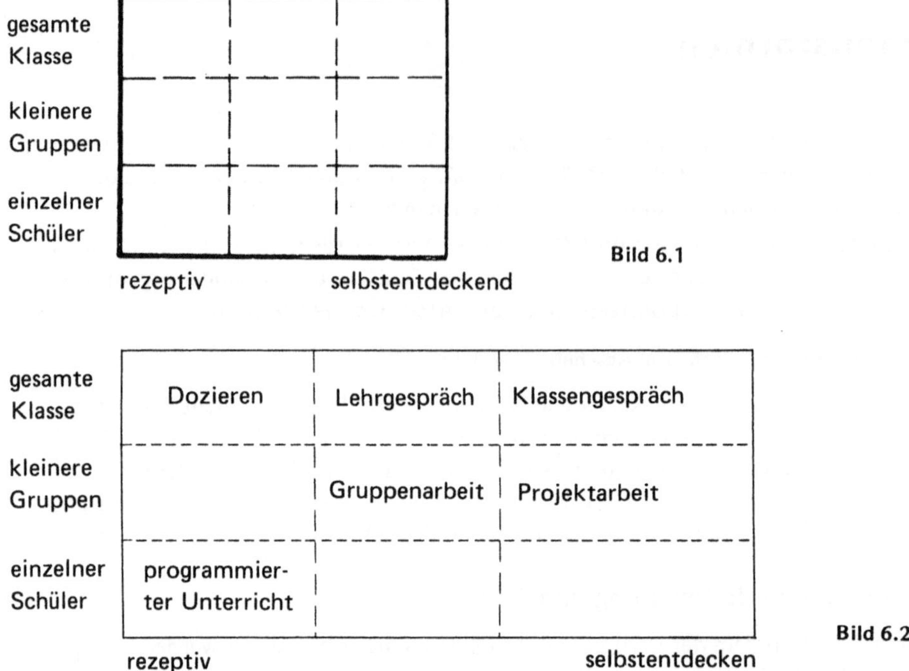

Ein Klassengespräch, bei dem der Lehrer wenig oder gar nicht steuernd eingreift, kann man rechts oben einordnen, während die Vorbereitung eines Vortrags mit selbstgewähltem Thema rechts unten eingeordnet werden muß.

Frage 3: Denken Sie sich zu jeder Aktivität des Schemas in Bild 6.2 eine Arbeitsform aus. Beachten Sie dabei, daß die Einteilung in neun Gebiete nur vereinfachend ist, denn in Wirklichkeit gibt es viel mehr Übergangsformen.

Im Folgenden werden zu sechs Arbeitsformen (Bild 6.2) einige allgemeine Dinge gesagt, die für den Mathematikunterricht nützlich sein können.

6.1.1. Dozieren

Beim Dozieren verläuft die Kommunikation nur vom Lehrer zu den Schülern (Bild 6.3). Diese Arbeitsform ist zur Mitteilung von Information sehr geeignet. In Abschnitt 6.2 werden noch weitere Merkmale genannt.

Bemerkung: Man kann natürlich auch bei kleineren Gruppen dozieren, ja sogar bei einem einzigen Schüler, etwa bei der Nachhilfe. Die Plazierung dieser Arbeitsform links oben im Schema geschah vereinfachend deshalb, weil Dozieren in dieser Form am häufigsten auftritt.

Bild 6.3

6.1.2. Lehrgespräch

Beim Lehrgespräch kann man von einer bilateralen Kommunikation reden. Der Lehrer
stellt und beantwortet Fragen, führt das Gespräch und geht auf Bemerkungen ein. Dabei
handelt es sich stets um ein Gespräch zwischen ihm und einem einzelnen Schüler, während
die anderen zuhören. Will ein Schüler am Gespräch teilnehmen, muß er sich an den Lehrer
wenden (Bild 6.4).

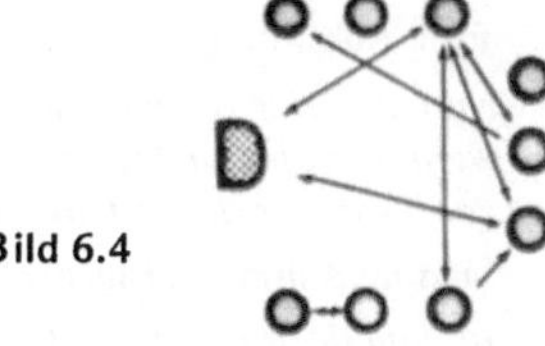

Bild 6.4

Diese Arbeitsform eignet sich besonders zur Lehre neuer Begriffe, Sätze und Algorithmen.
Der Lehrer erhält durch diese interaktive Form viel Information über die Kenntnisse und
Fertigkeiten seiner Schüler (Feed-back). Weiteres darüber wird in Abschnitt 6.2 gesagt.

Auch hier muß diese Kommunikationsform nicht auf große Gruppen beschränkt bleiben.
Sie kann auch bei kleineren Gruppen und zur individuellen Hilfe verwendet werden.

6.1.3. Klassengespräch

Beim Klassengespräch handelt es sich um multilaterale Kommunikation. Die Schüler
richten auch Fragen an den Lehrer und diskutieren untereinander. Der Lehrer steuert
nicht mehr den Lernprozeß, sondern wird vielmehr zum Diskussionsleiter. Er kann die
Diskussion nur noch dadurch steuern, daß er gegebenenfalls zielgerichtete Fragen stellt,
die dann von den Schülern gemeinsam untersucht werden (Bild 6.5).

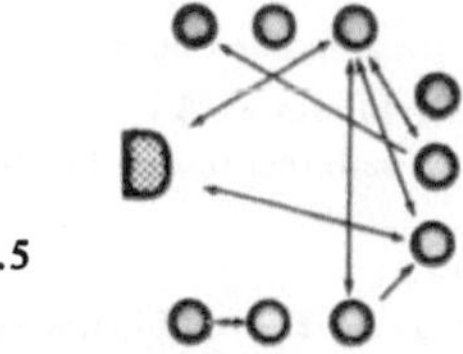

Bild 6.5

Diese Arbeitsweise eignet sich besonders bei der Suche nach geeigneten Lösungsmethoden,
zweckmäßigen Formulierungen und Darstellungsweisen für die Lösung eines Problems.
Auch in kleineren Gruppen läßt sich diese Arbeitsform durchführen (mehr darüber in 6.2).

Frage 4: In der Praxis sollen sich diese drei Arbeitsformen abwechseln. Man kann die Form innerhalb
weniger Minuten mehrmals wechseln. Finden Sie bei folgendem (erdachten, aber nicht unmöglichen)
Gespräch die einzelnen Arbeitsformen heraus. Warum wechselt der Lehrer die Arbeitsformen?
(Die Worte des Lehrers werden durch kursive Schrift gekennzeichnet, verschiedene Schüler durch
unterschiedliche große Buchstaben.)

—   *Wir wollen noch einmal über Spiegelungen reden. Wer kann dazu etwas sagen?*

(A): Das ist Umklappen.
(Lehrer schweigt.)

(A): Alles kommt von der einen Seite der Geraden auf die andere Seite.

—   *Bist Du selbst mit dieser Formulierung zufrieden?*

(A): Nein, aber ich weiß es nicht mehr so genau.

— *Na ja, das kann schon mal vorkommen. Wer kann A helfen?*

(B): Eine Spiegelung ist eine Abbildung.

(C): Eine Spiegelung ist eine Abbildung in der Ebene.

(A): Ja, aber da gibt es sehr viele Abbildungen.

— *Es gibt auch viele Spiegelungen.*

(A): Eine Spiegelung ist eine Abbildung mit bestimmten Eigenschaften.

(C): Eine Abbildung in der Ebene.

— *Nun gut, eine Spiegelung ist eine Abbildung in der Ebene mit bestimmten Eigenschaften. Aber wenn wir dies einem Fremden erzählen, der zwar weiß, was eine Ebene und eine Abbildung ist, dann kann er damit trotzdem noch keine Spiegelung durchführen.*

(D): Man muß ihm die Eigenschaften noch nennen.

— *Ja, und dazu hat A zu Beginn schon etwas gesagt, mit dem er selbst aber noch nicht so ganz zufrieden war. Willst Du es (A) noch einmal versuchen?*

(A): Eine Spiegelung ist eine Abbildung ...

(C): ... in der Ebene ...

(A): ... in der Ebene, bei der Punkt und Bildpunkt gleichweit von einer gegebenen Geraden entfernt sind.

(Lehrer schweigt.)

(D): Senkrecht gleichweit entf. ...

(E): Wobei die gegebene Gerade Mittelsenkrechte von Punkt und Bildpunkt ist.

(A): Ach ja, Mittelsenkrechte.

— *Kann man das sagen: Mittelsenkrechte von einem Punkt und noch einem Punkt?*

(B): Nennen wir den Punkt mal P, dann ist P' sein Bildpunkt, und dann ist PP' eine Strecke, und dann ist s die Mittelsenkrechte.

(Lehrer schweigt.)

(A): Eine Spiegelung ist eine Abbildung ...

(C): ... in der Ebene ...

(A): Ja, das weiß ich jetzt selbst. Eine Spiegelung ist eine Abbildung in der Ebene, bei der s die Mittelsenkrechte von PP' ist.

....

usw.

Frage 5: Führen Sie dieses kleine Theaterstück zu Ende. Welche langfristigen Ziele verfolgt wohl der Lehrer mit diesem Stück?

6.1.4. Gruppenarbeit

Die Kommunikation findet bei der Gruppenarbeit innerhalb einer kleinen Gruppe statt. Der Lehrer gehört nicht zur Gruppe. Aber er kann zeitweilig die Aktivitäten der Gruppe von außen beeinflussen (Bild 6.6). Die Schüler haben dabei eine genau beschriebene Aufgabe. Diese Arbeitsform ist besonders geeignet, wenn die Schüler lernen sollen, Probleme auf Anwendungs- oder Analyseniveau zu lösen (Terminologie von *Bloom*, siehe 2.5.2/3). Weiteres steht in Abschnitt 6.2.

Frage 6: Beantworten Sie die Aufgaben in 11.9.

Bild 6.6

6.1.5. Programmierter Unterricht

Beim programmierten Unterricht findet die gesamte Steuerung durch einen Lehrtext statt.
Bei einem linearen Programm kann man von 100 %iger Steuerung sprechen. Bei einem
verzweigten Programm kann der Schüler selbst einigen Einfluß nehmen. Der Lehrer hat
hierbei eine völlig andere Rolle wie bei den vorhergehenden Arbeitsformen (Bild 6.7).
Siehe dazu Abschnitt 6.2. Diese Arbeitsform eignet sich besonders zum Lernen von
Theorie und Algorithmen auf dem Kenntnis- und Begriffsniveau (wieder in der Terminologie von *Bloom*, 2.5.1/2).

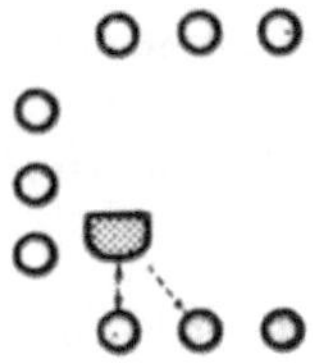

Bild 6.7

6.1.6. Projektarbeit

Die Art der Kommunikation ist bei der Projektarbeit dieselbe wie bei der Gruppenarbeit.
Im Unterschied zur Gruppenarbeit stellen sich die Schüler bei der Projektarbeit das Problem selbst. Die Probleme werden aber nicht selbst formuliert, sondern nur ausgesucht
und sind fachüberschreitend, interdisziplinär.

Daß diese Arbeitsform nicht Gruppenarbeit genannt wird, ist lediglich die Folge einer
eingebürgerten Terminologie. Diese Arbeitsform eignet sich für Schüler auf dem höchsten
Niveau (Analyse, Synthese, Bewertung, siehe 2.5.3). Auch hier ist in Abschnitt 6.2 mehr
zu finden.

6.2. Sechs Arbeitsformen

Die diesem Kapitel beigefügte Übersicht wurde von *H. G. B. Broekman, B. van der Krogt*
und *J. Eilander* zusammengestellt, die sie freundlicherweise für dieses Buch zur Verfügung
stellten. Es ist eine Zusammenfassung vieler Gesichtspunkte, aus denen heraus man die
verschiedenen Arbeitsformen betrachten kann. Der Leser wird hierbei direkt in die Explizierphase versetzt mit allen daraus erwachsenden Nachteilen. Den Ausschlag dazu gab,
daß man als Lehrer oder Schulpraktikant nicht ein ganzes Buch durchsuchen will, sondern
ein praktisches Werkzeug braucht. Diese Übersicht kann bei der Vorbereitung und Auswertung des Unterrichts wertvolle Dienste leisten.

Jede der Arbeitsformen wird aus verschiedenen Blickwinkeln betrachtet:

1. Organisation der Arbeitsform
    1.1. Welche Ziele können verfolgt werden?
    1.2. Wie hängt die Durchführung der Arbeitsform mit dem Lehrer und der Zusammen-
         setzung der Klasse zusammen?
    1.3. Arbeitstempo
    1.4. Möglichkeit eines Feed-back vom Schüler zum Lehrer
    1.5. Hausarbeit
    1.6. Weitere praktische Einschränkungen
    1.7. Weitere praktische Vorteile

2. Die Rolle des Lehrers
   2.1. als Leiter und Begleiter
   2.2. als Auswerter und Beurteiler
   2.3. als Motivator
   2.4. als Informationsquelle
   2.5. Weitere Bemerkungen

3. Die Rolle des Schülers
   3.1. in seinem Verhältnis zum Lehrer
   3.2. in seinem Verhältnis zur Gruppe
   3.3. in seinen Aktivitäten
   3.4. in seinem Verhältnis zum Lehrstoff
   3.5. in dem Maße, in dem er motiviert werden kann

4. Die Bedeutung der Unterrichts- und Lehrmittel
   4.1. Die Rolle des Lehrtextes
   4.2. Der Inhalt des Lehrtextes
   4.3. Die Rolle der Unterrichtsmittel (Tafel, Overheadprojektor, Modelle usw.)
   4.4. Der Umfang der Unterrichts- und Lehrmittel

Eine detaillierte Ausarbeitung finden Sie in der Übersicht auf den Seiten 84—91.

1. Organisation	Dozieren	Lehrgespräch
1.1. Verwirklichung von Lernzielen	Ziele der Kategorien A (Algorithmen), P (Problemlösung), K (Kommunikation) werden ungenügend verfolgt. Psychomotorische Ziele lassen sich nicht erreichen. Affektive Ziele gut. Kenntnisziele (k) können in hohem Maße erreicht werden. Auch Ziele auf Begriffsniveau (b)	Ziele aus A können nur ungenügend verfolgt werden. Andere Ziele gut auf Kenntnis- und Begriffsniveau (k und b).
1.2. (Un)abhängigkeit vom Lehrer und der Zusammensetzung der Klasse	Arbeitsform anwendbar von sachverständigem Lehrer, der den Lehrstoff gut ordnen kann. Nur in relativ homogener Klasse möglich	anwendbar von sachkundigem Lehrer, der durch geschickte Fragen den Lernprozeß aufbauen kann. Nur in relativ homogener Klasse möglich
1.3. Arbeitstempo	Möglichkeit, schnell Information zu geben, Verbindungen aufzuzeigen, Zusammenfassungen zu geben, Nachdruck auf Schlüsselbegriffe zu legen usw.	durch konvergierende Fragen kann man schnell arbeiten. Sonst wie bei Dozieren
1.4. Feed-back	kaum möglich	durch Bemerkungen und Antworten der Schüler möglich
1.5. Hausarbeit	leichte Hausaufgaben geben, damit die Schüler schnell Fortschritte sehen	leichte Hausaufgaben, damit Schüler gut voran kommen
1.6. weitere Einschränkungen	wird nicht der individuellen Lernweise einzelner Schüler gerecht	Beschränkungen nicht so schwerwiegend wie beim Dozieren, aber noch vorhanden. Da Schüler Einfluß auf Tempo und Anordnung haben, ist eine Verarbeitung des Lehrstoffs in den Kategorien T, P, K (siehe 2.4) halbwegs möglich
1.7. weitere Vorteile	Lehrstoffanordnung läßt sich leicht vorher festlegen. Klasse leicht überschaubar, Unregelmäßigkeiten sind schnell zu entdecken	Lehrstoffanordnung leicht vorher programmierbar. Abweichende Fragen und Bemerkungen können beiseite geschoben werden. Klasse leicht überschaubar

Klassengespräch	Gruppenarbeit	programmierter Unterricht	Projektarbeit
geeignet für Ziele der Kategorien P und K auf Begriffsniveau. Starke Stimulierung affektiver Ziele	geeignet bei Zielen aus P und K auf Analyseniveau. Weniger geeignet bei T und A. Sehr geeignet bei sozialen Zielen (Zusammenarbeit lernen, anderen zuhören, auf andere Rücksicht nehmen)	geeignet für Ziele aus T und A auf den Niveaus k und b. Soziale Ziele werden nicht verfolgt. Insbesondere kommen Ziele aus P und K nicht zu ihrem Recht. Wird diese Arbeitsform nur für Kenntnisziele eingesetzt, besteht die Gefahr, daß die Schüler kein höheres Niveau erreichen	wichtig bei der Verfolgung sozialer Ziele. Vor allem geeignet bei Zielen aus P und C auf hohem Niveau. Weniger geeignet für F- und A-Ziele
anwendbar bei sachkundigem Lehrer. Notwendigkeit der Homogenität ist vom Lehrstoff abhängig	Fähigkeit, ohne Lehrer zu lernen, wird stark entwickelt. Selbst wenn Sachkundige fehlen, kann oftmals weitergearbeitet werden.	da Lernweg ganz festliegt, keine besonderen Anforderungen an die methodische Begabung des Lehrers. Sehr geeignet bei heterogenen Klassen	auch bei heterogenen Klassen anwendbar
kostet ziemlich viel Zeit. Gefahr, vom Lernziel abzuweichen	kostet viel Zeit	verfügbare Zeit wird äußerst effizient genutzt. Tempo kann bei verschiedenen Schülern sehr differieren. Das kann bei klassischem Unterricht hinderlich sein	kostet sehr viel Zeit
viel Feed-back	Feed-back muß bewußt eingebaut werden, sonst wenig Feed-back während des Lernprozesses	festliegender Lernweg bietet Möglichkeit, bei auftretenden Kenntnismängeln zurückzuverweisen	
leichte Hausaufgaben, damit Schüler gut voran kommen	Hausarbeiten schwieriger durchzuführen	leichte Hausaufgaben	es ist schwer, geeignete Hausaufgaben zu finden. Sofern möglich, geben sie sich die Schüler selbst
Unterricht verläuft oft unsystematisch. Viel Leerlauf. Ohne gute Führung entsteht leicht Unordnung	erfordert eine Haltung und viel Lernbereitschaft, die an einer klassischen Schule nicht systematisch geübt werden. Kann kaum außerhalb der Schule erfolgen, da dann sachkundiger Lehrer fehlt	Entwicklung geeigneter Programme erfordert viel Sachverstand und Zeit. Das Prinzip der kleinen Schritte behindert den Überblick	zusammenhängendes Ganzes von Kenntnissen und Fertigkeiten sehr schwer erreichbar. Kaum in festen Stundenplan einzubauen
	durch gegenseitige Hilfe begnügen sich die Schüler nicht mit rezeptivem Lernen. Schüler sind bei Gruppenarbeit schwer ‚im Zaum' zu halten	bei guten Programmen besteht durch Überschlagen von Bindegliedern (‚wash-forward') die Möglichkeit, begabte Schüler schneller voran zu bringen. Schüler sind leicht ‚im Zaum' zu halten	Schüler schwer ‚im Zaum' zu halten

2. Die Rolle des Lehrers	Dozieren	Lehrgespräch
2.1. Leiter / Begleiter	Lehrer ist Autorität. Legt den Lernweg fest	Lehrer ist Autorität. Kennt die Antworten. Legt den Lernweg fest
2.2. Auswerter	durch Fragen und Klassenarbeiten	durch Fragen des Lehrers
2.3. Motivator	durch geeignete Erklärungen und Vortragsweise	durch motivierende Fragen
2.4. Informationsquelle	Lehrer bringt hauptsächlich Lehrbuchstoff	
2.5. weitere Bemerkungen	Erklärungen müssen deutlich, geordnet und systematisch sein	die Fragen müssen den Denkvorgang leiten. Lehrer versucht mittels Fragen, jeden Schüler einzubeziehen

Klassengespräch	Gruppenarbeit	programmierter Unterricht	Projektarbeit
Lehrer ist Gesprächsleiter. Er lenkt, aber herrscht nicht	Lehrer ist Begleiter. Dominiert nicht, versorgt mit erforderlichen Lehrmitteln und fördert die sozialen Beziehungen innerhalb der Gruppe. Gibt auf Wunsch fachkundige Hilfe, doch auch unaufgefordert kann er helfen	Lehrer ist Begleiter. Hilft individuell, wenn nötig.	Lehrer ist Begleiter. Er sucht (darum gebeten oder auch nicht) mit den Schülern nach Lösungen der durch die Gruppe gestellten Probleme. Fördert soziale Prozesse innerhalb der Gruppe. Organisiert nötigenfalls die Arbeit
durch Fragen des Lehrers und durch Fragen, Antworten	Lehrer hilft der Gruppe, Aufgaben abzurunden und auszuwerten. Lehrer kann schlecht kontrollieren, ob jeder Schüler optimalen Anteil an der Arbeit nimmt	leicht, durch im Programm eingebaute Fragen und Standardtests.	Lehrer hilft der Gruppe, die eigene Arbeit auszuwerten
	Lehrer motiviert hauptsächlich durch sein Interesse	am wichtigsten ist, das Interesse wachzuhalten	falls Thema vom Lehrer bestimmt, motiviert er die Gruppe. Anderenfalls liegt meist schon Motivation vor. Greift motivierend ein, wenn Interesse nachläßt
	Lehrer gibt (gefragt oder ungefragt) sachkundige Hilfen.	Lehrer gibt fast keine Informationen	Lehrer hilft bei der Suche nach Informationsquellen
Lehrer stellt meistens das Problem. Muß flexibel sein und improvisieren können	Lehrer bereitet die Arbeit organisatorisch vor. Formuliert Aufgaben für die einzelnen Gruppen. Gruppenarbeit erfordert organisatorisches Geschick		erfordert vom Lehrer großen Einsatz beim Begleiten der Tätigkeiten, bei der Suche nach geeigneten Informationsquellen, beim Aufbereiten schwieriger mathematischer Begriffe und Techniken. Großes Geschick bei der Förderung sozialer Prozesse erforderlich

3. Die Rolle des Schülers	Dozieren	Lehrgespräch
3.1. Verhältnis Schüler-Lehrer	Schüler ist hauptsächlich Konsument. Großer Abstand zum Lehrer. Unausgewogenes Verhältnis zwischen sachkundigem Lehrer und unkundigem Schüler	Lernaktivitäten werden stark vom Lehrer gelenkt. Beziehung zwischen Schüler und Lehrer wird nicht verbessert. Lehrer läuft daher leicht Gefahr, über die Köpfe der Schüler hinweg zu reden
3.2. Der Schüler als Individuum und als Gruppenmitglied	Schüler wird als Individuum vernachlässigt. Keine Beziehungen der Schüler untereinander	Schüler wird hauptsächlich als Individuum benachteiligt. Beziehungen zu anderen Schülern werden vom Lehrer vermittelt
3.3. Aktivitäten des Schülers	Schüler hört zu, denkt mit und kann Notizen machen	Schüler hört zu, denkt mit, versucht Antworten zu formulieren. Schüler beantwortet vornehmlich Fragen des Lehrers, kann aber auch selbst fragen
3.4. Verhältnis Schüler-Lehrstoff	nur Lehrstoff, der für rezeptives Lernen geeignet ist	hauptsächlich Lehrstoff, der für rezeptives Lernen geeignet ist. (Re)produktives Lernen (d.h. nach Ablauf des Lernprozesses ist (Re)produktion von Lehrstoff möglich) wird durch Formulieren von Fragen und Antworten möglich.
3.5. Motivation	steht und fällt mit Qualität und Dauer des Vortrags	kann verstärkt werden, indem eigene Ergebnisse geäußert und akzeptiert werden. ‚Neue' Entdeckungen anderer können eigene Arbeit stimulieren

Klassengespräch	Gruppenarbeit	programmierter Unterricht	Projektarbeit
Schüler wird Gesprächspartner, der seinem Niveau gemäß am Gespräch teilnimmt. Einfluß auf das Geschehen in der Klasse ist sehr groß. Keine untergeordnete Rolle mehr. Lehrer kann besser Möglichkeiten der Schüler abschätzen	Schüler rufen bei Bedarf Lehrer zu Hilfe und besprechen mit ihm das selbstgestellte Problem. Lockere Stimmung hebt manche Lernbarrieren auf	Schüler bittet Lehrer um Hilfe, falls nötig	Schüler einer Gruppe formulieren ein Problem, das ihnen begegnet ist und besprechen es mit dem Lehrer
Schüler wird als Gruppenmitglied benachteiligt. Beziehungen innerhalb der Gruppe sind aber möglich	Schüler hauptsächlich Mitglied der Gruppe. Fühlt sich als Partner mitverantwortlich. Gefahr, daß Schüler sich zu sehr auf ihre Gruppe konzentrieren, wodurch Zwischenbeziehungen im Klassenganzen gestört werden	Schüler ist primär Individuum. Keine Beziehungen der Schüler untereinander	Schüler ist primär Mitglied der Gruppe. Verantwortung gegenüber den Partnern. Durch Konzentration auf die eigene Gruppe können Zwischenbeziehungen im Klassenganzen gestört werden
Schüler versucht, das Problem in den Griff zu bekommen, indem er Fragen stellt und Antworten kritisiert	jeder Schüler leistet in seiner Gruppe Beitrag zu Kenntnissen und Bildung seiner Partner. Da durch die Gruppe ein gewisser Zwang besteht, ist Schüler auf produktivem Niveau	Schüler sehr aktiv, da er fortlaufend Antworten geben muß	Schüler suchen selbst, u. U. unterstützt durch den Lehrer, nach Literatur, Hilfsmitteln usw. und sind sehr aktiv
Hauptsächlich Lehrstoff für rezeptives Lernen. Aber auch produktives Lernen ist möglich. Schüler kann sich produktivem Lernvorgang leichter entziehen als bei Gruppenarbeit	innerhalb der Gruppe direkter Kontakt zum Lehrstoff. Die Gruppenmitglieder sprechen viel über Lehrstoff. Maß des rezeptiven bzw. produktiven Lernens hängt stark von der Zusammenstellung des Lehrstoffs ab	viel Lehrstoff auf Produktionsniveau, aber wenig selbstentdeckendes Lernen	Schüler wählen Thema selbst (oder heißen es gut). Dadurch kann das Maß von rezeptivem oder selbstentdeckendem Lernen von Fall zu Fall sehr unterschiedlich sein
Schüler sind in das Geschehen einbezogen. Klassenklima meist recht gut	Gruppe kann gewissen Zwang zur Weiterarbeit ausüben. Schüler gibt in kleineren Gruppen leichter seine Unkenntnis zu als in größeren	bei sparsamer Anwendung hohe Motivation, da Schüler Tempo selbst vorgibt und bei jedem Schritt seine Fortschritte erkennen kann. Bei linearen Programmen (häufigste Form) Gefahr, gute Schüler zu langweilen	Große Motivation durch eigene Themenwahl, Arbeits- und Zeiteinteilung

4. Bedeutung der Unterrichts- und Lehrmittel	Dozieren	Lehrgespräch
4.1. Die Rolle des Lehrtextes	Hilfsmittel zur Wiederholung von Lehrstoff	wird meist nur zur Wiederholung von Lehrstoff eingesetzt. Kann aber auch als Hilfsmittel bei der Beantwortung von Fragen dienen
4.2. Der Inhalt des Lehrtextes		
4.3. Die Rolle der Unterrichtsmittel (Tafel, Overheadprojektor, Modelle usw.)	werden vom Lehrer zur Verdeutlichung seiner Absichten eingesetzt	werden vom Lehrer eingesetzt, um Fragestellungen zu verdeutlichen
4.4. Umfang der Unterrichts- und Lehrmittel		

Klassengespräch	Gruppenarbeit	programmierter Unterricht	Projektarbeit
Aufgaben aus dem Text können Gesprächsthema sein	wichtig als Informationsquelle und auch, um Fragen zu entnehmen	zentrale Stellung	wichtig als Informationsquelle für Grundkenntnisse und Techniken, als Nachschlagewerk und als Hilfsmittel, den Zusammenhang des Lehrstoffs herzustellen
	soll nicht zu viel, aber auch nicht zu wenig Information enthalten. Aufgaben müssen den Lehrstoff zielgemäß gliedern. Diskussionsmöglichkeit muß bestehen.	methodischer Aufbau, Schwierigkeitsgrad und Auswertungsweise sind vorgegeben. Bei durchsichtigem und geradlinigem Aufbau des Lehrstoffs ist lineares Programm angebracht. Sonst verzweigtes Programm	Durch die starke hierarchische Ordnung mathematischer Begriffe finden mathematische Themen nur schwer Platz in Projekten. Grundkenntnisse und -Techniken, die systematisches Üben erfordern, finden ebenfalls kaum in der Projektarbeit Platz. Nötigenfalls muß die Gruppe daher zeitweilig zu anderen Arbeitsformen übergehen
werden während des Gesprächs eingesetzt, um Fragen und Antworten zu verdeutlichen	klassische Hilfsmittel spielen eine geringe Rolle. Können zur Vermittlung allgemeiner Information benutzt werden	spielt fast keine Rolle	klassische Hilfsmittel spielen eine geringe Rolle. Können zur Übergabe von Information benutzt werden
	bei unterschiedlich begabten Gruppen ist umfangreiches Paket geeigneter Lehrstoffeinheiten, möglichst unterschiedlichen Niveaus, nötig	das Umsetzen eines Problems in ein mathematisches Modell ist schwer durch ein Programm zu vermitteln	Problemstudium erfordert Information aus vielen unterschiedlichen Quellen.

7. Die Tafel als Hilfsmittel

Schulbuch, Heft und Tafel, die als Informationsträger im Mathematikunterricht Dienst
tun, sind bis heute die wichtigsten Hilfsmittel geblieben. In letzter Zeit gewinnt der
Overheadprojektor immer mehr an Bedeutung. Andere Informationsträger wie Stecktafel,
Film, Dias, TV werden noch wenig oder gar nicht benutzt.

Dieses Kapitel beschränkt sich auf Informationen über den Gebrauch der Schultafel. Das
heißt nicht, daß der Schreiber kein Freund des Overheadprojektors ist, oder nicht die
große Bedeutung des Schulbuchs im Unterricht einsieht, genauso, wie man mit Lehr-
filmen oder Dias zielstrebig arbeiten kann.

In 6.2 findet man eine umfassende Übersicht über den Einsatz verschiedener Hilfsmittel
bei den einzelnen Arbeitsformen. Bei *Johnson* und *Rising* (Kap. 16, 17, 18) findet man
noch sehr viel mehr ausgezeichnete Informationen über Modelle, audiovisuelle Hilfsmittel
und Schulbücher.

Der Anblick sorgfältig angeordneter Information kann das verständige Lernen fördern.
Darum muß man von einem Lehrer erwarten, daß er sich bei der Stundenvorbereitung
auch Tafeleinteilung, sowie die Anwendung visueller und verbal-algebraischer Hilfsmittel
einschließlich der Farbwirkung genau überlegt.

7.1. Tafeleinteilung

Während der Schulstunde gelangen drei Informationsarten an die Tafel:

a) Symbole, die mit dem Lernen des neuen Lehrstoffs zu tun haben;

b) Symbole, die mit der Wiederholung wichtiger Fakten zu tun haben;

c) Symbole, die mit Zwischenrechnungen zu tun haben, die das Hauptproblem weiter-
bringen, aber nicht relevant für das Erlernen des neuen Lehrstoffs sind. (Unter neuem
Lehrstoff ist nicht nur neue Theorie zu verstehen, auch die Ausarbeitung einer Aufgabenstellung ist beispielsweise neuer Lehrstoff.)

Man tut gut daran, diese drei Informationsarten bei der Darstellung deutlich zu trennen.
Dabei wird von der üblichen Tafelkonstruktion ausgegangen, nämlich einer großen Mitteltafel mit zwei Seitentafeln.

Für die Praxis erscheint es zweckmäßig, eine der Seitentafeln, z.B. die linke, stets für die
Zusammenstellung der wichtigen Vorkenntnisse zu verwenden. Die andere Seitentafel
dient dann als ‚Schmiertafel‘ und zur Behandlung auftauchender Randprobleme. An der
großen Mitteltafel dagegen wird systematisch neue Information aufgeschrieben. Neben
dem didaktischen Vorteil der Übersichtlichkeit weiß auch jeder, der die neue Information
in sein Heft übertragen will, was er abzuschreiben hat (Bild 7.1).

Was man wissen muß	Was man erfährt	Schmier-tafel

Bild 7.1

Frage 1: Bei folgender Fragestellung ergibt sich die Notwendigkeit, sie ‚klassisch' zu behandeln: Die Gerade $y = 2x - 3$ wird an der Geraden $x = 3$ gespiegelt. Wie lautet die Gleichung der Bildgeraden?

a) Mit welchen Schwierigkeiten rechnen Sie?

b) Was wird wohl auf die einzelnen Tafeln geschrieben? (bei obenstehender Einteilung).

c) Können Sie dabei Farben sinnvoll einsetzen?

Frage 2: Sehen Sie sich die Verwendung der Tafel im Stundenplan in Kap. 10 an. Geben Sie dazu einen Kommentar!

7.2. Simultaner Gebrauch zweier Symbolarten

Abhängig von der Frage, ob eine zusammenfassende Übersicht oder eine analytische Gliederung gegeben werden soll, werden visuelle und verbal-algebraische Symbole verwendet. Das wurde schon in Abschnitt 5.1 behandelt.

In der Praxis geschieht dies oft gleichzeitig, wenn beispielsweise bei einem geometrischen Problem Figur und Text zusammenwirken sollen, um die Fragestellung zu verdeutlichen oder das Problem gar zu lösen. Ein Lehrer, der sich dieses Wissen zunutze machen will, kann das Zusammenwirken besonders dadurch fördern, daß er die visuellen und die verbal-algebraischen Symbole ihrem Auftreten nach aufschreibt, wodurch auch der zeitliche Zusammenhang sichtbar wird.

Eine konsequente Anwendung von Farbe als visuelles Symbol ist dabei nicht zu unterschätzen. Etwa, wenn man bei einer Funktion besonderen Nachdruck auf Definitions- und Wertebereich legen will. Dann kann man alles, was mit dem Definitionsbereich zu tun hat rot, und was mit dem Wertebereich zu tun hat grün schreiben, und zwar sowohl die visuellen als auch die verbal-algebraischen Symbole.

Frage 3: Verwenden Sie dies bei folgendem Problem: Welche Werte können x und y annehmen, wenn $2x^2 + 2y^2 = 6$ ist? Stellen Sie sich vor, was dazu an die Tafel geschrieben und gezeichnet wird (auch an die Seitentafeln). Unterstellen Sie dabei, daß Ihre Schüler in diesem Zusammenhang noch nichts von Ellipsen gehört haben!

Frage 4: Dieselbe Fragestellung für den Satz: Die Mittellote eines Dreiecks gehen durch einen Punkt.

7.3. Die visuelle Wirkung verbal-algebraischer Symbole

Zur Verdeutlichung von Gesetzmäßigkeiten kann man algebraischen Symbolen visuelle Effekte geben. In den folgenden Beispielen wird gezeigt, wie dieser Effekt noch durch Farbe gesteigert werden kann. Der Leser wird gebeten, die Beispiele abzuschreiben und dabei alles kursiv gedruckte rot zu schreiben und alles fettgedruckte grün. Die gestrichelten Linien der Figur sollen ebenfalls rot und alle strichpunktierten Linien grün gezeichnet werden.

Beispiel A:

$$x^2 + 4x + 6 = x^2 + 2 \cdot 2 \cdot x \qquad\qquad + 6$$
$$= x^2 + 2 \cdot 2 \cdot x + 2^2 - 4 + 6$$
$$= (x + 2)^2 + 2$$
$$p^2 + 6p - 1 = p^2 + 2 \cdot 3 \cdot p \qquad\qquad - 1$$
$$= p^2 + 2 \cdot 3 \cdot p + 3^2 - 9 \ - 1$$
$$= (p + 3)^2 - 10$$
$$y^2 - 9y \quad = y^2 - 2 \cdot 4\tfrac{1}{2} \cdot y$$
$$= y^2 + 2 \cdot 4\tfrac{1}{2} \cdot y + \left(4\tfrac{1}{2}\right)^2 - 20\tfrac{1}{4}$$
$$= \left(y - 4\tfrac{1}{2}\right)^2 - 20\tfrac{1}{4}$$

N.B. Achten Sie auch auf die Wirkung der räumlichen Einteilung.

Beispiel B:

$$f'(x) = \lim_{h \to 0} \frac{f(x + h) - f(x)}{h}$$

$$g(x) = \sqrt{x} \qquad \Rightarrow g'(3) = \lim_{h \to 0} \frac{\sqrt{3 + h} - \sqrt{3}}{h}$$

$$F(x) = 3x^2 - 2x \ \Rightarrow F'(0) = \lim_{h \to 0} \frac{\{3(0 + h)^2 - 2(0 + h)\} - \{3(0)^2 - 2(0)\}}{h}$$

$$C(x) = 5 \qquad \Rightarrow C'(p) = \lim_{h \to 0} \frac{\{5\} - \{5\}}{h}$$

N.B. Achten Sie hier auf die visuelle Wirkung der eigentlich überflüssigen Klammern und der Akkoladen.

Beispiel C:

$$2x + 3y = 12$$
$$x - \ y = \ 1$$

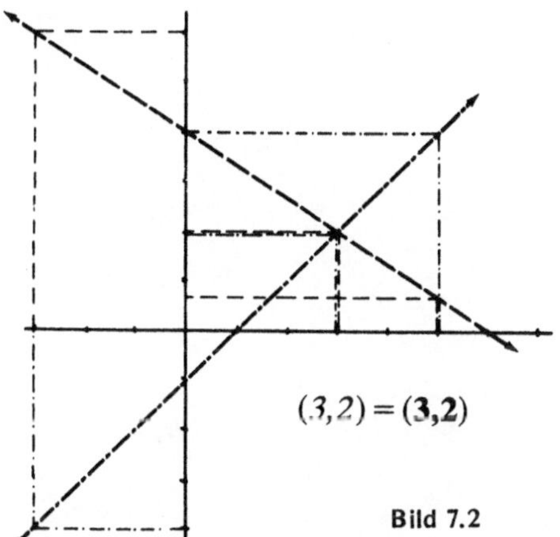

Bild 7.2

1. Gleichung		**2. Gleichung**	
x	y	x	y
−3	+6	−3	−4
5	$\tfrac{2}{3}$	5	4
3	2	3	2

Frage 5: Entwerfen Sie einen vollständigen Arbeitsplan, um die Kenntnis der Formel $\cos(\pi - a) = -\cos a$ für alle $a \in \mathbb{R}$ zu vermitteln.

Gehen Sie dabei von der Definition des $\cos$ am Einheitskreis aus (siehe 9.6.1).

Frage 6: Entwerfen Sie einen vollständigen Arbeitsplan für: ‚Die Quadratwurzel von a läßt sich annähern durch den Algorithmus, der durch die Formel

$$a_{n+1} = \frac{1}{2}\left(a_n + \frac{a}{a_n}\right)$$

symbolisiert wird.'

Frage 7: Das gleiche für Kenntnis, Beweis und Anwendung des Satzes: Eine Gerade, die parallel zur Seite $\overline{AB}$ des Dreiecks ABC verläuft, schneidet die Seiten $\overline{CA}$ und $\overline{CB}$ bzw. deren Verlängerungen in P und Q, und zwar so, daß

$$\frac{\overline{CP}}{\overline{CA}} = \frac{\overline{CQ}}{\overline{CB}}.$$

Frage 8: Warum soll man nicht alle Figuren mit Zirkel und Lineal an die Tafel zeichnen?

Frage 9: Überlegen Sie sich bitte vier verschiedene Symbole (Diagramme) für eine Funktion von $\mathbb{R}$ nach $\mathbb{R}$. Nehmen Sie z.B. $x \to |x| + |x - 3|$. Überlegen Sie sich dazu auch die entsprechenden Situationen.

N.B. Die Verwendung dieser Symbole muß natürlich nicht auf die Schultafel beschränkt bleiben.

Frage 10: Doch noch etwas über Schulbücher: Untersuchen Sie bitte verschiedene Schulbücher! Worin unterscheiden sie sich? Wie können sie eingesetzt werden? Nennen Sie einige Kriterien, die Sie anwenden können, um Schulbücher zu vergleichen. (Wenn Ihnen gar nichts einfällt, können Sie mal bei 11.10 nachsehen.)

8. Fragen und Aufgaben

Fragen und Aufgaben können im Unterricht verschiedene Funktionen wahrnehmen. Das soll verdeutlicht werden:

Frage 1: Stellen Sie bei jeder der folgenden Fragen und Aufgaben fest, welche Rolle sie im Lernprozeß spielen. (Kommen Sie mit dieser Frage nicht zurecht, so lesen Sie bitte zuerst dieses Kapitel und versuchen es dann noch einmal.)

a) (Zitat aus *J. A. Hartman und P. M. van Hiele:* Van A tot Z voor het I.t.o., Teil 2, Purmerend 1973. Die Schüler kennen die Bedeutung von 10^0, 10^{-1}, 10^{-2} usw.)

Die Darstellung sehr kleiner Zahlen

Auch beim Schreiben sehr kleiner Zahlen ist es üblich, die Zahl vor der Zehnerpotenz zwischen 1 und 10 zu wählen. Für 0,003 schreibt man daher $3 \cdot 0{,}001 = 3 \cdot 10^{-3}$, für 0,000 276 schreibt man $2{,}76 \cdot 0{,}000\,1 = 2{,}76 \cdot 10^{-4}$

Schreibe in derselben Weise:

A. 0,07	=	0,09	=
0,019	=	0,007 5	=
0,001 72	=	0,000 347	=
B. 0,342	=	0,000 02	=
0,003	=	0,023 3	=
0,032	=	0,111 1	=
0,43	=	0,004 53	=
0,234	=	0,030 4	=

b) (Aus einer schriftlichen niederländischen Abschlußprüfung.)

Die Gleichung $(x - 6)^2 = 0$ ist gleichwertig mit

A. $x - 6 = 0$

B. $x^2 - 6x = 0$

C. $x^2 - 36 = 0$

D. $x^2 + 36 = 0$

c) (Zitat aus *J. van Dormolen:* Analyse, Arbeitsbuch 1, Den Haag 1970. Die Aufgabe steht ganz am Anfang des Kapitels über Stetigkeit und Grenzwerte. *Bemerkung:* In (H) ist der Begriff ‚unstetig' falsch formuliert. S_2 ist stetig, wenn auch nicht durchgehend)

Gegeben ist die Funktion $\quad f: \text{IR} \to \text{IR}: x \to \frac{1}{4} x^2$

A. Vervollständige: Folgende Punkte liegen auf dem Graph von f: A (2;–), P (0;–), Q (1;–), R (3;–), S (4;–).

B. Trage diese Punkte in ein Achsenkreuz ein und zeichne den Graphen von f (Einheit 2 cm).

C. Berechne den Anstieg (Richtungskoeffizient) von AP, AQ, AR, und AS.

D. Vervollständige: Für jedes $h \neq 0$ liegt T (2 + h;–) auf dem Graph von f und definiert eine Gerade AT. Warum ist eine solche Gerade nicht für h = 0 definiert?

E. Berechne den Anstieg $S_2(h)$ der Geraden AT für jedes $h \neq 0$.

F. Für $S_2(h)$ ergibt sich ein Bruch, der sich vereinfachen läßt. Führe dies durch!

G. Die Funktion $S_2: \text{IR} \setminus \{0\} \to \text{IR}: h \to S_2(h)$ kann mit Hilfe des Pfeildiagramms in Bild 8.1 dargestellt werden. Zeichne diese Figur ab und trage noch ein paar Pfeile ein. Nimm vor allem Urbilder aus der Umgebung von 0.

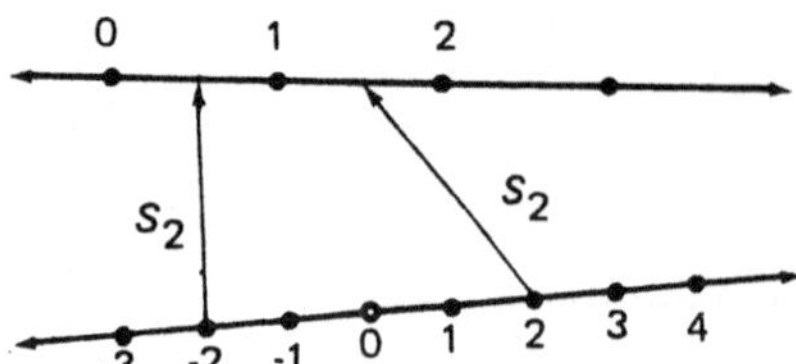

Bild 8.1

H. $S_2(h)$ ist für $h = 0$ nicht definiert. Darum nennen wir S_2 in 0 unstetig. Will man auch 0 als Urbild zulassen, muß man $S_2(0)$ geeignet definieren. Wie?

I. Dieses $S_2(0)$ kann man wie alle anderen $S_2(h)$ als Anstieg einer Geraden durch A deuten. Was hat diese Gerade dann mit dem Graph von f zu tun?

d) (Aus einer Schulstunde. Von einem Quadrat sind eine Ecke und der Diagonalenschnittpunkt gegeben. Einige Schüler können das Quadrat nicht konstruieren.)

Frage des Lehrers: „Wie könnt Ihr wohl dahinter kommen?"

A. Fragen und Aufgaben können dazu benutzt werden, um zu untersuchen, ob die Schüler bestimmte Kenntnisse und Fertigkeiten besitzen. Man nennt sie dann Tests, Prüfungsaufgaben, Kontrollfragen usw. In 8.1 werden Probleme, die damit zusammenhängen, besprochen.

B. Fragen und Aufgaben können eingesetzt werden, um Schülern Routine zu geben. Sie heißen dann *Übungen,* Rechenexempel, Aufgaben usw. Über diesen Typ wird in diesem Kapitel nichts gesagt (siehe Abschnitt 5.3.2)

C. Fragen und Aufgaben können in der Sortierphase den Schülern helfen, sich neue Begriffe, Sätze und Verfahren anzueignen (d.h. in bestehende Schemata zu assimilieren). Hier spricht man von *explorierenden Aufgaben.* In Kapitel 4 wurden sie Beispiele genannt, doch sollte es klar sein, daß Beispiele nicht immer fix und fertig gegeben werden müssen. Explorierende Aufgaben haben vielmehr das Ziel, den Schüler die Beispiele selbst entdecken zu lassen (siehe auch 5.3.3).

D. Fragen und Aufgaben können als *Hilfsmittel* verwendet werden, *um langfristige Ziele zu verfolgen,* beispielsweise (siehe auch 2.7):

— entscheiden können, ob ein Algorithmus umständlich ist;

— aus einem Beispiel einen Satz herleiten können;

— eine übersichtliche und zusammenhängende Lösung eines Problems schriftlich niederlegen können.

Auf diesen Typ von Fragen und Antworten wird in 8.2 eingegangen.

Frage 2. In welche dieser vier Kategorien ordnen Sie die Frage 1 ein?

8.1. Tests

Ein Test ist eine Frage oder Aufgabe, mit der untersucht wird, ob der Schüler bestimmte Kenntnisse oder Fertigkeiten besitzt. Die Beantwortung des Tests führt zu einer *Bewertung* des Lernprozesses.

Bewertung kann *Selektion* oder *Diagnose* zum Ziel haben. Man spricht von Selektion, wenn man feststellt, ob der Schüler die geforderten Kenntnisse und Fertigkeiten besitzt, nicht besitzt oder nur teilweise besitzt. Der zugehörige Test heißt dann auch selektiver Test. Ein selektiver Test führt stets zu einer Notengebung oder einer ähnlichen Beurteilung.

Man spricht von Diagnose, wenn man aus Testantworten Rückschlüsse über die Ursachen des teilweisen oder völligen Versagens oder auch Gelingens ziehen will, um damit nötigenfalls eine Nachsteuerung des Lernprozesses durchzuführen. Ein solcher Test heißt auch diagnostischer Test.

Frage 3: Erklären Sie, warum es sich bei den nachfolgenden Absätzen a und b um selektive Tests handelt, bei c und d um diagnostische und bei e um einen Test, der sowohl selektiv als auch diagnostisch ist.

a) Der Lehrer hört Hausaufgaben ab, stellt fest, daß A auf diesbezügliche Fragen keine Antwort gibt und schreibt eine schlechte Note in sein Notizbuch.

b) Ein Schüler löst eine Reihe von Aufgaben über Faktorenzerlegung, prüft sie an Hand einer Ergebnisliste nach und stellt zufrieden fest, daß er alles richtig hat.

c) Bei der Vorbereitung auf eine Klassenarbeit über Spiegelungen und Drehungen merkt ein Schüler, daß er vergessen hat, wie man ein Mittellot konstruiert. Er sucht daher in seinem Buch die Konstruktionsbeschreibung und macht ein paar Übungen dazu.

d) Ein Lehrer versucht an Hand von Sortierbeispielen konvexe Mengen zu erklären (siehe auch 4.3.4). Dabei fragt er, ob die Menge in Bild 8.2 konvex sei und stellt zu seiner Verwunderung fest, daß viele Schüler diese Frage bejahen. Als er nach dem Grund fragt, begründen sie es damit, daß die Menge keine ‚Einbuchtung‘ habe. Darum zeichnet er noch mehr Mengen ohne Einbuchtung aber mit Löchern und auch Mengen mit beidem und erklärt, daß alle nicht-konvex sind.

e) Eine Klassenarbeit fällt sehr schlecht aus. Der Lehrer benotet sie, geht bei der Besprechung auf die Fehler ein und versucht mit seinen Schülern die Gründe dafür zu finden. Danach bietet er den Schülern mit mangelhaften Noten eine Extra-Klassenarbeit an, deren Noten dann die entgültigen seien.

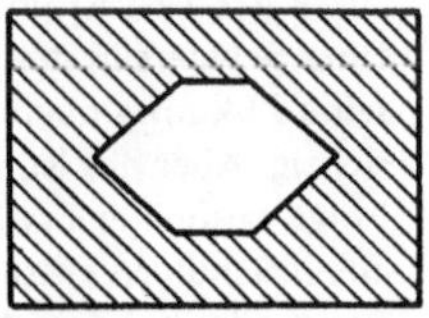

Bild 8.2

Zusammenfassend kann man sagen, daß beide Testarten untersuchen, ob der Unterricht zum erwünschten Ergebnis führte. Der Unterschied liegt mehr in dem, was dann aufgrund dieses Untersuchungsergebnisses gemacht wird.

Werden diejenigen, die sich dem Test unterzogen haben, anschließend zu bestimmten Lernaktivitäten veranlaßt, kann man von einem diagnostischem Test sprechen. Stellt man dagegen nur fest, ob der Schüler ein gestelltes Ziel erreicht hat oder nicht, so hat man selektiv getestet.

Bemerkungen:

1. Mit dem Entwurf von Unterrichtslehraktivitäten muß man nicht warten, bis der (diagnostische) Test erfolgt ist, die Antworten analysiert wurden und die Auswertung des vorangegangenen Lernprozesses vorliegt. Viele Fehler sind voraussagbar, so daß man von vornherein die nötigen Wiederholungsprogramme bereitstellen kann. Das ist vor allem bei Multiple-Choice-Fragen gut möglich. Solche Test finden sich auch bereits in einigen guten Lehrbüchern. Da wird dann genau angegeben

welcher Teil des Lehrstoffs vom Schüler wiederholt werden muß, wenn bestimmte Fragen falsch beantwortet wurden. Das ist zwar nicht ideal, da möglicherweise der angegebene Lehrstoff weniger geeignet ist und der Schüler ein anderes Programm haben müßte — aber das läßt sich kaum ändern.

2. Aus der Beschreibung des Begriffs Test am Anfang dieses Abschnitts wird deutlich, daß mit diesem Wort nicht nur Endkontrollen, z.B. Klassenarbeiten, gemeint sind. Die schematische Übersicht des Unterrichtsarbeitsplans Didaktische Analyse (siehe 1.2.3) könnte dies suggerieren, da dort die Komponente ‚Bewertung' ganz unten steht.

Man kann aber auch eine Unterrichtsstunde mit einem diagnostischen Test beginnen, um festzustellen, ob die Schüler den erwarteten Anfangszustand haben. Eine einfache Frage, wie: „Wer kann erzählen, was letzte Stunde daran war?" ist solch ein Test. Ein anderes Beispiel eines diagnostischen Tests ist eine Aufgabe, die zeigen soll, ob die Schüler die notwendige Abstraktion eines Begriffs erreicht haben. Ein letztes, wenngleich schlechtes Beispiel eines diagnostischen Tests ist die Frage: „Habt ihr das gut verstanden?"

3. Die Bewertung des Lernprozesses durch einen Test kann einen Lehrer veranlassen, seinen Unterricht in einer anderen Klasse umzugestalten. Das folgt zwar direkt aus der Diagnose der Ursachen für die aufgetretenen Fehler, dennoch handelt es sich hier um einen selektiven und nicht um einen diagnostischen Test, da die Diagnose nicht den getesteten Schülern zugute kommt.

4. Lehrer machen gern den Fehler, Tests auf einem höheren Niveau zu machen als jenes, auf dem sich die Schüler während des Unterrichts bewegten. Das wird dann mit der Bemerkung gerechtfertigt, daß die Schüler zeigen sollen, ob sie die erlernten Kenntnisse auch anwenden können. Man vergißt dabei, daß Arbeiten auf höherem Niveau nicht angeboren ist, sondern erlernt werden muß (von einzelnen Ausnahmen abgesehen, die man dann ‚hochbegabte Schüler' zu nennen pflegt). Die Ursache dieses Fehlers liegt oftmals im Schulbuch begründet: der Lehrer möchte zwar seine Schüler zum Arbeiten auf höherem Niveau führen, doch findet er in den Schulbüchern dazu zu wenig Übungsstoff.

Ein Lehrer, der diesen Fehler macht, muß sich gründlich klar machen, daß er selektiv und nicht diagnostisch testet.

5. Es gibt noch eine dritte Art von Tests, nämlich die sog. *prognostischen Tests.* Sie sollen voraussagen, inwieweit jemand für ein bestimmtes Studium oder einen bestimmten Beruf geeignet ist. Diese Art Test ist im weiterführenden Unterricht noch fast unbekannt. Auf Grund des Verhaltens eines Schülers in der Klasse und seinen Ergebnissen bei Klassenarbeiten glaubt man als Lehrer oft, seine Zukunftsmöglichkeiten beurteilen zu können. Erfahrene Lehrer liegen da auch häufig richtig. Aber das ist mehr eine Folge guter Intuition auf Grund jahrelanger Erfahrungen, als eine Folge rationaler Erwägungen. Einem Lehrer stellt sich dieses Problem, wenn sich ein Schüler für einen Schultyp entscheiden muß (verschieden ausgerichtete Gymnasien, Realschule, Fachschulen usw.) oder bei der (Ab)Wahl bestimmter Fächer in der Oberstufe. Über prognostische Tests besteht noch weitgehend Unsicherheit. Auch in diesem Buch wird nicht weiter darauf eingegangen.

6. Da es über selektive Tests viel gute Literatur gibt, wird darüber in diesem Buch ebenfalls nichts gesagt.

Frage 4: Warum sind Multiple-Choice-Fragen besser geeignet als offene Fragen, Wiederholungsprogramme im voraus vorzubereiten (siehe Bemerkung 1)?

Frage 5: Warum ist die Frage: „Habt Ihr das gut verstanden?" kein besonders guter diagnostischer Test (siehe Bem. 2)?

Um einen diagnostischen Test gut auszuwerten, muß der Lehrer:

● Fehler analysieren können (siehe weiter 8.1.1);

● richtige Antworten analysieren können in dem Bewußtsein, daß diese nicht immer ein Beweis für erreichte Lernziele sind (8.1.2);

● Fragen und Bemerkungen der Schüler analysieren können, die nicht direkt eine Frage oder Aufgabe des Lehrers beantworten (8.1.3).

8.1.1. Analyse falscher Antworten

Bei einer Fehleranalyse geht es nicht primär darum, eine Antwort zu verbessern, sondern vielmehr darum, die Fehlerursache aufzuspüren. Ist das geschehen, kann man:

- eine Theorie entwerfen, d.h. Lehraktivitäten entwickeln, die dem betroffenen Schüler Gelegenheit geben, seine Fehler zu verbessern und in Zukunft zu vermeiden (siehe auch Bem. 1 in 8.1);

- präventive Maßnahmen ergreifen, d.h. Lehraktivitäten, die bei anderen Schülern die Gefahr für das Auftreten dieses Fehlers verringern.

Um dem Lehrer zu helfen, ein Gefühl für die Fehleranalyse zu entwickeln, werden nun vier typische Fehler besprochen. Dabei werden auch mögliche Ursachen und damit zusammenhängende präventive Maßnahmen genannt. Schließlich werden noch einige Therapien empfohlen.

8.1.1.1. Vier Typen von Fehlern

Ein bekanntes Witzchen sagt, daß $\frac{16}{64}$ gleich $\frac{1}{4}$ ist, weil ‚man die sechs aus dem Zähler gegen die sechs aus dem Nenner wegstreichen kann.' Dieser Fehler taucht in der Praxis selten auf. Weniger witzig ist, daß artgleiche Fehler bei anderen Gelegenheiten sehr wohl vorkommen. In der folgenden Frage werden ein paar davon geschildert, sie begegnen wohl jedem Lehrer einmal:

Frage 6: Versuchen Sie, für die folgenden Fehler gemeinsame Gründe zu nennen. Was würden Sie tun, wenn ein Schüler solche Fehler macht? Wie würden Sie versuchen, solchen Fehlern in der Zukunft zuvorzukommen?

a) Der Ausdruck $\frac{a+b}{a-b}$ wird zu -1 umgeformt, denn nach dem ‚Streichen' der a's bleibt $\frac{+b}{-b}$ übrig, und das gibt -1.

b) Aus $3(x-5) = 8$ wird $x-5 = 8-3$ gemacht, denn wenn man eine Zahl auf die andere Seite bringt, verändert sich ihr Vorzeichen.

c) Bild 8.3: DE ∥ AB und BE ist dreimal so groß wie CE. Daraus folgt: AB = 30.

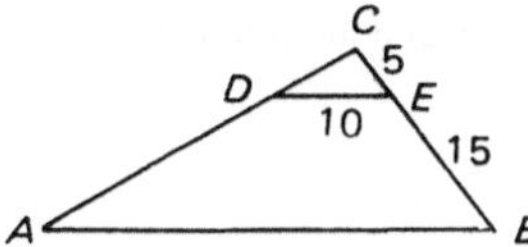

Bild 8.3

Man kann solche Fehler nicht einfach mit ‚schludrig', ‚denk doch mal nach' u. dgl. abtun, denn damit wird dem Schüler auf lange Sicht nicht geholfen.

Das merkwürdige bei dieser Art Fehlern ist, daß offenbar algebraische Symbole zu Signalen wurden. Ausdrücke wie ‚streichen' und ‚auf die andere Seite bringen' werden wörtlich genommen. Die Signale, also Zeichen, die eine Handlung suggerieren, haben sich von dem Begriff vollständig gelöst, die Zeichen haben ihren Symbolcharakter verloren. Diese Fehler werden durch das Wort *Signalfehler* gut typisiert. In den Niederlanden spricht man auch vom ‚banketletterfout'; „'banketletters' sind Buchstaben oder Ziffern aus Zuckerwerk, die bei Familienfesten sehr beliebt sind." (*der Übersetzer*). Die Schüler behandeln Zahlen und Variablen wie solche ‚banketletters', sie nehmen sie auf und legen sie woanders wieder hin.

Frage 7: Versuchen Sie zu erklären, warum die folgenden Fehler (vermutlich) Signalfehler sind.

a) $\sin x > \sin 2x \Rightarrow x > 2x + 2\pi k$ ($k \in \mathbb{Z}$)

b) $\alpha + \beta = 180°$, also $\alpha = \beta = 90°$

c) $-12 + 6 = -18$

Ebenfalls häufig tritt ein Fehlertyp auf, den man *Analogiefehler* nennen kann. Kennzeichnend hierbei ist, daß Schüler bestimmte Algorithmen anwenden, ohne sich um einschränkende Voraussetzungen zu kümmern. Ein paar typische Beispiele sind:

a) $\sqrt{(a + b)}$ ist ungleich $\sqrt{a} + \sqrt{b}$.

b) $\log x < 2 \Rightarrow x < 100$.

c) Wenn zwei Geraden senkrecht aufeinander stehen, ist $m_1 \cdot m_2 = -1$.

Frage 8: Das Wort Analogiefehler suggeriert, daß die Schüler analoge Situationen gewöhnt sind, deren Aussagen durchaus richtig sind. Was für Situationen könnten das bei den obengenannten Fehlern sein? Wo könnten die Ursachen liegen? Was würden sie dabei und dagegen tun?

Eine dritte Art von Fehlern entsteht, wenn Schüler bestimmte Begriffe nicht oder nicht richtig in Symbole umsetzen, z.B.:

a) $\{3\} \in \{1, 2, 3, 4, 5\}$.

b) Das Minimum von $x^2 - 2x + 3 = 0$ ist 2 für $x = 1$.

c) $12 =$ teilbar durch 6.

Es ist klar, warum man hier von *Übersetzungsfehlern* reden kann.

Eine vierte häufig vorkommende Art ist der *Fehler aus Unvermögen*. Dieser Fehler wird von Schülern gemacht, bei denen der Faden bereits gerissen ist, und die dann auf's Geradewohl etwas sagen oder hinschreiben. Dazu ein Beispiel. (wie alle Beispiele dieses Kapitels ist auch dieses historisch)

Aufgabe: Beweise, daß $3x^2 + 12x$ einen kleinsten Wert besitzt, bestimme diesen und auch den zugehörigen x-Wert.

Antwort: $\quad 3x^2 + 12x = 3(x^2 + 4x) = 3x(x + 4)$

$$3x^2 + 12x = 0 \quad \text{wenn} \quad x = -4$$

Es gibt keinen größten oder kleinsten Wert, denn:

$3(-4)^2 + 12(-4) = 0 \Rightarrow 3 \cdot 16 + -48 = 0 \Rightarrow 48 - 48 = 0$

Bemerkung: Die altertümliche Terminologie wurde aus Gründen der Authentizität benutzt.

Zusammenfassung: Es wurden vier häufige Fehlertypen genannt:

- Signalfehler: Begriffsbezeichnende Symbole werden zu Zeichen, die eine Handlung auslösen.

- Analogiefehler: Algorithmen und Eigenschaften werden in falschen Situationen verwendet.
- Übersetzungsfehler: Begriffe werden mit falschen Symbolen dargestellt.
- Fehler aus Unvermögen: In höchster Not tut der Schüler einfach irgendetwas.

Frage 9: Versuchen Sie, folgende Fehler einer (oder mehreren) der genannten Kategorien zuzuordnen.

a) Der Graph von $x \rightarrow f(x + 1)$ entsteht aus dem von f, wenn man diesen um 1 nach rechts verschiebt.

b) $\sqrt{x}$ ist immer positiv oder Null.

c) $\log a + \log b = \log ab$.

d) Ein Parallelogramm ist eine achsensymmetrische Figur.

e) Eine Asymptote hat keinen Punkt mit dem Graph gemeinsam.

f) Die Integralkurve zu $y' = y - x$, die durch den Punkt (1,0) geht, ist die Gerade mit der Gleichung $y = 1 - x$.

g) Diese Geraden stehen $\perp$ aufeinander.

h) $a^2 + a^2 = 2a^4$.

i) Die Vorzeichenübersicht von $(x - 2)^2 (x - 1)$ ist (Bild 8.4)

k) Bild 8.5:

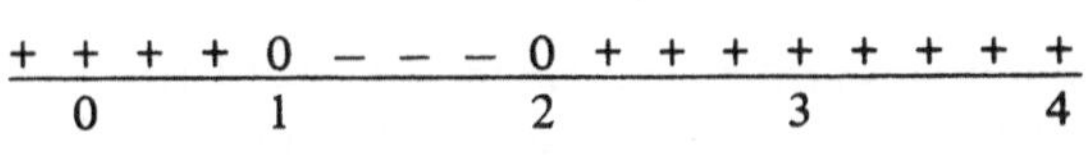

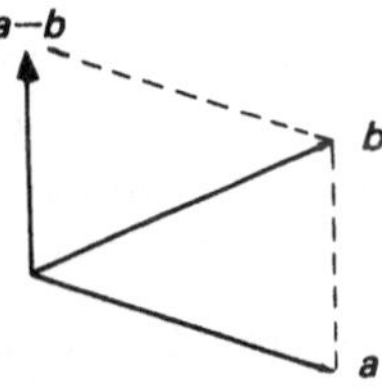

Bild 8.4

Bild 8.5

8.1.1.2. Ursachen und mögliche Maßnahmen

Die meisten der beschriebenen Fehler entstehen dadurch, daß die Schüler zu wenig Zeit für Sortierübungen hatten. Normalerweise liegt das an einem zu stark *produktorientierten* Unterricht, dem Streben nach kurzfristigen Zielen. Das ist gut zu verstehen: Einerseits fühlt sich der Lehrer mehr oder weniger durch die Menge des Stoffes überlastet und befürchtet, ‚mit dem Stoff nicht fertig zu werden.' Zum zweiten sind die Ergebnisse eines produktorientierten Unterrichts direkt nachweisbar. Sind die Ergebnisse gut, verschafft das große Befriedigung. Wer dagegen langfristige Ziele mit einem *prozeßorientierten* Unterricht verfolgt, bleibt viel mehr im Ungewissen über seinen eigenen Anteil an der Entwicklung der Schüler.

Beide Faktoren — die Angst, mit dem Stoff nicht fertig zu werden und das Bedürfnis nach klar nachweisbaren Ergebnissen — bedingen, daß der Lehrer durch Kürzen der so wichtigen Sortierphase Zeit gewinnen möchte. Dazu läßt er die Schüler weniger Beispiele als eigentlich nötig untersuchen, oder er führt die Sortierübungen selbst vor (siehe Abschnitt 5.3). Die Folge ist, daß sich die Schüler in der genauso wichtigen Verarbeitungsphase auf auswendig gelernte, aber nicht begriffene Algorithmen verlassen, die man dann besser Rezepte nennt. (‚Eine Methode ist ein Rezept, das man begriffen hat'.)

Frage 10: Ein Lehrer wird mit einiger Mühe von seinen Kollegen überredet, seine Schüler selbst einmal einen Abschnitt des Schulbuchs durcharbeiten zu lassen. Nach einer kurzen Orientierungsphase in Form eines Lehrgesprächs (ca. 10 min) gingen die Schüler tatsächlich selbst an die Aufgaben heran.

Es wurde konzentriert, aufmerksam und sehr ruhig gearbeitet. Der Lehrer ging herum, ermutigte nötigenfalls, half Schülern über Klippen hinweg. Hinterher sagte er, daß die Schüler tatsächlich hart gearbeitet hätten und daß die Atmosphäre sehr angenehm gewesen wäre, aber daß er doch zwei Einwände hätte. Wenn er nämlich die Aufgaben in Form eines Lehrgesprächs behandelt hätte, wäre er sicher weiter gekommen, als nun die meisten Schüler wären. Ferner seien durch die verwendete Arbeitsform Tempounterschiede aufgetreten, so daß nicht alle Schüler gleichweit gekommen wären. Auf die Dauer müsse das zu Problemen führen.
Was würden Sie entgegnen?

Zusammenfassend läßt sich sagen, daß Schüler eine genügend lange Sortierphase durchlaufen müssen, bis sie die erforderliche Abstraktion erreicht haben. Man darf nicht versuchen, einen Mangel dieser Phase durch viel Übung bei der Verarbeitung zu kompensieren, da die Gefahr groß ist, daß die Schüler dann nicht begriffene Eselsbrücken lernen. Nun werden einige Unterrichtsaktivitäten vorgeschlagen, die helfen können, diese Gefahr zu verringern.

a) *Formulieren Sie* Sätze, Begriffe und Methoden. Bitten Sie auch Ihre Schüler darum. Benutzen Sie beispielsweise keine Ausdrücke wie ,streichen', ,auf die andere Seite bringen', wenn Sie genau so leicht sagen können: ,Zähler und Nenner teilen' und ,von beiden Seiten subtrahieren'.

   Benutzen Sie keine Eselsbrücken, die kurzfristig erfolgreich sein mögen, aber langfristig danebengehen, wie das berüchtigte: ,3a + 5a = 8a, denn drei Äpfel und fünf Äpfel sind acht Äpfel.'

b) *Lassen Sie sich erklären* (explizieren), was die Schüler in der gegebenen Situation getan haben. Fragen Sie regelmäßig nach dem Warum ihrer Handlungsweise. Tun Sie dies unbedingt während des Lernprozesses, aber auch, wenn Sie bestimmte Techniken in ungewohnten Situationen anwenden.

c) *Lassen Sie regelmäßig* die benutzten Symbole *übersetzen*. z.B.: ,Was bedeuten die beiden waagerechten Striche in AB = AC?' ,Was bedeutet der Doppelpfeil in $3x - 2 = 5 \Longleftrightarrow 3x = 7$?' ,Ist ein Quadrat eine Raute?'

d) *Schieben Sie Schwierigkeiten nicht (zu lange) auf.* Wählen Sie nicht zu einfache Sortierbeispiele: Es entsteht sonst Rauschen durch fehlende Information (4.3.7). Schenken Sie den einschränkenden Voraussetzungen einer Eigenschaft viel Aufmerksamkeit, oder lassen Sie das besser noch Ihre Schüler tun.

   Hier liegt ein großes Problem. Geht man zu schnell zu komplizierteren Beispielen über, beispielsweise zu ,durch Null dividieren' ohne daß der Begriff ,teilen' genügend assimiliert wurde, kann das eine unzulässige Vermischung verschiedener Begriffe verursachen. Andererseits darf man auch nicht so lange mit den zusätzlichen Schwierigkeiten warten, bis der allgemeine Teil so eingefahren ist, daß erste eine langwierige und eigentlich vermeidbare Akkomodation stattfinden muß. Ein guter Mittelweg ist oftmals ein Lehrgespräch oder eine Diskussion, wo man an Hand eines Beispiels die Komplikationen gemeinsam durchspricht. Man darf aber nicht ohne weiteres verlangen, daß die Schüler das Problem selbständig lösen.

e) Eine gute Weise zur Behebung derartiger Komplikationen ist, die Schüler *selbst falsche Aussagen korrigieren* zu *lassen.* Hier sind einige Beispiele:

1. Welche der folgenden Aussagen sind wahr? Gib bei jeder falschen Aussage an, wo der Fehler liegt, oder nenne ein Gegenbeispiel. (Versuchen Sie zu sagen, was die betreffenden Schüler gezielt tun sollten.)

   A. $\dfrac{3a+6}{6}$ wird vereinfacht zu $\dfrac{a+2}{2}$.

   B. $\dfrac{3b+3}{6}$ wird vereinfacht zu $\dfrac{b}{2}$.

   C. $\dfrac{d^2+c^2}{d+c}$ wird vereinfacht zu $d+c$.

   D. $\dfrac{e^2+f^2}{e-f}$ wird vereinfacht zu $e-f$.

2. Welche der folgenden Behauptungen ist wahr? Nenne zu falschen Behauptungen Gegenbeispiele!

   A. Sind f und g stetig, so ist auch f + g stetig.

   B. Ist f stetig und g unstetig, so ist f + g unstetig.

   C. Sind f und g unstetig, so ist auch f + g unstetig.

   D. Sind f und g unstetig, so ist f + g stetig.

3. Folgende Aussagen sind falsch. Warum?

   A. $\sqrt{a+b} \neq \sqrt{a} + \sqrt{b}$.

   B. Aus $x^2 = 3x$ folgt $x = 3$.

   C. $15 + 38 = 38 + 15$, denn addieren ist kommutativ.

   D. $a \cdot 0 = 0$ ist eine wahre Behauptung.

4. Folgende Aussagen sind falsch. Warum?

   A. Das Produkt zweier Spiegelungen ist eine Drehung.

   B. Aus $f'(x) < 0$ für $x < 3$ und $f'(x) > 0$ für $x > 3$ folgt: $f(3)$ ist ein Minimum.

   C. $|x| = -x$ ist unmöglich, da $|x|$ positiv oder Null ist.

   D. Eine Menge A kann nicht gleichzeitig Teilmenge und Element einer Menge B sein.

Bemerkung: Läßt ein Lehrer seine Schüler solche Probleme untersuchen, verfolgt er damit nebenbei langfristige Ziele aus den Kategorien P und L (2.4.3/4)

f) Schreiben Sie bei der Behandlung neuer Methoden nicht nur das angestrebte Endergebnis an, sondern *auch die Überlegungen,* die zu diesem Ergebnis führen. Mündliche Erläuterungen gehen leicht verloren. Schüler schreiben nur auf, was an der Tafel steht. Bei der Wiederholung haben sie dann dei Erläuterung vergessen (siehe auch 7.1)

g) Stellen Sie *sehr hohe Anforderungen an Ihren eigenen Sprachgebrauch und den Einsatz von Hilfsmitteln.*

h) Versuchen Sie für sich selbst, stets *langfristige Ziele im Auge zu behalten.*

i) *Beschuldigen Sie einen Schüler nicht zu schnell* der Faulheit oder Schludrigkeit. Fehler, die darauf hindeuten, können genauso gut Fehler aus Unvermögen sein.

k) Geben Sie ihren Schülern das Modell *Orientieren — Sortieren — Abstrahieren — Explizieren — Verarbeiten* bekannt, sodaß sie diese Schritte bewußt durchführen. Betrachten Sie dieses Modell nicht als Ihr Geheimnis.

8.1.1.3. Berichtigung von Fehlern

Wer bei diagnostischen Tests Fehler macht, soll aus diesen lernen. Der Lehrer muß ihm dabei helfen. Auch dazu werden hier einige Hinweise gegeben.

a) Lassen Sie den Schüler seine Fehler *selbst herausfinden.*

b) Versuchen Sie, den Schüler die *Art seines Fehlers* begreifen zu lassen. Beispielsweise:

"Wie kommt es, daß Du $\frac{x+6}{6}$ gleich x setzt?"

c) *Bleiben Sie nicht beim Explizieren* hängen, sondern führen Sie den Schüler durch gezielte Fragen auf das Problem zurück. Lassen Sie dann Sortierbeispiele ausdenken oder untersuchen. Beispielsweise: "Worum ging es überhaupt?" "Kannst Du ein paar Beispiele dazu nennen?"

d) Lassen Sie den Schüler *Sätze oder Verfahren vollständig formulieren.* Lassen Sie ihn untersuchen, ob alle Voraussetzungen erfüllt sind.

e) Lenken Sie in *letzter Instanz* ein, und geben Sie zu, wenn Sie nicht mehr weiter wissen.

f) *Nehmen Sie jede Antwort ernst,* mag sie auch noch so töricht sein. Sie finden es auch nicht lustig, wenn man über Ihre gutgemeinten Bemühungen lacht.

Frage 11: (*G. Krooshof u.a.,* Moderne Wiskunde, Teil 5, Groningen 1969, S. 61, 13 b)
Mit Hilfe der Darstellung des Sinus und einer Funktionstafel lernen die Schüler, Zahlen wie sin 600° rational anzunähern. Nach einiger Zeit können Sie folgende Aufgaben offenbar richtig lösen: Berechne sin 400°, sin 170°, sin 220°, sin (− 1000°).

So ist es dann überraschend, daß die Berechnung von sin 321° vielen Schülern unüberwindliche Schwierigkeiten bereitet. Wo liegt die Ursache, und wie würden Sie es anfangen, den Schülern zu helfen?

Frage 12: Wie kommt es wohl, daß viele Schüler glauben, die Asymptote einer Kurve könne diese nicht schneiden? Wie können Sie diesem Glauben abhelfen oder vorbeugen?

8.1.2. Analyse richtiger Antworten

Kurz- und langfristige Ziele müssen auch deshalb äußerst genau analysiert werden, weil man bei einer richtigen Antwort noch lange nicht sicher sein kann, daß der Schüler all das weiß und kann, was von ihm erwartet wird. Die folgenden Fragen sollen diese These verdeutlichen:

Frage 13: Die Lösungen von $x^2 - 3x - 4 = 0$ lauten A.1 und 4; B.1 und − 4; C.− 1 und 4; D.−1 und −4
Welche der folgenden Zielstellungen werden getestet?

a) mittels eines auswendig gelernten Algorithmus die Lösunen einer quadratischen Gleichung bestimmen können;

b) selbständig entscheiden können, welche Methode zur Lösung einer bestimmten quadratischen Gleichung am besten geeignet ist;

c) sagen können, was man unter dem Begriff: ,Lösung einer Gleichung' versteht;

d) fehlerlos Zahlen für Variable einsetzen können;

e) bei gegebenen Zahlen bestimmen können, ob sie Lösungen einer Gleichung sind oder nicht;

f) fehlerlos ganze Zahlen addieren, subtrahieren, multiplizieren und quadrieren können;

g) die Lösungsmenge einer Gleichung definieren können;

h) entscheiden, welche der obenstehenden Zielstellungen verfolgt werden müssen.

Frage 14: Zeichne einen Winkel von 111°. Ein Schenkel ist waagerecht, die Ecke nennen wir A.
Nimm auf der Waagerechten einen Punkt B und auf dem anderen Schenkel einen Punkt C an, so daß
AB = 5 cm und AC = 7 cm. Zeichne mit dem Geodreieck das Mittellot von BC und die Winkelhalbie-
rende des Winkels ABC. Den Schnittpunkt des Mittellots mit der Winkelhalbierenden nennen wir S.
Miß genau die Länge von AS in mm. Miß genau den Winkel SAB in Grad.

Welche der folgenden Zielstellungen werden hier getestet?

a) Mit Hilfe eines Geodreiecks (oder mit Winkelmesser und Lineal) Winkel zwischen o° und 180°
   zeichnen können;

b) mit Hilfe eines Geodreiecks (oder Winkelmessers) Winkel zwischen 0° und 180° auf ein Grad genau
   messen können;

c) die Definition eines Mittellots und einer Winkelhalbierenden geben können;

d) zu zwei gegebenen Punkten B und C das Mittellot der Strecke BC zeichnen können;

e) das Mittellot einer Strecke zeichnen können;

f) Information über eine durchgeführte Arbeitsweise übersichtlich niederschreiben können;

g) Information über eine noch folgende Arbeitsweise vorausschicken können.

Frage 15: Wie beurteilen Sie die Frage ‚Wer hat es nicht begriffen?' ?

Frage 16: Gegeben ist die Funktion $x \rightarrow 2x^2 - 3x^2 + 5$. Berechne die Ableitung in 4.

Was wird hier getestet?

Wenn Sie diese Frage dumm finden, weil nicht dazu gesagt wird, was den Schülern an Kennen und
Können unterstellt wird, dann haben Sie die Bedeutung der Frage sehr gut verstanden. Vielleicht
können Sie aber folgende Frage beantworten: Was wird getestet, wenn

a) die Schüler nur die Definition der Ableitung kennen aber keine Sätze darüber;

b) die Schüler neben der Definition auch noch den Satz über die Ableitung von $x \rightarrow x^n$ kennen, aber
   nicht die Sätze über die Summe zweier Ableitungen;

c) die Schüler zwar nicht die Definition der Ableitung kennen, aber die Sätze über die Ableitung von
   $x \rightarrow x^n$ und über Summe und Differenz zweier Ableitungen?

N.B. Wie erfahren Sie eigentlich, ob die Schüler einen Satz kennen oder nicht?

Frage 17: Sie zeichnen Bild 8.6 an die Tafel. Sie wissen, daß die Schüler die Summe zweier gegebener
Vektoren zeichnen können. Die Differenz zweier Vektoren wurde noch nicht behandelt. Stundenziel
ist nun: Zu zwei gegebenen Vektoren der Ebene die Differenz zeichnen und definieren können. Sie
fragen, ob jemand den Vektor a – b zeichnen könne. Wenn ein Schüler dies kann, sind sie dann davon
übereugt, daß er wirklich weiß, was die Differenz zweier Vektoren ist?

Unterstellen Sie, Sie hätten die Vektoren auf eine Kästchentafel gezeichnet (Bild 8.7). Würden sie die
letzte Frage noch genauso beantworten?

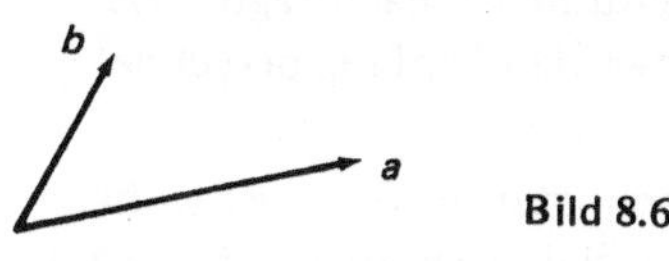

Bild 8.6

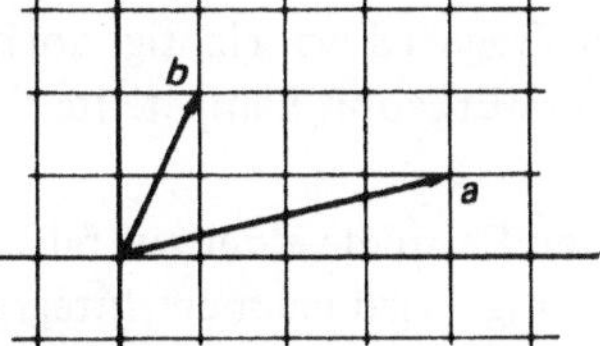

Bild 8.7

Frage 18: Im Schulbuch ist Bild 8.8. Gefragt wird nach dem Flächeninhalt dieser Figur. Die Schüler
wissen, wie der Flächeninhalt von Rechtecken und Dreiecken berechnet wird. Ein Schüler gibt die
richtige Antwort. Wissen Sie nun, daß er die Fläche eines Parallelogramms berechnen kann?

Bei der Beantwortung dieser Fragen wurde hoffentlich deutlich, daß eine richtige Antwort nicht immer garantiert, daß die gestellten Ziele erreicht wurden.

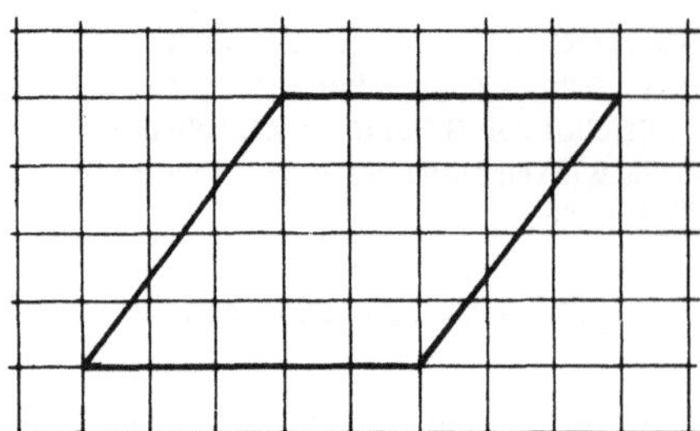

Bild 8.8

Wer wissen will, ob jemand mit Hilfe der sog. abc-Formel quadratische Gleichungen lösen kann, darf nicht den Test aus Frage 13 verwenden.

Frage 19: Welche der folgenden Tests eignen sich aber gut dafür?

a) Löse $x^2 - 3x - 4 = 0$.

b) Löse $x^2 - 3x + 4 = 0$.

c) Löse $x^2 - 4x + 4 = 0$.

d) Löse $x^2 - 4x - 4 = 0$.

Oder, wenn Sie unbedingt Multiple-Choice wünschen:

e) (I) $x^2 - 3x - 7 = 0$ (II) $x^2 - 7x - 3 = 0$

A. (I) und (II) haben keine gemeinsame Lösung

B. (I) und (II) haben genau eine gemeinsame Lösung

C. (I) und (II) haben zwei gemeinsame Lösungen

Die richtige Antwort auf Frage 17 muß nicht bedeuten, daß zu je zwei Vektoren stets die Differenz gezeichnet werden kann. Der Schüler handelte vielleicht intuitiv richtig. Man kann versuchen, dies nachzuprüfen, indem man in der Zeichnung a und b vertauscht und darauf achtet, ob der Schüler bei der Lösung spontan dasselbe tut. Sicher ist dieser Test aber nicht.

Frage 20: Wie können Sie besser herausfinden, ob ein Schüler es wirklich begriffen hat?

Hat man die Figur auf eine Kästchentafel gezeichnet, muß man mit Schlußfolgerungen sehr vorsichtig sein. Es könnte sein, daß der Schüler durch Rechnen herausgefunden hat, daß $\begin{pmatrix} 3 \\ -1 \end{pmatrix}$ der gesuchte Vektor ist.

Die Antwort auf Frage 18 war richtig, doch als der Lehrer mißtrauisch nachfragte, wie der Schüler zu dem Ergebnis kam, stellte sich heraus, daß dieser den Umfang berechnet hat.

Eins der schönsten Beispiele einer auf falsche Art richtig errechneten Antwort ist wohl das folgende: Gefragt wird nach der Integralkurve der Differentialgleichung $y' + y = x + 1$, die durch den Punkt (1,1) geht: ‚Im Punkt (1,1) ist $y' = 1$. Also ist $y = x + c$. Da die Kurve durch (1,1) läuft, ist $1 = 1 + c$, also $c = 0$. Die gesuchte Kurve hat somit die Gleichung $y = x$.'

Die Moral dieses Abschnitts ist klar: Der Lehrer muß seine Unterrichtsziele sehr genau kennen und stets damit rechnen, daß seine Fragen auch auf andere Weise (richtig) beantwortet werden können, als er es beabsichtigte.

Solange es nur um die Antworten geht, kann man damit zufrieden sein. Wer aber auch eine richtige Arbeitsmethode der Schüler für wichtig erachtet, tut gut daran, nach dieser zu fragen. Damit erreicht man zusätzlich ein wichtiges kommunikatives Ziel: klar und deutlich mitteilen können, was man bezweckt.

Dann muß man noch die Zahlen einer Aufgabe so wählen, daß die Antwort nicht ‚zufällig' richtig sein kann, wie z. B. beim Flächeninhalt der Raute und bei der Differentialgleichung.

8.1.3. Fragen und Bemerkungen der Schüler

Es ist unmöglich, alle möglichen Schülerreaktionen bei der Stundenvorbereitung zu beachten. Allein schon deshalb sollte ein Lehrer die Kunst, anderen zuzuhören, gut beherrschen. Hierzu folgen wieder ein paar Diskussionsfragen. Dem Lehrer bleibt überlassen, sich zu überlegen, welche Kenntnisse und Fertigkeiten hier vorausgesetzt werden.

Frage 21: Sie leiten gerade mit Ihrer Klasse die Kettenregel für das Differenzieren her. Dabei verwenden Sie unter anderem die Funktion: $x \rightarrow \sin(x^2 + x)$. Mittendrin werden Sie von einem Schüler unterbrochen, der Sie fragt, wie er den Graph dieser Funktion zeichnen soll. Wie reagieren Sie?

Frage 22: Sie reden mit Ihren Schülern über die Periodizität von Funktionen. Ein Schüler fragt Sie, warum die Funktion $f: x \rightarrow (x - 1)(x - 2)(x - 3)(x - 4)$ nicht periodisch ist, obwohl $f(1) = f(2) = f(3) = f(4)$? Wie reagieren Sie?

Frage 23: Es wird die Kommutativität der Addition behandelt. Um die Formulierung des Axioms zu rechtfertigen, wird als Beispiel eine Verknüpfung $*$ definiert durch: $a * b = a + 2b$ für alle $a, b \in \mathbb{N}$. Ein Schüler wendet ein, die Verknüpfung sei keine richtige Verknüpfung. Wie reagieren Sie?

Frage 24: Die Klasse lernt, zwei lineare Gleichungen für zwei Unbekannte zu lösen. Unvermittelt sagt ein Schüler: ‚Ich weiß zwar, was ich tun muß, aber ich begreife es nicht!' Wie reagieren Sie?

Frage 25: Sie haben schon verschiedentlich beobachtet, daß einige Schüler, während Sie etwas erklären, mit Aktivitäten beschäftigt sind, die dem Lernprozeß nicht förderlich sind. Was tun Sie?

Frage 26: Die Klasse beschäftigt sich mit Fragen über den Graph einer Funktion ersten Grades. Sie gehen herum, um nötigenfalls individuell zu helfen. Ein Schüler fragt, als Sie zu ihm kommen: „Was ist denn nun eine richtige Gerade?"

Frage 27: Sie haben sich vorgenommen, das zuletzt behandelte Kapitel noch einmal gut zu wiederholen, da hierüber in der folgenden Woche eine Klassenarbeit geschrieben werden soll. Zu Beginn der Stunde, noch ehe Sie begonnen haben, stellt Ihnen ein Schüler eine der folgenden Fragen.

a) „Lassen Sie am Nikolaustag einen schriftlichen Test schreiben?"

b) „Finden Sie, daß sich ein Schüler weigern darf, die Klasse zu verlassen?"

c) „Herr X sprach in Physik über Axiome und sagte, wir sollen sie mal genauer fragen, was das ist."

Es ist klar, daß man diese Fragen gar nicht richtig beantworten kann. Das sollte man darum auch gar nicht erst versuchen. Hier sollte klar werden, daß man als Lehrer stets versuchen muß, den Hintergrund der Frage zu erhellen. Schüler fragen meist nicht das, was sie eigentlich wissen wollen. Wer genau weiß, was er fragen will, kann in vielen Fällen die Antwort selbst geben.

Man wird sich oft dabei ertappen, daß man eine direkte Antwort geben will. Doch lohnt es, sich stets zu überlegen, ob dem Schüler damit gedient ist. Auf lange Sicht erreicht man mehr, wenn man ihm durch verständige Gegenfragen auf die Sprünge hilft: „Wie kannst Du das herausbekommen?" „Was bedeutet das?" „Kannst Du die Frage auch anders formulieren?" „Kennst Du ein Beispiel?" usw.

Diese Fragen lassen sich kaum noch den Tests zuordnen. Sie sollen den Schülern beim Lernen helfen. Dies ist Thema des folgenden Abschnittes.

8.2. Fragen als Lehrmittel

Eines der wichtigsten Unterrichtsziele muß es sein, Schülern zu helfen, sich zu selbständig
denkenden Menschen zu entwickeln. Mathematik ist dabei eines der Hilfsmittel. Ein
Lehrer hilft seinen Schülern nicht durch Fragen auf Kenntnisniveau (siehe Abschnitt 2.5).
Er muß immer wieder versuchen, seine Fragen so offen wie möglich zu gestalten, damit
seine Schüler selbst entdecken, was wichtig ist und was nicht. Selbstredend müssen dabei
allerlei andere Faktoren berücksichtigt werden, wie Schwierigkeitsgrad des Lehrstoffs,
verfügbare Zeit, Anfangszustand der Schüler usw.

Durch offene Fragen kann der Lehrer seine Schüler zum Denken anregen. Sie werden zur
Antwort ermuntert. Aus halbentwickelten Ideen der Abstraktionsphase werden Zwi-
schenschritte zu richtig formulierten Begriffen (Explizieren). Fragen, die das Gespräch
in Gang halten, zwingen die Schüler, eigene Aussagen zu testen, Gegenbeispiele zu geben,
Sonderfälle zu betrachten und Verallgemeinerungen zu formulieren. Diese Art zu fragen
ermutigt die Schüler, etwas weiter zu denken, sie werden als gleichwertige Partner im
Lernprozeß behandelt, die Zwischenbeziehungen werden gefördert.

Schon in 2.4 wurde zwischen Lehrstoffzielen (das sind kurzfristige Ziele) und langfristigen Zielen unterschieden.

Wer sich zu stark auf Lehrstoffziele (2.1) ausrichtet, läuft Gefahr, daß seine Schüler nur an
dem Produkt interessiert sind, das sie abliefern müssen: die Antwort auf eine Frage, die
Lösung einer Gleichung, die richtige Formulierung einer Definition usw.

Wer sich dagegen auf langfristige Ziele einrichtet und weiß, daß Lehrstoff ein (unver-
zichtbares) Mittel zum Erreichen dieser Ziele ist, sollte vor allem an den Prozessen interessiert sein, die sich bei seinem Schüler abspielen. Übrigens ist es nicht beabsichtigt,
Produkt und Prozeß als Gegensätze hinzustellen. Diese Begriffe sind eher komplementär.
Wenn in diesem Abschnitt so viel Wert auf den Prozeß gelegt wird, kommt das daher,
daß überall noch viel zu sehr auf das Produkt gesehen wird.

Gute Fragen sind ein wichtiges Hilfsmittel, Prozesse bewußt werden zu lassen. Daher
folgt nun eine Klassifizierung von Fragen in enger Anlehnung an die verschiedenen Niveaus
der Zielstellungen (2.5).

Frage 28: Die Aufgabe, 3a + 3b in Faktoren zu zerlegen, löst ein Schüler mit 3 (ab). Der Lehrer kann
nun fragen:

a)   „ab heißt a mal b. Du mußt aber addieren. Wie muß es also richtig heißen?“

b)   „Was bedeuten 3a? und 3b? und 3 (ab)? Ist das dasselbe wie 3a + 3b?“

c)   „Setze für a und b einfache Zahlen ein, etwa 5 für a und 7 für b. Was erhälst Du dann?“

d)   „Wie kannst Du nachprüfen, ob das stimmt?“

Versuchen Sie diese Antworten, die sicher alle vier auf ein gutes Produkt zielen, nach der Art der
Prozesse zu unterscheiden, die sich dabei vermutlich beim Schüler abspielen. Gibt es zu den vier
Fragen unterschiedliche langfristige Ziele? Unterscheiden sie sich, wenn Sie die Niveaueinteilung aus
Abschnitt 2.5 zugrunde legen?

Frage 29: Einer Klasse wird folgendes Problem vorgelegt: Für welche p berührt die Gerade $x + y = p$
den Kreis $x^2 + y^2 = 5$? Die Schüler können damit so recht nichts anfangen. Der Lehrer kann nun folgendes tun:

a) Er rechnet die Aufgabe selbst an der Tafel vor und erklärt dabei, was er tut und warum er es tut. Anschließend gibt er seinen Schülern eine artgleiche Aufgabe und stellt fest, daß fast alle Schüler sie richtig lösen können.

b) Er läßt einen Kreis zeichnen, danach die Geraden, die man durch Einsetzen von $0, 1, 2, -1, -7$ für p erhält. Anschließend bittet er die Klasse um Vorschläge, die man das ‚richtige' p finden kann. Jeder Vorschlag, ob gut oder nicht, wird als vorläufige Arbeitsgrundlage akzeptiert. Anschließend entscheidet die Klasse, welche Methode sie für die beste hält.

c) Zunächst bittet er die Schüler, das Problem zu formulieren und fragt dann nach Vorschlägen, wie das Problem anzupacken sei.

Versuchen Sie, diese drei Aktivitäten des Lehrers aus der Sicht langfristiger Ziele zu unterscheiden.

Es folgt nun eine Einteilung der Fragen in verschiedene Rubriken. Dabei wird vor allem das Niveau des Lernprozesses beachtet.

A. Wiederholen und Erinnern

Diese Art Fragen schließt an das *Kenntnisniveau* (siehe 2.5) an. Solche Fragen helfen dem Schüler schrittweise auf dem Weg zum Endprodukt. Ein Lehrer stellt sie bei verschiedenen Gelegenheiten, denn zur Problemlösung müssen die Schüler Kenntnisse über Sachverhalte, Begriffe, Prinzipien, Algorithmen usw. haben.

Beispiele: „Was weißt Du über das Quadrat einer Zahl?" „Ist das Produkt zweier Spiegelungen eine Spiegelung?"

B. Begriffsfragen

Diese beziehen sich auf das *Begriffsniveau* (2.5.2). Dem Schüler soll damit geholfen werden, in kleinen Schritten Beziehungen zwischen zwei Symbolen zu erkennen oder diesbezügliche Gegebenheiten auf einfache Weise zu interpretieren. Fragen dieser Art sind nicht so eng gefaßt wie bei A, aber nicht so weit, daß die Schüler sich selbst überlassen bleiben.

Beispiel: „Was weißt Du über den Graph von f (x), wenn f'(3) = 0?" „Welche Eigenschaft eines Dreiecks hat damit etwas zu tun?" „Muß es hier $\in$ oder $\subset$ heißen?"

C. Beobachten

Hierbei gelangt man bereits auf das *Anwendungsniveau* (2.5.2). Dem Schüler wird aufgetragen, Gegenstände zu sortieren, Werte für Parameter einzusetzen u. dgl. mehr, bis er auf die eine oder andere Weise zu einer Hypothese über die korrekte Auflösung des Problems kommt. Man kann ihn auch selbst einige früher gelernte Sätze nennen lassen, die vielleicht etwas mit dem Problem zu tun haben. Dabei muß er dann selbst entscheiden, welcher der Sätze wohl der geeignetste ist.

Die Frage ist damit so gestellt, daß er verschiedene Vorschläge zur Lösung des Poblems machen kann, sogar Vorschläge, die der Lehrer gar nicht erwartet hat.

Beispiele: „Was fällt Dir auf?" „Was kannst Du denn jetzt wohl mal versuchen?"

D. Hypothesen aufstellen und diese beweisen oder verwerfen

Der Schüler soll selbst mit der *Analyse* (2.5.3) beginnen. Durch geschickte Fragen und Aufgaben aus C wird er zum Beobachten gebracht, so daß er schließlich zu einer Hypothese kommt. Die Fragestellung muß so sein, daß der Schüler selbst relevante Fragen formulieren muß. Er muß auch vorschlagen, wie man zu einem Beweis gelangen kann (oder eine Begründung geben können, aus der man erkennt, daß die Vermutung falsch ist). Damit befindet man sich auf schon auf *Syntheseniveau*.

Ein wichtiger Aspekt, Fragen als Lehrmittel einzusetzen, ist, daß der Schüler weiß und fühlt: Hier geht es nicht um seine Beurteilung. Darum sollte ein Lehrer seine Fragen stets so formulieren, daß die Entscheidung über richtig oder falsch beim Schüler selbst liegt. Beispiele solcher Fragen sind:

> „Nenne ein weiteres Beispiel!"

> „Glaubst Du das auch, Hans?"

> „Stimmt das auch bei gebrochenen Zahlen?"

> „Woher weißt Du das?"

> „Bist Du sicher? Setze mal Null ein!"

> „Kann jemand ein Gegenbeispiel nennen?"

> „Warum sind Albert und Du anderer Meinung?"

> „Wer ist meiner Meinung? ... Die Mehrheit? Kann man es deshalb glauben? Kann vielleicht Konny die Mehrheit von ihrem Standpunkt überzeugen?"

> „Stimmt das für jede Gerade?"

> „Was willst Du damit erreichen?"

> „Sag es doch auf eine andere Weise!"

> „Kannst Du es einfacher ausdrücken?"

> „Wie könnte man dies einem Anfänger erklären?"

Frage 30: Ordnen Sie diese Fragen in die vier Rubriken ein!

Dieser Abschnitt soll mit einigen Ermahnungen schließen.

- Achten Sie darauf, daß alle Entdeckungen eine korrekte Erklärung finden: Durch die starke Motivierung der Schüler sind unkorrekte Aussagen sonst später kaum noch auszumerzen.

- Bleiben Sie stets sehr neugierig, auch wenn das nicht direkt zum gestellten Ziel führt: Eine geschickt geführte Diskussion, die zum ursprünglichen Ziel führt, garantiert nicht immer, daß auch der Schüler das Ziel erreicht.

- Erwarten Sie nicht, daß jeder Schüler jede Verallgemeinerung selbst entdeckt: Nicht jedes Thema eignet sich für die Entdeckungsmethode.

- Entdecken lassen kostet Zeit.

- Erwarten Sie nicht, daß jede Verallgemeinerung unmittelbar nach ihrer Entdeckung expliziert werden kann.

- Vermeiden Sie strukturüberladene Erfahrungen: Sorgen Sie dafür, daß nicht zu viele Details auf einmal entdeckt werden.

- Verhindern Sie Schlußfolgerungen aus zu wenig Beispielen.

- Üben Sie keine negative Kritik und zeigen Sie sich nicht unempfänglich gegenüber ungewohnten oder nicht relevanten Fragen und Vorschlägen.

- Achten Sie darauf, daß die Schüler stets wissen, wo sie sich auf dem Weg zum Endziel befinden.

- Achten Sie darauf, daß jeder Schüler erkennt, welche Bedeutung seine Entdeckung
  für das Ganze hat.

Frage 31: Ordnen Sie bei den folgenden Situationen die Fragen in die obengenannten Rubriken ein:
Situation A: Es werden Differentialgleichungen der Typen $y' = f(x)$, $y' = g(x)$, $y' = f(x) \cdot g(y)$ besprochen. Die Schüler können einfache Gleichungen dieser Art lösen, bei komplizierteren Fällen
begreifen sie zumindest die Fragestellung. Das Ziel der folgenden Stunden ist, den Schülern eine
Methode zur Lösung von Gleichungen des Typs $y' + f(x) \cdot y = g(x)$ zu vermitteln.

Grundlegend dafür ist, daß die Schüler zuerst die Gleichung $y' + f(x) \cdot y = 0$ lösen lernen. Der Lehrer
beginnt mit $y' + y = x$. Er kann nun folgende Fragen stellen:

A1: „Wer hat eine Idee, wie wir das lösen können?“

A2: „Diese Gleichung sieht anders aus wie die zuletzt behandelten drei Typen. Wer kann die
      Gleichung durch eine ersetzen, die schon eher so aussieht, und die sich lösen läßt?“

A3: „Sehen wir uns erst einmal die Gleichung $y' + y = 0$ an. Wer kann sie lösen?“

Situation B: Die Schüler haben den Graph von $x \to x^2$ kennengelernt. Stundenziel ist, die Graphen
der Funktionen $x \to x^2 + c$ und $x \to (x + p)^2$ zu zeichnen und sie mit dem Graph von $x \to x^2$ zu
vergleichen.

B1: „Betrachten wir zunächst mal $x \to x^2 + 3$. Am besten macht Ihr Euch in Euer Heft eine Werte-
      tabelle und skizziert daraus den Graph. Fällt Euch dabei was besonderes auf?“

B2: „Betrachten wir zunächst mal $x \to x^2 + 3$. Könnte das etwas mit $x \to x^2$ zu tun haben?“

B3: „Betrachten wir zunächst mal $x \to x^2 + 3$. Wie können wir den Graph davon erhalten?“

Situation C: Die Schüler können die Formeln für die Spiegelung an der x-Achse ($x' = x$; $y' = -y$) und
an der y-Achse ($x' = -x$, $y' = y$) aufstellen. Stundenziel sind die Spiegelungsformeln ($x' = y$, $y' = x$)
für die Spiegelung an der Geraden mit der Gleichung $y = x$.

C1: „Zeichnet die Punkte $(3,0)$, $(2,3)$, $(-5,-8)$, $(-3,0)$ und $(6,6)$. Bestimmt dann die Bildpunkte
      bei der Spiegelung an der Geraden mit der Gleichung $y = x$. Fällt Euch etwas daran auf?“

C2: „Zeichnet einen beliebigen Punkt (x, y) und seinen Bildpunkt (x', y') bei der Spiegelung an der
      Medianen des ersten Quadranten. Könnt Ihr mit Hilfe der Spiegelungseigenschaften einen
      Zusammenhang zwischen, x, y, x' und y' erkennen?“

C3: „Wie lauten die Transformationsformeln, wenn wir die Ebene an der Geraden mit der Gleichung
      $y = x$ spiegeln?“

Situation D: Während einer Stunde über Produkte von Potenzen mit gleichen Grundzahlen führen
einige Schüler folgendes durch: $(a^3)^4 = a^{12}$; $a^3 \cdot a^4 = a^7$; $a^3 : a^4 = a$

D1: „Bist Du sicher, daß die Ergebnisse richtig sind?“

D2: „Eine der Aufgaben ist falsch gelöst. Kannst Du selbst den Fehler finden?“

D3: „Setze für a mal 2 ein und sieh nach, ob dann alles stimmt.“

D4: „Was kannst Du tun, um das zu überprüfen?“

D5: „Das dritte ist falsch. Was bedeutet nämlich a^3 und a^4?“

Situation E: Fall D2 der vorigen Situation. Der betreffende Schüler hat den Fehler recht schnell
gefunden und berichtigt, da er sicher ist, daß die ersten beiden Ergebnisse richtig sind. Er überlegte
sich: ‚Dann muß es wohl $\frac{1}{a}$ heißen.‘ Nun will er dies überprüfen.

E1: „Erkläre mir, warum Du das erste für falsch und das zweite für richtig hältst?“

E2: „Setze mal für a die Zahl 2 ein und sieh nach, ob es damit stimmt.“

Frage 32: Versuchen Sie, zu den untenstehenden Situationen Fragen zu finden, die von den Schülern Aktivitäten auf möglichst höhem Niveau erfordern. Bleiben Sie aber fair. Nicht zu beantwortende Fragen kann jeder stellen. Ziel ist es, dem Schüler zu helfen. Nehmen Sie an, Sie erhalten auf Ihre Frage keine Antwort. Denken sie sich dann eine Frage auf einem etwas niedrigeren Niveau aus.

a) Die Schüler haben gelernt, was ein Trapez ist. Sie zeichnen ein Trapez mit einem rechten Winkel an die Tafel und wollen die Schüler entdecken lassen, daß es da noch einen weiteren rechten Winkel gibt. Das soll dann auch noch bewiesen werden.

b) Die Schüler kennen wohl die Ableitung von $x \to \ln x$, aber nicht die Kettenregel. Sie sollen den Winkel bestimmen, den die Tangente im Punkt (1,0) an den Graph von $x \to \ln\left(\frac{1}{x}\right)$ mit der x-Achse bildet.

c) Die Schüler kennen die Transformationsformeln bei einer Punktspiegelung im Ursprung. Sie sollen die Transformationsformeln für die Spiegelung im Punkte (a, b) herleiten.

d) Die Schüler scheinen den Unterschied zwischen Lösung und Lösungsmenge einer Gleichung vergessen zu haben.

e) Ein Schüler weiß nicht mehr, wie er mit seinem Geodreieck einen Winekl von 132° zeichnen kann.

f) Ein Schüler will wissen, wann er bei trigonometrischen Funktionen ‚Bogen, Grad oder gar nichts' sagen muß.

g) Der natürliche Logarithmus wurde anhand der Fläche und des Graphs von $x \to \frac{1}{x}$ ($x \in \mathbb{R}^+$) eingeführt. Bei der graphischen Darstellung der Funktion ln will ein Schüler nicht einsehen, daß ln $x \to -\infty$ für $x \to 0$, denn ‚Die Rechtecke beim Graph von $\frac{1}{x}$ werden zwar immer länger aber auch immer schmaler. So kommt immer weniger dazu. So wie bei der Reihe $\frac{1}{2} + \frac{1}{4} + \frac{1}{8} + \frac{1}{16} + \frac{1}{32} + \ldots$'

h) Zur Einführung des Prinzips der vollständigen Induktion bitten Sie die Schüler, eine Formel für die Anzahl der Diagonalen in einem regelmäßigen n-Eck aufzustellen.

i) Sie wollen verdeutlichen, daß eine Variable eine Leerstelle in einem Ausdruck oder einer Aussage darstellt.

k) Die Schüler können Gleichungen des Typs ax + b = cx + d lösen. Sie wollen ihnen beibringen, wie sie Ungleichungen des Typs ax > b auflösen können.

l) Die Schüler kennen den Satz des Pythagoras. Sie wollen lehren, wie man damit die Höhe eines Dreiecks ausrechnen kann.

Frage 33: Nehmen Sie an, Sie sollen das Drehbuch für eine Demonstrationsstunde im Schulfernsehen schreiben. Thema sei die hier beschriebene Entdeckungsmethode. Nehmen Sie dazu eine Situation der Frage 32. Schreiben Sie das Drehbuch! Machen Sie so etwas öfter. Auch wenn Sie schon lange Lehrer sind.

9. Beispiele für die Stoffauswahl

In diesem Kapitel werden einige Themen hinsichtlich langfristiger Planung besprochen. Es geht also um die Stoffauswahl bezüglich des gesamten Lehrplans. In Abschnitt 4.2 wurden für eine solche Auswahl Kriterien genannt:

- Der Lehrstoff muß mathematisch richtig sein (4.2.1).
- Der Lehrstoff muß spätere Erweiterungen vorbereiten (4.2.2).
- Der Lehrstoff muß an den Anfangszustand der Schüler anschließen (4.2.3).
- Der Lehrstoff muß an die Zielstellungen des (Mathematik-)Unterrichts anschließen (4.2.4).

9.1. Variable und Mengen

Variable spielen in der Mathematik eine so große Rolle, daß es sich lohnt, ihre Bedeutung und Verwendung sorgfältig zu lehren.

Frage 1: Vergleiche die Rolle der Variablen in folgenden Aussagen:

a)	$(3x - 7)(3x + 7) = 9x^2 - 49$	g)	$3x + 7 > 5x^2 - 7$
b)	$3x + 7 = 5x - 3$	h)	$3x + 7 = ax - 3$
c)	$3x + 7 = 3x - 3$	i)	$5x^2 + px - p + 1 = 0$
d)	$3x + 7 = 3x + 7$	k)	$f(x) = 5x^2 - 3$
e)	$3x + 7 = 5x^2 - 3$	l)	$y' = y + x$
f)	$3x + 7 = 5x^2 - 7$	m)	$3x + 7 = 5y - 3.$

In diesen Beispielen scheinen die Variablen unterschiedliche Bedeutung zu haben. Für einen Schüler ist es nicht gerade einfach, mit zehnerlei verschiedenen Variablentypen umzugehen. (Widerspruch zum Kriterium des Anfangszustands). Es ist auch gar nicht richtig, solche Unterschiede zu machen. (Kriterium der mathematischen Richtigkeit)

Frage 2: In einem alten, längst nicht mehr benutzten Schulbuch steht: ‚Es gibt zwei Sorten von Zahlen: feste Zahlen und variable Zahlen.' Was hat der Schreiber wohl bezweckt, um warum wählte er diese Formulierung?

9.1.1. Ein formales System

In diesem Abschnitt wird am Beispiel eines kleinen formalen Systems verdeutlicht, welche Rolle eine Variable in der (Schul-)Mathematik spielt. Ein Lehrer muß diese Bedeutung erkennen, um sie dann seinen Schülern auf angemessene Weise vermitteln zu können.

Das meiste wurde dem Artikel ‚Formale Eigenschaften' von *P. G. J. Vredenduin* (Euclides 43, 1967/68, pp. 313–319) entnommen.

Um das System nicht zu kompliziert zu machen, geht Vredenduin von wenigen Symbolen aus.

A. Liste der verwendeten Symbole

1   (sprich ‚eins')

x, y, z (sog. Variable; Erweiterung durch andere und durch indizierte Variable ist möglich)

$+, \cdot$ (sprich ‚plus', ‚mal')

$=$ (sprich ‚ist gleich')

$\vee, \wedge, \neg$ (‚oder', ‚und', ‚nicht')

$\forall, \exists$ (‚für alle', ‚es gibt ein')

$(,)$ (‚Klammer auf', ‚Klammer zu')

B. Terme

(I)   1 ist ein Term.

(II)   Jede Variable ist ein Term.

(III)   Wenn t_1 und t_2 Terme sind, so auch $(t_1 + t_2)$ und $(t_1 \cdot t_2)$

Frage 3: Welche Formeln sind Terme, welche nicht?

a) $(((1 + 1) + 1) \cdot 1 + 1)$
b) $(x \cdot y = z)$
c) $(x + 1) \wedge z$
d) $(((1 + x) \cdot ((x \cdot y) + 1)) \cdot ((z \cdot z) \cdot 1))$.

Bemerkungen:

- Die Variablen t_1, t_2 aus B (III) sind keine Variablen des formalen Systems, gehören aber zu der Sprache, in der das System beschrieben wird.

- In der Praxis kann man leicht neue Symbole definieren, etwa 6 für $(((((1 + 1) + 1) + 1) + 1) + 1)$ und x^2 anstelle von $(x \cdot x)$

- Man kann auch Regeln aufstellen, wann Klammern entfallen dürfen. Es ist auffallend, daß in Schulbüchern wenig über diesen Punkt gesagt wird, wohl aber über das Einführen von Klammern, was viel schwieriger ist (Frage 4). Für Schüler liegt hier eine mögliche Fehlerquelle.

Frage 4: Besprechen Sie folgende drei Begründungen:

a) $3 = (1 + 2)$ und $15 = (3 \cdot 5)$,   also $15 = ((1 + 2) \cdot 5)$
b) $3 = 1 + 2$ und $15 = 3 \cdot 5$,   also $15 = 1 + 2 \cdot 5$
c) $3 = 1 + 2$ und $15 = 3 \cdot 5$,   also $15 = (1 + 2) \cdot 5$

Frage 5: Wenn Sie die Frage 4 zu läppisch finden, um darüber zu reden, wie denken Sie dann über folgendes?

Aufgabe: Gegeben ist $f(x) = 2x^2 - 3x + 1$. Was ist $f(5 + t)$?

Antwort: $f(5 + t) = 50 + t^2 - 15 + t + 1$

Was würden Sie tun, um den Schüler wieder auf den richtigen Weg zu bringen? Finden Sie Frage 4 immer noch läppisch?

C. Aussagen

(I)   Wenn t_1 und t_2 Terme sind, dann ist $(t_1 = t_2)$ eine Aussage.

(II)   Sind B_1 und B_2 Aussagen, so sind $(B_1 \wedge B_2)$ und $(B_1 \vee B_2)$ ebenfalls Aussagen.

(III)   Ist B Aussage, dann auch $(\neg B)$.

(IV)   Ist B Aussage und v eine Variable, dann sind $\forall_v B$ und $\exists_v B$ ebenfalls Aussagen.

Frage 6: Welche Formeln sind Aussagen, welche nicht?

a) $(1 = 1)$

b) $\forall_x((1 = 1) \vee ((x \cdot x) = x))$

c) $(((x + y) = 1) \vee (x \cdot 1)$

d) $\forall_x \forall_x \forall_x \forall_x (x = (x + 1))$

e) $\exists_y ((y = 1) \wedge (\neg \forall_x (x = y)))$.

Antwort: c nicht, sonst alle, obwohl d unsinnig (wenngleich kein Unsinn) ist.

Bemerkung: Auch hier können wieder Absprachen über das Fortlassen von Klammern erfolgen.

D. Freie und gebundene Variable

Ist B Aussage und v Variable, dann heißt v gebundene Variable, wenn es in $\forall_v B$ oder $\exists_v B$ vorkommt.

Eine Variable, die in einer Aussage vorkommt und nicht gebunden ist, heißt in dieser Aussage frei.

Frage 7: In der Aussage $\exists_x ((x + y) = 1)$ ist x eine gebundene und y eine freie Variable.

a) Kann man in dieser Aussage im Teil $((x + y) = 1)$ die Variable x durch die Variable z ersetzen?

b) Kann man in dieser Aussage im Teil $((x + y) = 1)$ die Variable y durch die Variable z ersetzen?

Frage 8: Vergleiche die Rolle von x in den folgenden vier Aussagen:

a) $\exists_x ((x \cdot x) = x) \wedge (x = y)$

b) $\exists_x (((x \cdot x) = x) \wedge (x = y))$

c) $\exists_z ((z \cdot z) = z) \wedge (x = y)$

d) $\exists_z (((z \cdot z) = z) \wedge (x = y))$.

Antwort: In b ist x gebunden, sonst frei. Die Aussagen a und c sind gleichwertig, die anderen untereinander nicht.

Frage 9: Können Sie Ergebnisse von Frage 7 oder 8 verallgemeinern?

E. Aussageformen, wahre und falsche Aussagen

Eine Aussage, in der eine oder mehrere freie Variable vorkommen, heißt eine Aussageform. Kommen nur gebundene oder gar keine Variablen vor, handelt es sich um eine wahre oder falsche Aussage.

Ob eine Aussage wahr oder falsch ist, hängt von den Regeln über wahr oder falsch ab, die in der Propositions- und der Prädikatenlogik gegeben werden. Hier werden nur die gebräuchlichen Regeln verwendet.

Frage 10: A_1 sagt zu B_1: ‚x + y = y + x ist das kommutative Gesetz der Addition'

A_2 sagt zu B_2: ‚x + y = y + x ist immer wahr'

A_3 sagt zu B_3: ‚$\forall_x \forall_y$ (x + y = y + x)'

A_4 sagt zu B_4: ‚x + y = y + x für alle Zahlenx und y'

A_5 sagt zu B_5: ‚In IR gilt: x + y = y + x'.

Geben Sie einen Kommentar, wenn

a) A_i und B_i (i = 1, 2, 3, 4, 5) beide mathematisch gut geschult sind, somit das kommutative Gesetz der Addition in IR gut kennen und auch anwenden können;

b) A_i Lehrer und B_i Schüler ist, der mit dem kommutativen Gesetz noch kaum in Berührung kam;

c) B_i Lehrer und A_i Schüler ist, der mit dem kommutativen Gesetz der Addition noch kaum in Berührung kam.

Bemerkung: Anstelle einer wahren Aussage redet man auch von Eigenschaft, Folgerung, Satz, Axiom (N.B. Das sind keine Synonyme, sondern Sonderfälle wahrer Aussagen).

F. Mengen

Mit Hilfe von Aussagen können Mengen gebildet werden. Ist B eine Aussage und v eine Variable, so ist $\{v\,|\,B\}$ eine Menge.

Bemerkungen:

● Formal muß eine Grundmenge V angegeben werden: $\{v \in V\,|\,B\}$. Auf mögliche Inkonsequenzen beim Fortlassen der Grundmenge wird hier nicht eingegangen; solange nichts anderes gesagt wird, gilt stets IR als Grundmenge.

● Da die Begriffe freie und gebundene Variable, offene, wahre und falsche Aussagen formal festliegen, werden ohne explizite Regeln im weiteren andere gebräuchliche Symbole verwendet, wie $2, 3, 4, \frac{1}{2}, -1\frac{1}{2}, <, \geqq, \in, -, x^2$.

Es können nun vier verschiedene Situationen auftreten. In der untenstehenden Übersicht wird dies an Hand von Beispielen demonstriert.

$\{v/B\}$	neben v kommen in B keine freien Variablen vor	neben v kommen in B freie Variable vor
v ist freie Variable in B	(I) a) $\{x\,|\,x + 1 = 4\}$ b) $\{y\,|\,\exists_x (x^2 = y)\}$ c) $\{a\,|\,a = a\}$ $\{p\,|\,p^2 < -5\}$	(III) g) $\{x\,|\,ax + 1 = 4\}$ h) $\{a\,|\,(|a-p| = |a-q|)\}$
v ist in B gebunden oder kommt in B nicht vor	(II) d) $\{x\,|\,\exists_x (x + 1 = 4)\}$ e) $\{y\,|\,\exists_x (x^2 = 1)\}$ f) $\{a\,|\,(0 = 1)\}$	(IV) i) $\{y\,|\,\exists_y (x^2 = y)\}$ j) $\{k\,|\,a = 3\}$

Bemerkungen:

● Achten Sie auf den Unterschied zwischen den Beispielen a und d:

a) $\{x\,|\,x + 1 = 4\} = \{3\}$

d) $\{x\,|\,\exists_x (x + 1 = 4)\} = \{x\,|\,\exists_y (y + 1 = 4)\} = $ IR

● Achten Sie auf den Unterschied zwischen den Beispielen b und i:

   b) $\{y \mid \exists_x (x^2 = y)\} = \{y \mid y \geqslant 0\}$

   i) $\{y \mid \exists_y (x^2 = y)\} = \{y \mid \exists_t (x^2 = t)\}$,

   für jedes $x \in \mathbb{R}$ ist die Menge i) also die Grundmenge $\mathbb{R}$.

● Eine Menge des Typs II ist leer oder die Grundmenge.

Mengen der Typen III und IV sind nicht eindeutig bestimmt. Die freien Variablen a (in Beispiel g), p und q (in h), x (in i) und a (in j) nennen wir *Parameter* der Mengen. Allgemein: Ist in $\{v \mid B\}$ die Variable u frei in B, so heißt u Parameter dieser Menge.

Betrachten Sie nochmals das Beispiel g: $\{x \mid ax + 1 = 4\}$. Diese Menge ist nicht eindeutig bestimmt. Es handelt sich in Wirklichkeit um ein Symbol für unendlich viele Mengen:

$$\{x \mid 1 \cdot x + 1 = 4\}$$
$$\{x \mid 5 \cdot x + 1 = 4\}$$
$$\{x \mid 0 \cdot x + 1 = 4\}$$
$$\{x \mid -8^{1/4} \cdot x + 1 = 4\}$$
$$\vdots$$
$$\vdots$$

Frage 11: Versuchen Sie anhand dieser Ausführungen für sich (nicht für Ihre Schüler) herauszufinden, was mit folgenden Aufgaben bezweckt werden soll:

a) Löse: $x + 3 > 2x - 9$.

b) Für welche a besitzt $x^2 - ax - 1 = 0$ eine Lösung?

c) $2x - 1 = 0$ ist falsch in $\mathbb{Z}$.

9.1.2. Die Schulsituation

Kann ein Mathematiklehrer sich und seinen Kollegen genau erklären, was mit bestimmten Begriffen bezweckt wird (so, wie er das können sollte), so heißt das noch lange nicht, daß er es auch seinen Schülern genau erklären muß.

Bei Schülern der Unterstufe genügt es noch, wenn sie wahre und falsche Aussagen allein auf Grund des gesunden Menschenverstandes erkennen und nicht mittels formaler Strukturen. (also abstahieren, aber nicht explizieren: Kriterium des Anfangszustands).

Nach dem Vorbereitungskriterium muß der Lehrer dafür Sorge tragen, daß seine Schüler nicht Dinge lernen, durch die das kognitive Schema später unnötigerweise akkommodieren muß. Ein Beispiel hierzu ist der beliebte Fehler, 3a + 3b zu 3 (ab) umzuformen. Tut ein Schüler dies, dann arbeitet er nicht auf der Basis eines Schemas, bei dem Buchstaben Variable oder gegebene Mengen sind, sie sind vielmehr selbständige Objekte, die man umherschieben, aufnehmen und woanders wieder hinlegen kann (siehe 8.1.1). Das Pluszeichen in 3a + 3b sagt dann ‚zusammenfassen'. Das ist bei 3 (ab) dann auch geschehen. Nach Ansicht des Schülers ist das eine begründete Handlung. Die Klammern schreibt er, weil ihm das verlangt zu sein scheint. Will ein Lehrer die Gefahr solcher Fehler verringern, muß er eine lange Sortierphase anbieten. Diese sollte dann ohne Rauschen auf die Abstraktion ‚Variable aus einer Menge' konzentriert werden. Das entspricht dem Begriff ‚offene Aussage'.

Der Begriff ‚offene Aussage‘ schließt nun gut an bekannte Erfahrungen junger Schüler an. Sie haben auf der Grundschule schon kleine Aufgaben der Form: ‚Ergänze: 5 + ... = 8‘ gelöst. Darum sollte es nicht schwer sein, die Schüler zu lehren, aus vorgelegten Beispielen offene, wahre, falsche oder überhaupt keine Aussagen herauszufinden. Anfangs wird man etwas Schwierigkeiten haben mit 5 + 3 = ... (‚Das ist keine Aussage, das ist eine Aufgabe.‘) Auch erscheint es sinnvoll, offene Aussagen wie $0 \cdot ... = 5$ und $(...)^2 \geqq 0$ wenn überhaupt, dann in der Verarbeitungsphase zu behandeln. Abhängig von den gewählten langfristigen Zielen kann der Lehrer zu diesem Thema noch eine einfache Explizierung durchführen.

Anschließend können Variable eingeführt werden. Einige Schulbuchautoren stellen Buchsaben als vorläufige Platzhalter für Zahlen vor. So ist in der Gleichung a + 3 = 8 der Buchstabe a ein vorläufiges Symbol, das später durch das Symbol 5 ersetzt wird. Dieses Vorgehen führt zunächst schnell zu Resultaten (kurzfristige Ziele), muß aber später angepaßt werden, um etwa $a^2 = 64$ bearbeiten zu können, und nochmals angepaßt werden, wenn a + 1 > a gelöst werden soll. Darum ist es besser, bei Buchstaben anfangs von ‚Leerstellen‘ zu reden (Kriterium der Vorbereitung). Eine gezielte Arbeitsweise ist die folgende:

Die Schüler können zwischen Aussageformen wie 3 + ... = 8 und wahren oder falschen Aussagen unterscheiden. Dann kann man folgende Aufgabenstellung geben (aus *J. v. Dormolen*, Algebra I, Den Haag 1968)

A. Übertrage folgende Aussagen auf ein Blatt Papier und fülle anschließend die Leerstellen mit Zahlen aus. Achte darauf, daß dabei ungefähr gleichviel wahre und falsche Aussagen entstehen.

   1. 3 + 8 = 11   5. $... \cdot - 4 = 24$

   2. 6 − 4 = 10   6. ... : 3 = 12

   3. 2 + ... = − 9   7. $5 \cdot ... = − 20$

   4. 4 − 6 = ...   8. 2 : − 6 = ...

B. Vermerke zu jeder Aufgabe in Deinem Heft, ob eine wahre oder falsche Aussage entstanden ist (w oder f).

C. Tausche dann das Blatt mit einem anderen Schüler, der genauso verfuhr, und lege für seine Lösungen ebenfalls eine Spalte mit w's und f's an.

D. Tue dasselbe mit einem dritten Schüler.

E. Betrachte die drei Spalten und beantworte folgende Fragen:

   1. Steht bei Aufgabe 1 in jeder Spalte ein w? Muß jeder Schüler da ein w stehen haben? Warum?

   2. Steht in jeder Spalte bei Aufgabe 2 ein f? Muß das bei jedem Schüler so sein? Warum?

   3. Muß jeder Schüler bei Aufgabe 3 dieselbe Antwort haben?

   4. Bei welchen Aussagen müssen alle Schüler dieselbe Antwort haben?

   5. Warum ist es unwahrscheinlich, daß die Schüler bei Aufgabe 5 dieselbe Antwort haben?

Bis hierher wurde das Ziel verfolgt, dem Schüler bewußt zu machen, daß auf die Leerstelle jedes beliebige Element der Grundmenge eingesetzt werden kann. Man ist nicht verpflichtet, dasjenige Element zu nehmen, das eine wahre Aussage erzeugt. Das liegt an der Fragestellung. Die Fragen 1 bis 4 dienen der Abstraktion. Wer hier noch nicht richtig antworten kann, muß weiter sortieren und darum C einigemale wiederholen. Die Frage 5 zielt auf Explizieren.

Anschließend sollen die Schüler erfahren, daß Buchstaben und Leerstellen eigentlich dasselbe sind.

Es war einmal ein Schüler, wir wollen ihn Rudolf nennen, der war so eifrig, daß er Aufgabe A überschlug und sich gleich auf Frage B stürzte. Begreifst Du, warum er nicht weiter als bis zum zweiten Ergebnis kam?

Es war einmal ein Schüler, wir wollen ihn Simon nennen, der hatte gehört, daß man in der Algebra Buchstaben statt Zahlen schreibt. Er hatte etwas läuten hören, wußte aber nicht, wo die Glocken hingen. Er wollte zeigen, daß er besonders schlau sei und schrieb bei Aufgabe A hin:

1. $3 + 8 = 11$	5. $p \cdot - 4 = 24$
2. $6 - 4 = 10$	6. $y : 3 = 12$
3. $2 + a = -9$	7. $5 \cdot g = -20$
4. $4 - 6 = x$	8. $2 : -6 = b.$

Dann begann er, zufrieden mit sich selbst, mit Aufgabe B. Zu seiner Verblüffung kam er nicht weiter als bis zur zweiten Aussage. Begreifst Du, wieso?

Offenbar hatten Rudolf und Simon dieselbe Schwierigkeit. Rudolf wußte, daß in der dritten Aussage auf die offene Stelle eine Zahl gehörte, aber solange keine dastand, konnte er nicht feststellen, ob die Aussage wahr oder falsch war.

Simon wußte ebenfalls, daß in der dritten Aussage anstelle des Buchstabens a eine Zahl stehen mußte, aber solange er eine solche Zahl nicht hatte, konnte er nicht entscheiden, ob es sich um eine wahre oder falsche Aussage handelte. In beiden Fällen lag noch eine Aussageform vor. Dasselbe war bei den anderen Teilaufgaben der Fall.

Es folgen dann weitere Beispiele, eine Absprache über den Namen der Leerstellen (Variable) und über die Handlung, die Variable durch eine Zahl zu ersetzen (substituieren). Danach folgt die Explizierungsphase (‚Ein Buchstabe besetzt eine Leerstelle in einer Aussageform. Setzt man dafür eine Zahl ein, entsteht eine wahre oder falsche Aussage. Solche Buchstaben nennt man Variable. Das Einsetzen heißt substituieren.') Wichtig ist, daß solche Beschreibungen durch Schüler gegeben werden (allein oder mit Hilfe des Lehrers), und daß diese Beschreibungen dann auch in der Klasse als Arbeitsgrundlage verwendet werden.

Anschließend muß eine lange Verarbeitungsphase folgen, in der viel substituiert wird. Nicht nur, um wahre Aussagen zu erhalten, sondern auch falsche. Es gibt auch Fälle, in denen aus einer Aussageform keine falsche Aussage gemacht werden kann, z.B. $x \cdot 0 = 0$, $3a + 6a = 9a$. Sinnvoll ist es, dann Aussageformen mit mehreren Variablen möglichst bald einzuführen, da hierbei der Vorteil von Buchstaben gegenüber dem Arbeiten mit Leerstellen deutlich zu Tage tritt. Um den Begriff Variable als Leerstelle am Leben zu erhalten, sollte der Lehrer auch viel ‚zurücksubstituieren' lassen, d.h., die Schüler sollen eine Aussageform aus einer wahren Aussage zurückgewinnen. Das muß nicht dieselbe Aussageform sein wie die ursprüngliche. Beispiele sind Aufgaben wie:

Die wahre Aussage $54 = 10 \cdot 5 + 4$ entstand durch Substituieren von Zahlen für Variable. Welche Aussageform wurde wohl dazu verwendet?

(a) $p = q + r$	(c) $p = 5 + r$
(b) $p = 10q + r$	(d) $54 = 50 + r.$

Die folgenden vier wahren Aussagen entstanden durch Substituieren aus ein und derselben Aussageform. Welche könnte es gewesen sein?

(a) $2 \cdot 3 - 2 \cdot 4 = 2(3 - 4)$ (c) $2 \cdot - 6 - 2 \cdot 4 = 2(- 6 - 4)$

(b) $2 \cdot 5 - 2 \cdot 4 = 2(5 - 4)$ (d) $2 \cdot \frac{1}{4} - 2 \cdot 4 = 2(\frac{1}{4} - 4)$

Frage 12: Welches wichtige langfristige Ziel wird hier außerdem verfolgt?

Bei diesen notwendigen Übungen kann man nebenbei Konventionen über Abkürzungen einführen, etwa 2p statt $2 \cdot p$ und a^2 statt $a \cdot a$. Die Aussageformen des Typs $x \cdot 0 = 0$, $3a + 6a = 9a$, $2a + 2b = 2(a + b)$, $a + b = b + a$ kann der Lehrer dann benutzten, um zu Aussagen der folgenden Art überzuleiten:

Für alle x gilt:	$x \cdot 0 = 0$
Für alle a gilt:	$3a + 6a = 9a$
Für alle a und alle b gilt:	$2a + 2b = 2(a + b)$
Für alle a und alle b gilt:	$a + b = b + a$

Verspüren die Schüler ein Bedürfnis nach einer kürzeren Schreibweise, können Sie auch das Symbol $\forall$ verwenden. Nötig ist das nicht. Viel wichtiger ist, daß sie lernen, den Begriff ‚für alle‘ in den richtigen Situationen zu verwenden.

Zum Schluß dieses Abschnitts noch ein paar Bemerkungen. Einige sind weniger, andere sehr wichtig. Es wird dem Leser überlassen, diesen Unterschied festzustellen.

1. Eine saubere Ausdrucksweise zu vermitteln ist ebenfalls ein langfristiges Ziel des Mathematikunterrichts. Das beinhaltet auch, daß man die Dinge nicht auf problematische Weise beschreibt, wenn man es ohne viel mehr Mühe auch deutlich sagen kann. Vergleichen Sie dazu folgende Sätze:

   Eine Zahl unter Veränderung des Vorzeichens auf die andere Seite bringen. Auf beiden Seiten dieselbe Zahl addieren oder subtrahieren.

   In IR gilt: $a + b = b + a$. Für alle a aus IR und alle b aus IR gilt: $a + b = b + a$.

   Substituiere $a = 2$ und $b = 8$ in den Ausdruck $a^2b - ab^2$. Substituiere 2 für a und 8 für b in den Ausdruck $a^2b - ab^2$.

   Die Gerade $2x + 3y = 9$. Die Gerade mit der Gleichung $2x + 3y = 9$.

   Bei einer Raute stehen die Diagonalen senkrecht aufeinander. In einem Viereck, in dem alle Seiten die gleiche Länge haben, bilden die Geraden, die gegenüberliegende Eckpunkte miteinander verbinden, einen Winkel von 90°.

   In jedem dieser Beispiele ist der zweite Satz eine genauere Ausführung dessen, was der erste Satz beinhaltet. Mit Ausnahme des letzten Beispiels sind diese zweiten Sätze komplizierter als die ersten, dafür aber klarer. Darum muß der Lehrer in solchen Fällen die zweite Ausdrucksweise wählen und dies auch von seinen Schülern verlangen. Erst wenn die zugehörigen Begriffe in kognitive Schematas assimiliert wurden, kann man eine etwas ‚schludrigere‘ Ausdrucksweise dulden. (‚Wenn zwei Menschen voneinander wissen, daß sie schludrig formulieren und diese Schludrigkeiten kennen, können sie in ihrer Unterhaltung ruhig schludrig sein‘).

2. Genauso, wie man durch ein Bedürfnis der Schüler nach kürzerer Schreibweise das Symbol $\forall$ eingeführt hat, kann man auch die Notation $\{v | B\}$ einführen. Wer oft ‚Die Menge aller x, so daß …‘ schreiben muß, ist schon zufrieden, wenn er ‚$\{$ alle x,

so daß}' schreiben darf. Wenn er dann etwas später zu ‚{x|...}' kommt, wird er mit dieser Schreibweise keinerlei Schwierigkeiten mehr haben. Der Hintergrund einer solchen Vorgehensweise ist der Gedanke, daß Notationen erst nach dem Begriff kommen und ihm nicht vorausgehen. Darum wird in diesem Buch auch für eine lange Sortierphase plädiert, hier also mit Aussageformen der Art 4 + ... = 8 anstelle von 4 + x = 8.

3. Um den Begriff Variable in der beschriebenen Weise einzuführen, kann man mit großem Erfolg Blätter mit Löchern verwenden. Jede Leerstelle einer Aussageform wird ein Loch, also eine Leerstelle im Sinne des Wortes.

$$2 + \bigcirc = -9$$

Die Schüler müssen dann unter das durchlöcherte Papier ein anderes Blatt legen, anschließend (etwa anstelle der oben beschriebenen Aufgabe A) in die Löcher Zahlen schreiben und dann hinter jede Aussage ein w oder f vermerken (anstelle von B). Danach werden die unteren Blätter mit denen anderer Schüler getauscht (C, D). Wer sich die Zeit nimmt, solche Blätter selbst für seine Schüler vorzubereiten, wird merken, daß die Begriffe offene Stelle und Variable von den Schülern nun sehr schnell identifiziert werden. Die Löcher lassen sich übrigens mit Hilfe eines Werkzeugs für die Lederverarbeitung (Punzeisen) leicht in einen Stapel Papier stanzen.

4. Die hier beschriebene Strategie der Stoffauswahl ist natürlich nicht die einzig mögliche, das gestellte Ziel zu erreichen. Probleme gibt es, wenn ein Lehrer der Ansicht ist, daß das von seinem Schüler verwendete Schulbuch eine schlechte Strategie besitzt. Ein Lehrer ist stark an das Schulbuch gebunden. Größere Abweichungen davon stiften in den meisten Fällen Verwirrung, denn die Schüler müssen das Buch ja verwenden. Man muß als Lehrer daher sehr gut abwägen, welche Teile man austauschen oder ergänzen will und das seinen Schülern auch erklären. Übrigens ist dieses Problem im Fall der Einführung von Variablen nicht so groß. Man muß das Buch, von dem man glaubt, es habe eine schlechte Strategie, meist nicht ändern, sondern lediglich ergänzen.

5. Bei den gegebenen Lernzielen, Variable als Leerstellen zu betrachten, verbietet sich die Verwendung von Buchstaben in anderen Situationen. Später kann man dann Buchstaben wohl noch als Namen anderer Dinge benutzen, etwa ein: ‚B sei die Menge aller echten Brüche ...'. Solche Unterschiede pflegt man typographisch zu kennzeichnen, etwa kann man die Variablen kursiv schreiben. Hier schlagen wir dem Lehrer vor, Schulbuchtexte zu streichen, in denen Buchstaben innerhalb von Mengen vorkommen. Einem Anfänger wird man kaum klar machen können, daß $s \in \{s, o, p, e\}$ eine wahre Aussage, und $t \in \{s, o, p, e\}$ eine Aussageform ist. So ist auch die Frage nach der Menge der Buchstaben in dem Wort AMSTERDAM mindestens dreideutig.

6. Das gegebene Lernziel verbietet eine ‚Erklärung' von 3a + 6a = 9a und von 4t + 4u = 4 (t + u) durch ‚drei Äpfel und sechs Äpfel sind neun Äpfel' und ‚vier Tassen und vier Untertassen sind vier Satz Tassen-mit-Untertassen'.

7. Neben der beschriebenen Art, Variablen mittels Quantoren ($\forall$ und $\exists$) zu binden, kann man dies auch anders tun, etwa

- durch die Mengenschreibweise,
- durch eine Frage: Für welche x gilt: x + 5 = 9?, die man evtl. ersetzen kann

- durch die Notation: $?_x : (x + 5 = 9)$;
- durch Variable an eine Funktion $f : x \to x + 5$ binden.

8. Erst wenn die Begriffe Variable und Aussageform assimiliert sind, erlangt der Mengen-
begriff seine eigentliche Bedeutung, insbesondere als Lösungsmenge einer Aussageform.
Dabei entsteht auf natürliche Weise das Bedürfnis, den Begriff der Grundmenge einzuführen. Man gewinnt nichts, wenn man in einem Anfängerkursus, der mit Mengen
beginnt, gleich alle möglichen Begriffe mit ihren Notationen einführt (Menge, Teilmenge, Element, endliche und unendliche Mengen, Durchschnitt, Vereinigung).

Zusammenfassung

Den Begriff Variable kann man so einführen, daß alle vier Kriterien der Stoffauswahl erfüllt werden. Chronologisch geschieht das in der Reihenfolge:

1. Wahre und falsche Aussagen (abstrahieren, nicht explizieren),
2. Leerstellen (wie 1.),
3. Substituieren in Leerstellen, so daß wahre oder falsche Aussagen entstehen (wie 1.),
4. Aussageformen (explizieren),
5. Variable,
6. Substituieren von Variablen durch Zahlen, auch ‚zurücksubstituieren‘,
7. Lösungsmenge,
8. Grundmenge,
9. Substituieren von Variablen durch andere Variable,
10. Verallgemeinern wahrer Aussagen zu Aussageformen, auch mit gebundenen Variablen.

Frage 13: Vergleichen Sie diese Anordnung mit Schulbüchern. Gibt es auch andere Möglichkeiten, die
ebenfalls den vier Kriterien genügen?

Schlußbemerkung: Bei der hier beschriebenen Vorgehensweise werden Begriffe wie
Durchschnitt, Vereinigung, Teilmenge erst später behandelt.

Frage 14: Wie kann dies auf der Basis der hier geschilderten Anordnung geschehen?

Frage 15: Was tun Sie, wenn Sie ein Buch benutzen müssen, das nicht nach der von Ihnen gewählten
Anordnung vorgeht?

Frage 16: Beantworten Sie die Fragen 11 bis 14 aus 11.6

9.2. Funktionen, Abbildungen, Relationen

In der Vergangenheit gab es drei strittige Punkte:

1. die Frage, ob Funktion und Abbildung Synonyme seien,
2. die Frage, wie Funktionen, Abbildungen und Relationen zu definieren seien,
3. Die Frage, ob der Definitionsbereich einer Funktion (Abbildung, Relation) Elemente
enthalten darf, die nicht Urbild der Funktion (Abbildung, Relation) sind.

Die erste Frage beantwortete die Nomenklaturkommission der niederländischen Mathematiklehrervereinigung mit dem Vorschlag, die Wörter Funktion und Abbildung synonym

zu verwenden (Euclides 48, 1972/73, pp. 241)[1]. Mit diesem Vorschlag kann man sehr zufrieden sein und darf erwarten, daß die teilweise erheblichen Unterschiede mit der Zeit aus den Schulbüchern verschwinden werden.

Diese Kommission äußerte sich auch zu den beiden anderen Fragen. Wir wollen zuerst auf die Frage 2 eingehen, da die Antwort auf Frage 3 davon abhängig ist.

9.2.1. Definition von Funktion und Relation

Es gibt zwei Richtungen

A. Die erste Richtung betont den Abbildungscharakter: Den Elementen einer Menge V werden Elemente einer Menge W zugewiesen. Mit dieser Betrachtungsweise korrespondieren ‚Pfeildiagramme' (Bild 9.1 bis 9.4) oder ‚Stabdiagramme' (Bild 9.5). Eine Funktion $\lceil$V, W, F$\rceil$ besteht dann aus einer Menge V, einer Menge W und einer Vorschrift F, die auf bestimmte Weise den Elementen von V Elemente von W zuordnet.

Die Vorschrift kann auf verschiedene Weisen festgelegt sein:
- durch die Notation mit einem Pfeil, z.B.: $x \rightarrow 2x^2 - 3$,
- durch einen Satz der Art: f so, daß $f(x) = 2x^2 - 3$,
- durch eine Menge geordneter Paare, z.B.: $\{(x, y) \in V \times W \mid y = 2x^2 - 3\}$.

B. Die zweite Richtung identifiziert eine Funktion von V nach W mit einer besonderen Teilmenge des kartesischen Produkts V X W. Die Graphen derartiger Funktionen sind Diagramme (Bild 9.6).

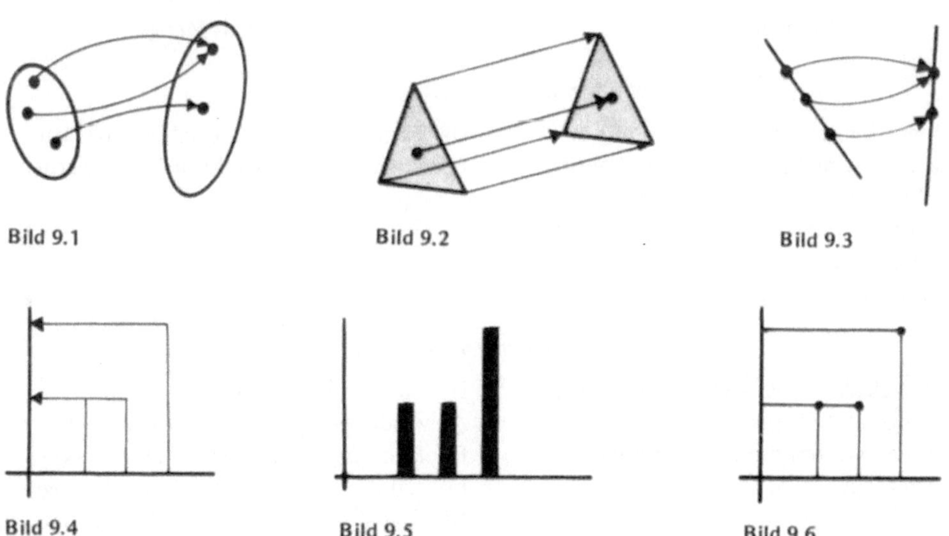

Bild 9.1   Bild 9.2   Bild 9.3

Bild 9.4   Bild 9.5   Bild 9.6

---

[1] Anm. des Übersetzers: Der Diskussionsstand in Deutschland entspricht in dieser und den folgenden Fragen dem in den Niederlanden. Es gibt jedoch bei uns keine verbindlichen Vorschläge.

Gemessen am Kriterium des Anfangszustands ist eine Definition nach dem Standpunkt A
in seiner abstrakten Form vermutlich nicht geeignet. Darum schütten seine Verfechter
etwas Wasser in den Wein und sagen nicht, was eine Funktion *ist,* sondern nur, was sie
tut: Eine Funktion von V nach W weist Elementen aus V Elemente aus W zu. Dieses
Vorgehen schließt sehr gut an die Erfahrungswelt der Schüler an (Kriterium des Anfangszustands) und bereitet spätere Erweiterungen vor (Kriterium der Vorbereitung).

Verfechter der Betrachtungsweise B geben eine formal exakte Definition einer Funktion:
Eine Funktion F von V nach W ist eine Teilmenge des kartesischen Produkts V $\times$ W mit
der Eigenschaft: Aus (x, y) $\in$ F und (x, z) $\in$ F folgt y = z. (Was also bei A als Hilfsmittel
diente, wird hier zur Definition benutzt.)

So elegant diese Betrachtungsweise auch sein mag, es sind doch ernsthafte Bedenken
gegen ihre Verwendung vorzubringen. Zunächst einmal ist zu fragen, welchen Sinn eine
formale Definition hat, wenn man vorläufig doch nicht damit arbeitet (siehe 4.3.4).
Zum zweiten ist es sehr fraglich, ob diese Definition den Begriff verdeutlicht (4.3.3).
Zum dritten werden bei dieser Definition spätere Erweiterungen überaus erschwert. Das
ist schon der Fall, wenn die Funktion nicht mehr von einer Zahlenmenge in eine andere
abbildet. Man denke nur an die Transformationen in der Ebene oder an Funktionen von
IR nach IR $\times$ IR. Die Definitionen von zusammengesetzten Funktionen und der Ableitung
werden derart kompliziert, daß selbst Verfechter dieser Methode dann schleunigst zum
Abbildungscharakter übergehen.

Es folgt nun ein Vergleich beider Richtungen, gemessen an den vier Kriterien der Stoffauswahl.

Pfeilcharakter	**Funktion als Menge**

Kriterium der math. Korrektheit

Die Identifikation der Funktion mit der Vorschrift ist nicht exakt, da der Begriff Vorschrift nicht definiert ist. Darum muß die Definition entfallen. Sie kann nötigenfalls später (bei Bedarf) als geordnetes Tripel ⌜V, W, F⌝ erfolgen.	Der Begriff kann als Spezialfall eines kartesischen Produkts exakt definiert werden.

Kriterium der Vorbereitung

Der Pfeilcharakter ist stets anwendbar. Zusammengesetzte Funktionen lassen sich allein schon durch diese Darstellungsweise verdeutlichen.	Die Mengendefinition blockiert spätere Anwendungen. Die Identifikation von Funktion und Graph führt hier naturgemäß zu Problemen durch Verwechslungen. Bei Transformationen in der Ebene, bei Funktionen nach IR nach IR $\times$ IR (z.B. Zeit-Ortsfunktionen) oder von IR $\times$ IR nach IR (z.B. Niveaufunktionen) ist die Definition didaktisch unbrauchbar.

Kriterium des Anfangszustands

Der Funktionsbegriff ist intuitiv bereits vorhanden, man kann direkt daran anknüpfen.	Der Begriff kann erst nach langen Vorbereitungen eingeführt werden. (erst Mengen, dann kartesisches Produkt, dann Relationen, dann endlich Funktionen)

Kriterium der allgemeinen Lernziele

,Alles was man benutzt, genau zu definieren' ist keine gutes Lernziel. Man kann mit einigen Grundbegriffen sehr gut langfristige Ziele verfolgen, ohne sie vorher zu definieren.

,Genau formulieren' ist eine gutes Lernziel. Die Definition einer Funktion ist eines der Mittel, dieses Ziel zu verfolgen.

Gegenrede: Mit dieser Definition wird das Ziel nicht verfolgt, weil sie doch höchstens nachgeplappert wird. Dieses Nachplappern wäre noch zu verteidigen, würde sich die Definition in der Theorie bewähren. Das ist aber nicht der Fall.

Neben diesen Richtungen A und B gibt es noch eine dritte Möglichkeit, die aber essentiell nichts Neues bringt. Sie beinhaltet, daß man eine Funktion als eine besondere Relation ansieht. Damit wird das Problem aber lediglich verschoben: Nun muß man eine Relation entweder als Teilmenge eines kartesischen Produkts definieren, oder aber induktiv sagen, was sie bewirkt: den Elementen einer Menge auf bestimmte Weise Elemente einer (anderen) Menge zuweisen. Das liefert aber keine neuen Argumente für oder gegen eine der beiden Richtungen.

9.2.2. Die Verwendung von Pfeildiagrammen und Graphen

Ein Pfeildiagramm ist eine visuelle Darstellung einer Funktion, ein Graph ist die visuelle Darstellung einer Menge. Das ist direkte Folge des Standpunkts, Funktionen nicht unbedingt mit Mengen zu identifizieren. Dieser Standpunkt soll nun im folgenden eingenommen werden. Dafür sprechen auch noch bereits genannte psychologische Gründe, die mit dem Anfangszustand und mit der Vorbereitung späterer Erweiterungen zu tun haben.

Diese Standpunktwahl bedeutet nicht, daß man nun nur noch Pfeildiagramme benutzen soll. Die Wahl zwischen Pfeildiagramm und Graph hängt von dem Problem ab, mit dem sich der Schüler beschäftigen soll. Das wird in den folgenden Fragen sichtbar gemacht:

Frage 1: Zu den nachfolgenden Fragen und Aufgaben kann man Skizzen als Hilfsmittel verwenden. Welche der Darstellungen in Bild 9.7 paßt am besten zur jeweiligen Fragestellung? (Die Probleme sind nicht für Schüler gleicher Klassen oder Schultypen bestimmt).

a) Eine Funktion heißt symmetrisch zu a, wenn für alle x gilt: $f(a - x) = f(a + x)$ (sofern $a - x$ und $a + x$ Elemente des Definitionsbereichs von f sind). Untersuche, ob $x \to \frac{1}{3}(x^2 - 4x - 6)$ symmetrisch ist.

b) Ist die Funktion $x \to \frac{1}{3}(x^2 - 4x - 6)$ umkehrbar?

c) Was ist der kleinste Wert, den die Funktion annehmen kann?

d) Bestimme die Gleichung der Tangente in $(1, f(1))$ an den Graph.

e) Die Funktion läßt sich aus zwei einfachen Funktionen zusammensetzen. Aus welchen?

f) Berechne die Fläche zwischen Graph und x-Achse.

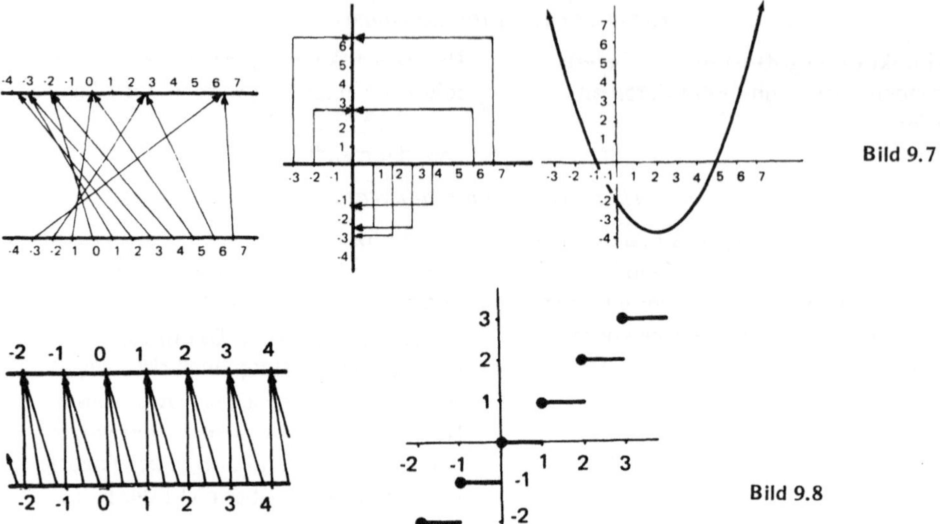

Bild 9.7

Bild 9.8

Frage 2: Dieselbe Aufgabenstellung für die Funktion:

$$E: \mathbb{R} \to \mathbb{R} : x \to [x] \quad \text{(Ganzteilfunktion)} \quad \text{(Bild 9.8)}$$

a) Ist die Funktion stetig?

b) Kann jede Zahl aus $\mathbb{R}$ Bild sein? Kann jede Zahl aus $\mathbb{R}$ Urbild sein?

c) Ist E eine monotone Funktion?

d) Läßt sich $\displaystyle\int_0^8 E(x)\,dx$ sinnvoll definieren?

Frage 3: Was ist Ihrer Meinung nach eine Funktion?

Aus diesen Fragen erkennt man den Zusammenhang zwischen dem Problem und der Wahl des richtigen visuellen Symbols. Ein Lehrer muß also gezielt auswählen. Dabei hat er noch ein anderes langfristiges Ziel zu berücksichtigen: Der Schüler soll nämlich die geeignete Lösungsmethode selbst herausfinden können.

Noch eine kurze Bemerkung über die Verwendung von Graphen. Man kann einen Graph als ein Hilfsmittel auffassen, die Funktion festzulegen: Dazu trägt man den Definitionsbereich längs der horizontalen und die Zielmenge auf der vertikalen Achse ab. Man kann nun absprechen, die Pfeile achsenparallel zu zeichnen (Bild 9.9). Man kann einen Graph aber auch als ‚Stabdiagramm‘ auffassen. Dann ist die vertikale Achse eigentlich überflüssig und dient nur als Ableseskala (Bild 9.10).

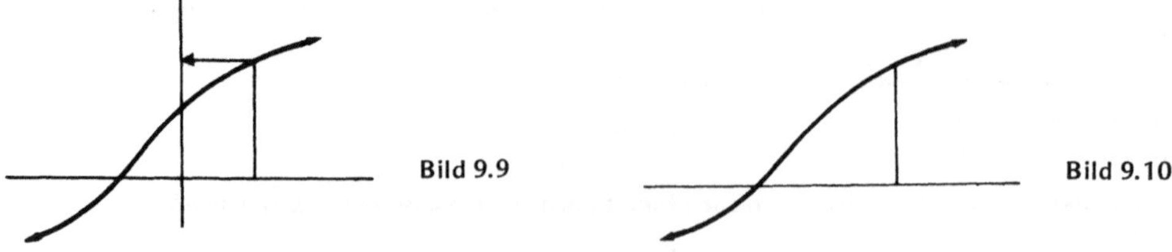

Bild 9.9

Bild 9.10

Wegen des Abbildungscharakters gebührt der ersten Betrachtungsweise der Vorzug, aber man muß schließlich damit rechnen, daß dem Schüler außerhalb der Mathematikstunden auch Stabdiagramme begegnen.

Frage 4: Setzen Sie die Verwendung von Graphen und anderen Diagrammen in Relation zum Inhalt der Abschnitte 5.1.2 und 5.1.3.

9.2.3. Der Definitionsbereich

Bleibt noch das dritte Problem: ob und wie der Definitionsbereich einer Funktion vorgegeben werden soll. Wenn man bedenkt, daß mit:

$$IR \rightarrow IR: x \rightarrow x^2$$
$$IR^+ \rightarrow IR: x \rightarrow x^2$$
$$IN \rightarrow IR: x \rightarrow x^2$$

doch wohl drei verschiedene Funktionen gemeint sind, scheint die Forderung sinnvoll zu sein, daß jedes Element der ersten Menge Urbild sein muß. Dann allerdings sind

$$IR \rightarrow IR: x \rightarrow \sqrt{x}$$

und

$$IR \rightarrow IR: x \rightarrow x^{-1}$$

keine Symbole für Funktionen. Es sind bedeutungslose Zeichen, wie etwa auch

$$\frac{5}{0} \, , \int_0^2 \log(x-1)\, dx \quad \text{und} \quad (6 +: \times 2)$$

Andererseits erscheint auch das Argument vernünftig, daß bei $x \rightarrow \sqrt{x}$ jeder leicht erkennt, daß alle nicht-negativen (reellen) Zahlen als Urbilder auftreten können und sonst keine. Insbesondere, wenn man die Funktion als Tripel $\overline{V}$, W, $\overline{F}$ definiert mit $F = \{(x, y) \in IR \times IR \mid y = \sqrt{x}\}$. Daher kam die Nomenklaturkommission[1]) überein, für den Schulgebrauch unter einer Funktion eine Vorschrift verstanden werden, die einem Element aus V höchstens ein Element aus W zuordnet.

Das bedeutet dann aber auch, daß $IR \rightarrow IR: x \rightarrow x^2$ nicht mehr eindeutig festgelegt ist. Um diese Schwierigkeit zu beheben, spricht man dann auf der Schule ab, daß der Definitionsbereich einer Funktion $f: V \rightarrow W$ aus allen $x \in V$ besteht, für die $f(x)$ einen Sinn ergibt.

Alles in allem ist dadurch eine verworrene und somit unbefriedigende Situation entstanden. Einerseits kann man die Nomenklaturkommission verstehen, wenn sie das Problem des Definitionsbereichs nicht zuspitzen will, andererseits muß man *Freudenthal* und *Massen* beipflichten, wenn sie in ihren Artikeln (Euclides 41/51) deutliche Beispiele dafür geben, welche Verwirrung dieser Standpunkt der Nomenklaturkommission stiften kann.

---

[1]) Gemeint ist hier natürlich wieder die Nomenklaturkommission der niederländischen Mathematiklehrervereinigung

Um das Ganze noch komplizierter zu machen, gibt es Schulbuchautoren, die nochmals andere Absprachen treffen (z.B. *G. Krooshof* u.a.).

Ein gutes Kriterium, um aus der Sackgasse heraus zu kommen, ist der Standpunkt, daß eine Definition nur dann sinnvoll ist, wenn mit ihr auch tatsächlich gearbeitet wird oder wenn sie einen Begriff verdeutlicht (siehe Abschnitte 4.3.3 und 4.3.4). Geht man von diesem Kriterium aus, muß man zu dem Schluß kommen, daß mit f: V → W (sprich: Funktion f von V nach W) eine Funktion bezeichnet wird, die jedem Element aus V genau ein Element aus W zuordnet.

Bei reellen Zahlen kann man dem Problem entrinnen, indem man die Schüler selbst den geeigneten Definitionsbereich finden läßt. Dazu spricht man ab, daß der Definitionsbereich aus allen reellen Zahlen bestehen soll, für die die vorgegebene Vorschrift, beispielsweise $x \to \frac{x^2-5}{x-1}$ einen Sinn ergibt. So kann man einfach schreiben:

$$x \to \frac{x^2-5}{x-1}$$

Aber dann ist das Zeichen

$$\mathbb{R} \to \mathbb{R}: x \to \frac{x^2-5}{x-1}$$

sinnlos.

9.3. Geometrie an den höheren Schulen[1]

Nach den Richtlinien von 1968 wird in den Niederlanden Geometrie als ein deduktives System gelehrt, bei dem es um das Studium von Eigenschaften bestimmter Figuren geht. In den kommenden Abschnitten wird angedeutet, welche Bedeutung und Konsequenzen das hat. Danach wird das eine oder andere über Veränderungen im Geometrieunterricht gesagt.

9.3.1. Geometrie als deduktives System

9.3.1.1. Mathematische Korrektheit

Ein deduktives System ist ein zusammenhängendes Ganzes von *Sätzen* und *Begriffen*, wobei nach bestimmten Regeln geschlossen werden muß. Diese Regeln beinhalten u.a., daß jeder Satz zu *beweisen* ist und von jedem Begriff die *Existenz* zu zeigen ist. Dazu benötigt man eine Reihe Grundbegriffe und Grundbeziehungen. Diese Relationen sowie die Existenz der Grundbegriffe werden in *Axiomen* postuliert.

Die Forderung des Existenzbeweises kann auf zwei Weisen erfüllt werden:

a) Man kann die Existenz des fraglichen Begriffs durch Schlußfolgerungen zeigen.

---

[1] Anmerkung des Übersetzers: Die Situation in Deutschland ist ähnlich der hier beschriebenen. Auch bei uns tendiert man zu einer Aufweichung der deduktiven Systematik.

Beispiele:

- Jede ganzrationale Funktion von IR nach IR von ungeradem Grad besitzt eine Nullstelle.
- Zu jedem Würfel existiert ein Würfel mit doppeltem Inhalt.
- Jedes Viereck, bei dem die Summe zweier gegenüberliegender Winkel 180° beträgt, besitzt einen Umkreis.

Solcherlei Schlußfolgerungen haben oftmals die Form von indirekten Beweisen: ‚Nehmen wir einmal an, das sei nicht so, dann ist ...‘

b) Man kann mit Hilfe bestehender Begriffe und Sätze den neuen Begriff konstruieren:

Beispiele:

- Es gibt ein Parallelogramm.
- Eine Strecke hat einen Mittelpunkt.
- Es gibt periodische Funktionen.

Dieser *Beweis durch Konstruktion* hat im Geometieunterricht zu den sog. Konstruktionsaufgaben geführt, bei denen bestimmte Figuren mit Zirkel und Lineal gezeichnet werden müssen. Der Gebrauch von Winkelmesser, Dreieck, Zentimetermaß und anderer nützlicher Hilfsmittel war verboten. Wer beispielsweise eine Ellipse mit einem Faden und zwei Heftzwecken zeichnete, hatte dabei ein schlechtes Gewissen, denn ‚eigentlich kann man eine Ellipse gar nicht konstruieren‘. Doch existiert eine Ellipse, denn bei genügend vielen Bestimmungsstücken kann man jeden beliebigen Ellipsenpunkt mit Zirkel und Lineal konstruieren. Merkwürdig ist, daß sich dieses ‚Konstruieren‘ auf der Schule verselbständigte und nur wenige Schüler wissen, daß die Aufgabe ‚Konstruiere ...‘ in Wahrheit dasselbe ist wie ‚Beweise, daß ... existiert‘ (siehe *L.N.H. Bunt:* van Ahmes tot Euclides, Groningen 1954).

Frage 1: Warum durfte nur Zirkel und Lineal verwendet werden?

Erläuterung:
Gegenwärtig hat noch die ‚Quadratur des Kreises‘ (also die Konstruktion eines Quadrats mit demselben Flächeninhalt wie ein vorgegebener Kreis) im übertragenen Sinn die Bedeutung einer unlösbaren Aufgabe. Dabei ist die Aufgabe sehr wohl lösbar, wenn man sich anderer Hilfsmittel als nur Zirkel und Lineal bedient.

Die Forderung, jeden Satz zu beweisen, führte zu einer *Systematik*, in der einige Sätze auch Sätze genannt werden, andere heißen lediglich Beispiele, *Folgerungen*, Eigenschaften. Die ‚echten‘ Sätze dürfen später stets ohne Beweis benutzt werden. Auf diese Weise entsteht eine Hierarchie zugelassener Sätze. Das gleiche Verlangen nach Systematik führte dann auch zu einem hierarchischen Aufbau bei Figuren (*Morphologie*), bei dem jede neue Figur entweder Sonderfall oder Verallgemeinerung vorheriger Figuren ist.

Beispiele:

- Systematische Übersicht über mögliche Vierecke
- Systematische Übersicht über mögliche Dreiecke
- Verallgemeinerung von Drei- und Vierecken zu Vielecken

9.3.1.2. Vorbereitung späterer Erweiterungen

Der logisch-deduktive Aufbau mit seiner starken Tendenz zur Systematik hatte zur Folge, daß man vom Lehrstoff der Unterstufe meistens wußte, welche Rolle er in den höheren Klassen spielen würde. So wurden in der Stereometrie häufig Kenntnisse und Fertigkeiten über kongruente und ähnliche Dreiecke verwendet. Diese beiden Begriffe spielten übrigens im Gesamtlehrplan für Geometrie eine zentrale Rolle.

9.3.1.3. Anfangszustand der Schüler

Im Hinblick auf den Entwicklungsstand 11- bis 12-jähriger Schüler gibt es aber starke Einwände gegen einen logisch-deduktiven Aufbau. Offenbar plädierte bereits *Clairaut* um 1750 für eine induktive Einführung. In den Jahren vor 1940 wurde dieses Problem auch in den Niederlanden eingehend diskutiert (siehe *J.H. Wansink*, Didactische oriëtatie voor wiskundeleraren, Teil 2, Groningen 1971)[1]. Hier dauerte es bis 1958, bis im offiziellen Lehrplan eine induktive Einleitung zugelassen und teilweise vorgeschrieben wurde (zu Unrecht benutzt man das Wort intuitiv anstelle von induktiv.)

Freunde und Gegner der induktiven bzw. deduktiven Arbeitsweise bringen *Denken, Lernen* und das (deduktive) *System* ziemlich durcheinander.

Ein Mathematiklehrer kann deduktiv *denken,* aber er *lernte* dies im Laufe seines Studiums auf induktive Weise, nämlich in einem Prozeß des Sortierens und Abstrahierens. Seine Schüler befinden sich noch am Anfang dieses jahrelangen Lernprozesses. Das wird bei den zuvor genannten Konstruktionen deutlich sichtbar, denn man kann den jungen Schülern nur sehr schwer klar machen, daß man im Anschluß an die Konstruktion auch noch beweisen muß, daß die gefundene Figur auch alle geforderten Bedingungen erfüllt.

Ebenso, wie man auf induktive Weise deduktiv denken lernt, macht man auch induktiv mit dem *deduktiven System* Bekanntschaft. Das Lernen neuer Begriffe geschieht fast nie anders (siehe 4.3).

Aus all dem folgt zusammen mit dem Anfangszustand der Schüler (Alter, Entwicklung, Kenntnisse, Fertigkeiten), daß der Lehrstoff notwendigerweise induktiven Aufbau haben muß, auch wenn das Lernziel schließlich heißt: Kenntnis und Einsicht in den deduktiven Aufbau sowie Fertigkeiten bei der Anwendung deduktiver Denkweisen.

9.3.1.4. Übereinstimmung mit den allgemeinen Lernzielen

In Abschnitt 9.3.1.1 wurden verschiedenen Aspekte deduktiver Systeme besprochen. Dies wird noch einmal in einer schematischen Übersicht wiedergegeben (Bild 9.11). Man kann nun jeden dieser Gesichtspunkte als Produkt- oder Prozeßziel auffassen und in einer Übersicht spezifischer Ziele einordnen (siehe 2.4). Man erhält dann folgende Übersicht, bei der der Einfachheit halber die Niveauziele weggelassen wurden.

Bemerkung: Die Beispiele der dritten Spalte beziehen sich nicht nur auf das Geometrieprogramm vor 1968.

---

[1] Anm. des Übers.: Ähnliche Ideen übten in Deutschland von der Jahrhundertwende an einen wachsenden Einfluß aus. Insbesondere Felix Klein setzte sich in dieser Richtung ein.

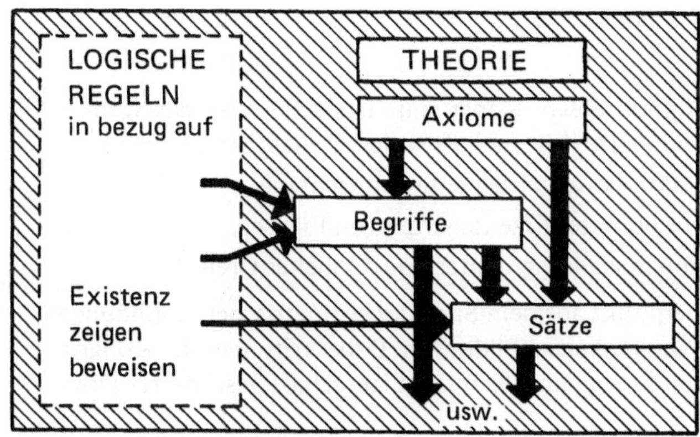

Bild 9.11

Theorie	Begriffe, Sätze, Axiome	Ein Quadrat ist ein Viereck mit vier Symmetrieachsen. Eine Drehung ist eine Zusammensetzung zweier Spiegelungen. Durch zwei Punkte geht genau eine Gerade. Es gibt eine Spiegelungen an einer Geraden. Ein Umfangswinkel ist halb so groß wie der zugehörige Mittelpunktswinkel. Die ebenen Transformationen bilden eine Gruppe.
Algorithmen	(Grund)Konstruktionen (Verkappte Existenzbeweise)	die Konstruktion einer Winkelhalbierenden, die Konstruktion eines symmetrischen Trapezes, die Konstruktion (Beschreibung) einer (räumlichen) Geraden, die zwei nicht parallele Geraden schneidet und durch einen gegebenen Punkt geht (existiert nicht immer).
Problemlösung	Arbeitsweisen bei der Beweissuche, Arbeitsweisen bei der Suche nach einer Konstruktion.	eine Figur durch Hilfslinien in bekannte Figuren zerlegen, Versuch einer Analyse, Fixpunkte einer Transformation suchen.
Logischer Zusammenhang	Regeln für die Begründung, Definition, Beweismethoden, Systematik	Wenn $a + b = 180°$ und $a + c = 180°$, dann ist $b = c$. Was ist ein Rechteck? Wie führt man einen indirekten Beweis durch? Gib eine systematische Übersicht über verschiedene Vierecke. Dasselbe für Sätze über Flächeninhalte geradlinig begrenzter Figuren.
Kommunikation	Anordnen und schriftliche Fassung eines Beweises nach logisch-deduktiven Regeln. Sauber zeichnen.	

9.3.2.   Die Lehrpläne vor und nach 1968

9.3.2.1.   Inhalt

Das alte Programm läßt sich wie folgt umreißen: Kongruente Dreiecke, Viereckseigen-schaften, ähnliche Dreiecke, Flächeninhalte, Eigenschaften des Kreises, Stereometrie.

In der Praxis konnte man zwei charakteristische Elemente beobachten:

- Der Schwerpunkt lag auf dem Studium der Eigenschaften von Figuren.

- Dieses Studium geschah vornehmlich via kongruenter und ähnlicher Dreiecke.

Im neuen Programm liegt der Schwerpunkt auf dem Studium geometrischer Abbildungen, insbesondere auf Kongruenz- und Ähnlichkeitsabbildungen. Dabei tritt aber die Kongru-enz als Eigenschaft bestimmter Abbildungen und nicht als Eigenschaft bestimmter Drei-ecke auf.

Der Unterschied beider Programme tritt mit den folgenden beiden Lösungen desselben Problems klar zutage:

Gegeben: Ein gleichschenkliges Dreieck ABC (AC = BC) (Bild 9.12), die Basis wird beid-seitig um die gleichlangen Strecken AD und BE verlängert.

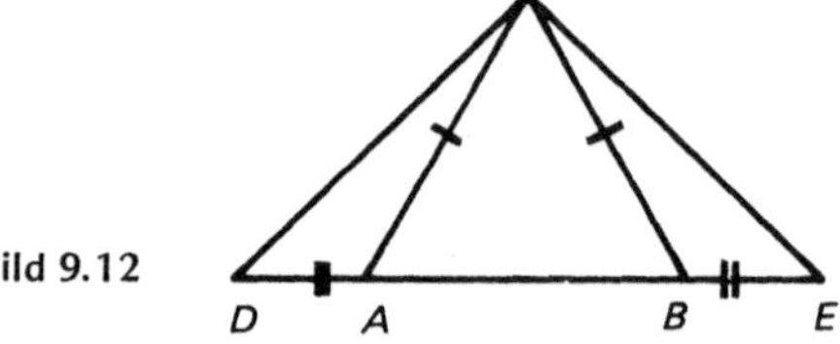

Bild 9.12

Zu beweisen: Das Dreieck DEC ist ebenfalls gleichschenklig.

Beweis I (altes Programm):

$$AC = BC \Rightarrow \sphericalangle\, CAB = \sphericalangle\, CBA$$
$$\sphericalangle\, CAB + \sphericalangle\, CAD = 180°$$
$$\sphericalangle\, CBA + \sphericalangle\, CBE = 180°$$
$$\Biggr\} \Rightarrow$$

$$\Rightarrow \sphericalangle\, CAD = \sphericalangle\, CBE$$
$$AC \;=\; BC$$
$$AD \;=\; BE$$
$$\Biggr\} \Rightarrow \triangle CAD \cong \triangle CBE \Rightarrow CD = CE.\ \text{q.e.d.}$$

Beweis II (neues Programm):

$\triangle$ ABC ist gleichschenklig $\Rightarrow$ es gibt eine Spiegelung, die das Dreieck auf sich selbst abbil-det, und zwar mit der Winkelhalbierenden des $\sphericalangle$ C als Achse. Dabei wird A auf B und B auf A abgebildet. Da AD $\cong$ BE, und da DE senkrecht auf der Spiegelungsachse steht, wer-den auch D und E aufeinander abgebildet. C wird auf sich selbst abgebildet, daher folgt aus den Spiegelungseigenschaften, daß EC $\cong$ DC.

Das folgende Beispiel zeigt die Wirkung der verschiedenen Programme auf die Lehrstoff-auswahl.

A. Ein Viereck ist dann und nur dann ein Parallelogramm, wenn gegenüberliegende Seiten gleichlang sind.

B. Ein Viereck ist dann und nur dann ein Parallelogramm, wenn es punktsymmetrisch
ist.

Im alten Programm diente die Aussage A zur Definition des Parallelogramms, während
B als Satz bewiesen werden mußte (wenn auch in etwas anderer Terminologie: Die Diagonalen halbieren einander). In dem neuen Lehrplan nimmt man viel einfacher B als Definition und A als zu beweisenden Satz.

9.3.2.2. Mathematische Korrektheit

Man kann ein geometrisches System deduktiv auf der Grundlage von Transformationen
aufbauen. Siehe z.B. *H. Behnke* u.a., Grundzüge der Mathematik, Band II, Geometrie,
Kap. 3, Göttingen 1960.

9.3.2.3. Vorbereitung späterer Erweiterungen

Der Aufbau auf der Grundlage von Transformationen bietet einige Möglichkeiten für die
Integration verschiedener Teilgebiete der (Schul)Mathematik. Beispiele dazu sind:

- Bei einem deduktiven Aufbau, dem eine induktive Einleitung vorausgehen kann, kann
  man mit der Untersuchung von Transformationsgruppen beginnen. So kann man zum
  allgemeinen Gruppenbegriff gelangen.
- Bei einem gegebenen Koordinatensystem lassen sich Transformationen durch Gleichungen beschreiben. Hier ergeben sich Verbindungen zu algebraischen Kenntnissen und
  Fertigkeiten.
- Bei der Verwendung von Vektoren kann man Verbindungen zur linearen Algebra herstellen.

9.3.2.4. Anfangszustand der Schüler

Der mehr dynamische Aspekt der Geometrie auf der Grundlage der Transformationen
— gegenüber dem mehr statischen der ,alten' Geometrie — motiviert Schüler leichter, die
Besonderheiten von Spiegelungen, Translationen, Drehungen usw. zu untersuchen.

Auch im alten Geometrieprogramm wurde die Kongruenz von Dreiecken oft durch Gesten
,sichtbar' gemacht, die die Vorstellung weckten, als würde das eine Dreieck auf das andere zu bewegt (zur Deckung bringen). In Wirklichkeit verwandte man dabei eines der Bewegungsaxiome.

Ebenso wie beim Lehrstoff von vor 1968 sollte man auch bei der Geometrie auf der
Grundlage von Transformationen im Unterricht induktiv vorgehen. Ein streng axiomatischer Aufbau ist erst bei fortgeschrittenen Studien sinnvoll.

9.3.2.5. Übereinstimmung mit den allgemeinen Lernzielen

Die Bemerkungen in 9.3.1 könnten zu Unrecht den Anschein erwecken, daß der alte
Geometrieunterricht ein in sich geschlossenes Ganzes war. Ausdrücklich wurden die axiomatischen Grundlagen wenig oder gar nicht beachtet. Der induktive Aufbau bedingte, daß
nicht mit einem Axiomensystem begonnen werden konnte. Der Stoffumfang verhinderte
darüber hinaus, daß dies später in höheren Klassen geschah. Dabei war durch die Betonung

der Systematik und der logisch-deduktiven Formulierungen die Basis für ein richtiges Begreifen der Axiomatik für weitergehende Studien durchaus gelegt worden.

Im heutigen Lehrplan ist die Systematik gut erkennbar und man bemüht sich auch deutlich in den Schulbüchern, von Zeit zu Zeit systematische Überblicke zu geben. Doch muß befürchtet werden, daß dies in der Praxis nicht zum Tragen kommt, da Lernziele aus L (Logischer Zusammenhang) und K (Kommunikation) zu wenig beachtet werden. Eine der Ursachen ist der übergroße Anteil des induktiven Lernens, durch den die Schüler in der Sortierphase stecken bleiben und zu wenig zum Explizieren angehalten werden.

9.4.   Wurzeln und Logarithmen

9.4.1. Bestandsaufnahme bestehender Probleme

9.4.1.1. Wurzel und Logarithmus als Rechenoperationen

Wurzelziehen und Logarithmieren werden häufig als Umkehrungen des Potenzierens eingeführt.

Dagegen sind theoretische Bedenken anzumelden (Kriterium der mathematischen Korrektheit). So muß man die Rechenoperation Potenzieren als eine Funktion von $V \times V$ nach V auffassen, wobei V eine Teilmenge von $\mathrm{I\!R}$ ist:

$$(x, y) \to x^y.$$

Ebensowenig, wie die Subtraktion:

$$V \times V \to V: (x, y) \to x - y$$

die Umkehrung der Addition:

$$V \times V \to V: (x, y) \to x + y$$

ist, ist Logarithmieren oder Wurzelziehen eine Umkehrung des Potenzierens.

Man kann wohl sagen, daß ,vermehren um 37' eine Umkehrung von ,vermindern um 37' ist, denn

$$V \to V: x \to x + 37 \quad \text{und} \quad V \to V: x \to x - 37$$

sind zueinander invers.

Ebenso sind

$$\mathrm{I\!R}\backslash\mathrm{I\!R}^- \to \mathrm{I\!R}\backslash\mathrm{I\!R}^-: x \to x^2 \quad \text{und} \quad \mathrm{I\!R}\backslash\mathrm{I\!R}^- \to \mathrm{I\!R}\backslash\mathrm{I\!R}^-: x \to \sqrt{x}$$

zueinander invers ($\mathrm{I\!R} \to \mathrm{I\!R}: x \to x^2$ hat keine Inverse)

Auch

$$\mathrm{I\!R} \to \mathrm{I\!R}^+: x \to x^5 \quad \text{und} \quad \mathrm{I\!R}^+ \to \mathrm{I\!R}: x \to {}^5\!\log x$$

sind zueinander invers.

Zusammenfassend kann man also sagen, daß ,in die a-te Potenz erheben' und ,in die $\frac{1}{a}$-te Potenz erheben' zueinander invers sind. Ebenso ,Potenzieren bei der Grundzahl a' und ,Logarithmieren bei der Grundzahl a'.

9.4.1.2. Wurzel und Logarithmus als Zahlen

Wurzeln und Logarithmen lassen sich als Zahlen definieren (natürlich nach einer Sortierphase):

- Die Wurzel aus der nicht-negativen Zahl x (Schreibweise $\sqrt{x}$) ist diejenige nicht-negative Zahl, die quadriert wieder x ergibt.

- Unter dem Fünfer-Logarithmus der positiven Zahl x (Schreibweise: $^5\log x$) versteht man denjenigen Exponenten, mit dem man die Basis 5 potenzieren muß, um x zu erhalten.

Diese Definitionen sind sicher richtig. Sie haben aber den Nachteil, daß ihnen eine sehr lange Sortierphase vorausgehen muß, da sie schlecht an den Anfangszustand anschließen. Die gefolgerten Sätze fallen dann außerdem vom Himmel (Vorbereitungskriterium), es sei denn, man schiebt auch hier wieder lange Sortierphasen ein.

Wegen des formalen Aufbaus lassen sich dagegen Lernziele aus L gut verfolgen.

9.4.1.3. Wurzel und Logarithmus als funktionale Relationen

Man kann die Funktion $\sqrt{}$ (sprich: Wurzel) als diejenige stetige, nicht-konstante Funktion von $IR\backslash IR^- \to IR\backslash IR^-$ definieren, die folgenden Bedingungen genügt:

$$\sqrt{x \cdot y} = \sqrt{x} \cdot \sqrt{y} \quad \text{und} \quad \sqrt{x \cdot x} = x.$$

Auf gleiche Weise läßt sich die Funktion $^5\log$ (sprich: Fünfer-Logarithmus) als diejenige stetige Funktion definieren, die folgende Eigenschaften besitzt:

$$^5\log (x \cdot y) = {}^5\log (x) + {}^5\log (y) \quad \text{und} \quad {}^5\log (5) = 1.$$

9.4.1.4. Logarithmus als Fläche oder Integral

Will man den Logarithmus mit Hilfe der Funktion $x \to \frac{1}{x}$ als Integral definieren, muß man warten, bis der Integralbegriff bekannt ist. Man kann aber auch eine intuitive Definition verwenden, wenn man die Fläche benutzt.

In einer älteren Auflage des niederländischen Schulbuchs *Moderne Wiskunde* (Moderne Mathematik) wird vor den Logarithmen zu anderen Basen der natürliche Logarithmus eingeführt:

1. Für alle $a \in \langle 1; \to \rangle$ versteht man unter In a die Fläche des Gebiets

$$\left\{ (x, y) \,|\, x \in [1; a] \wedge 0 \leqslant y \leqslant \frac{1}{x} \right\} .$$

2. Für alle $a \in \langle 0; 1 \rangle$ versteht man unter In a den negativen Wert der Fläche des Gebiets

$$\left\{ (x, y) \,|\, x \in [a; 1] \wedge 0 \leqslant y \leqslant \frac{1}{x} \right\} .$$

3. Unter In 1 versteht man die Zahl 0.

Dem geht eine Sortierphase voraus, in der mit Hilfe von Ähnlichkeitsbeziehungen plausibel gemacht wird, daß die Fläche des Gebiets

$$\left\{ (x, y) \,|\, x \in \langle 1; b \rangle \wedge 0 \leqslant y \leqslant \frac{1}{x} \right\}$$

gleich der Fläche des Gebiets

$$\left\{(x, y) \mid x \in \langle a; ab \rangle \wedge 0 \leqslant y \leqslant \frac{1}{x}\right\}$$

ist.

Diese Methode hat den Vorteil, späteren Lehrstoff ausgezeichnet vorzubereiten, aber den Nachteil, daß die Definition noch immer vom Himmel fällt (Kriterium des Anfangszustands). Das erfordert eine sehr lange Sortierphase.

9.4.2. Ein Lösungsvorschlag

In einer Ausbildung, in der der Funktionsbegriff eine zentrale Rolle spielt, ist auch die Umkehrfunktion ein wichtiger Begriff. Von Funktionen und ihren Inversen kann man schon Schülern der dritten Gymnasialklasse einfache Beispiele geben. Die Worte Funktion und Inverse können dabei durchaus ohne exakte Formulierung verwendet werden.

Darauf aufbauend kann man später bei bestimmten Funktionen untersuchen, ob sie eine Inverse besitzen oder nicht. Das ist zum Beispiel bei der Funktion

$$\text{IR} \to \text{IR}: x \to x^2$$

nicht der Fall. Wir können jedoch den Definitionsbereich soweit einschränken, daß wir doch eine umkehrbare Funktion erhalten:

$$\text{IR} \backslash \text{IR}^- \to \text{IR}: x \to x^2$$

Dann kann man noch Fragen einschieben wie etwa: „Besitzt jede nicht-negative Zahl ein Urbild?" Diese Frage kann evtl. ohne Beweis bejaht werden.

Die folgende wichtige Untersuchung betrifft dann die Frage, ob die Funktion bestimmte Verknüpfungen invariant läßt. Das ist offenbar bei der Multiplikation der Fall (Bild 9.13):

$$(x \cdot y)^2 = x^2 \cdot y^2.$$

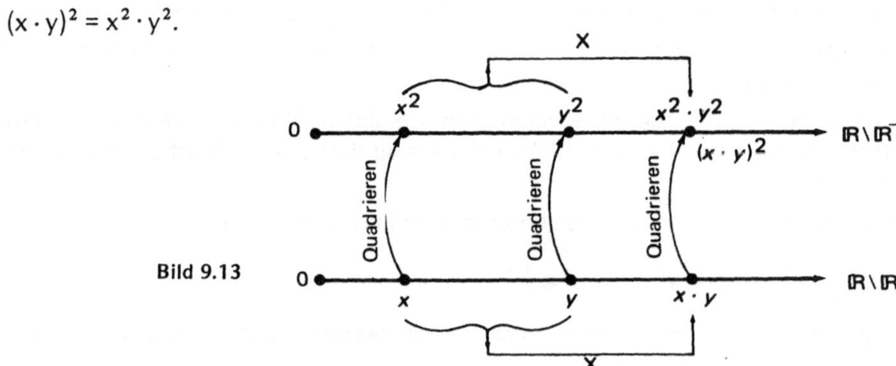

Bild 9.13

Wegen der Umkehrbarkeit kann man von einer Inversen sprechen, die Wurzel oder Wurzelfunktion genannt wird. Darunter versteht man die Inverse der Funktion:

$$\text{IR} \backslash \text{IR}^- \to \text{IR} \backslash \text{IR}^-: x \to x^2.$$

Die Invarianz bezüglich der Multiplikation liefert noch die wichtige Eigenschaft (Bild 9.14):

$$\sqrt{x \cdot y} = \sqrt{x} \cdot \sqrt{y}.$$

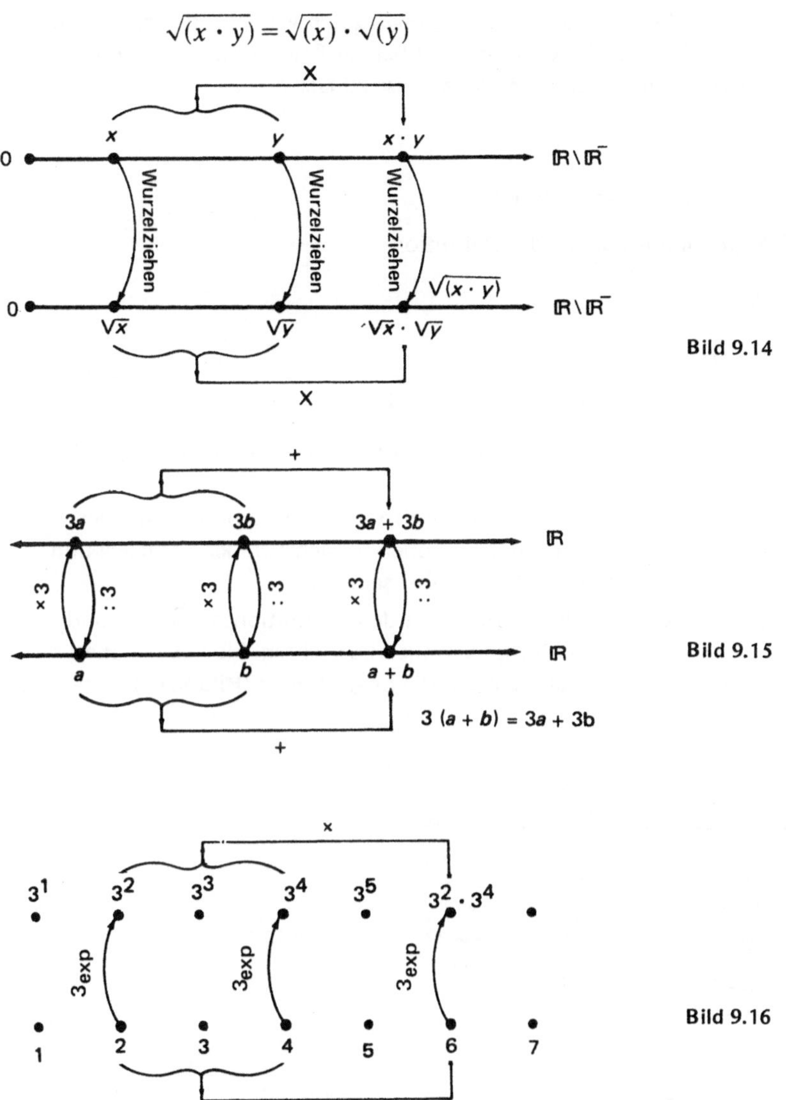

Bild 9.14

Bild 9.15

Bild 9.16

Wir haben hier ein Beispiel für die Isomorphie zweier Gruppen, in diesem Fall zweier
multiplikativer Gruppen. Dieses schwierige Wort brauchen die Schüler aber nicht zu
kennen, wohl aber die dadurch beschriebene Erscheinung. Man kann sie auch bei linearen
Funktionen der Form x → ax erkennen. Auch hier eine umkehrbare Funktion, die eine
Verknüpfung invariant läßt, dieses Mal die Addition (Bild 9.15).

Ohne auf allgemeine Aussagen abzuzielen, kann man nun fragen, ob es umkehrbare, stetige,
nicht-konstante Funktionen gibt, die Verknüpfungen nicht invariant lassen, sie aber inein-
ander überführen. Solche Funktionen sind die Exponentialfunktionen (Bild 9.16):

$$^a\exp (x + y) = {}^a\exp (x) \cdot {}^a\exp (y).$$

Um die Umkehrbarkeit zu sichern, muß aber noch einiges getan werden. Bislang war der Definitionsbereich $\mathbb{Z}^+$. Um die geforderte Eigenschaft bei der Erweiterung des Definitionsbereiches zu $\mathbb{Z}$ zu behalten, definiert man sinnvollerweise zunächst:

$$a^\circ = 1 \ (a > 0),$$

denn damit gilt:

$$^a\!\exp (x) = {}^a\!\exp (x + 0) = {}^a\!\exp (x) \cdot {}^a\!\exp (0).$$

Aus dem gleichen Grund kommt man zu der Definition

$$a^{-p} = \frac{1}{a^p} \ (a > 0),$$

denn dann gilt (Bild 9.17):

$$1 = {}^a\!\exp (0) = {}^a\!\exp (p + -p) = {}^a\!\exp (p) \cdot {}^a\!\exp (-p).$$

So kann man nach und nach auf verständliche Weise Potenzen mit rationalen Exponenten definieren.

Schließlich bleibt noch der Übergang zu Potenzen mit irrationalen Exponenten. Hier muß man sich dann genau wie bei den Wurzelfunktionen hinsichtlich der Lernziele und des Anfangszustands fragen, wie ausführlich man dabei sein will.

So erhält man schließlich umkehrbare Funktionen mit dem Definitionsbereich $\mathbb{R}$ und der Wertemenge $\mathbb{R}^+$, die Additionen in Multiplikationen überführen. Sie haben daher Inverse, die Multiplizieren in Addieren überführen: die Logarithmen (Bild 9.18).

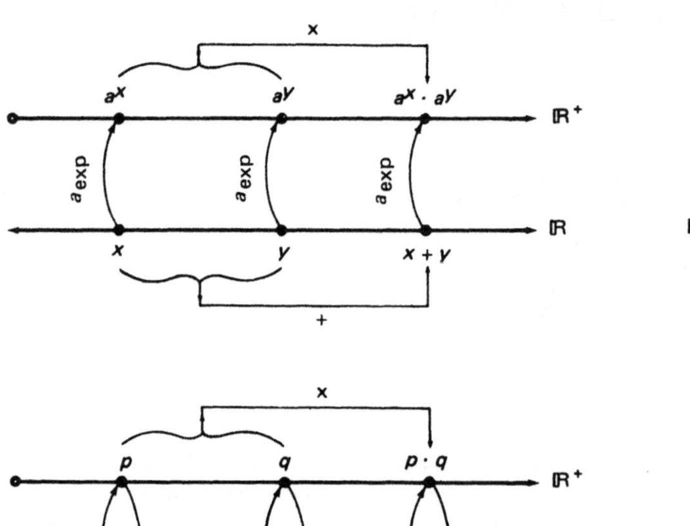

Bild 9.17

Bild 9.18

9.5. Vektoren

Wer einige Schulbücher für die Sekundarstufe I studiert, bemerkt, daß über die Bedeutung des Wortes *Vektor* bei verschiedenen Autoren Uneinigkeit herrscht. Zuweilen trifft man sogar in *einem* Buch verschiedene Deutungen an. Es folgen nun ein paar mögliche Betrachtungsweisen.

9.5.1. Ortsvektoren

Vektoren werden durch Pfeile dargestellt, die alle in 0 beginnen (Bild 9.19). In einem Koordinatensystem korrespondieren sie mit den geordneten Zahlenpaaren, also den Punkten der Ebene. Daher nennt man sie auch *Ortsvektoren*.

Bild 9.19

9.5.2. Freie Vektoren

Vektoren werden durch Pfeile dargestellt, die verschiedene Anfangspunkte haben können (Bild 9.20). Sie können beliebig verschoben werden, wenn nur Länge und Richtung erhalten bleiben. Daher heißen Sie *freie Vektoren*.

Frage 1: Sehen Sie in einigen Schulbüchern nach, wie dort der Vektorbegriff eingeführt wird. Achten Sie dabei auch auf die Anordnung des Lehrstoffs (siehe 4.3.6).

Bild 9.20

9.5.3. Zusammenhang mit Translationen

Bei einer gegebenen Translation der Ebene wird durch jeden Punkt A und seinen Bildpunkt A' ein (freier) Vektor festgelegt. Umgekehrt kann man durch einen Vektor a eine Translation eindeutig festlegen.

Einige Autoren nutzen dies aus, indem sie den Vektorbegriff mit Hilfe von Translationen motivieren. Man kann einen Vektor geradezu entstehen sehen, wenn man der Bahn eines Punktes A bei einer gegebenen Translation folgt (Bild 9.21).

Mit dieser induktiven Betrachtungsweise läßt sich auch die Konstruktion der Summe zweier Vektoren gut motivieren. Sie wird einfach mit der Zusammensetzung von Translationen verbunden. So entsteht von selbst die ‚Kopf-an-Schwanz'-Konstruktion (Bild 9.22).

Wer sich auf Ortsvektoren beschränkt, kann nicht so vorgehen. Er muß hier die Parallelogramm-Konstruktion verwenden, die sich viel schwieriger motivieren läßt (Bild 9.23).

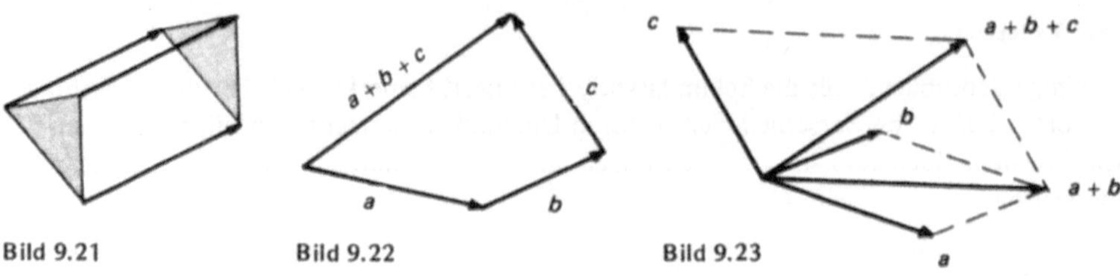

Bild 9.21   **Bild 9.22**   **Bild 9.23**

9.5.4. Zusammenhang mit linearen Räumen

Freie Vektoren bilden keinen linearen Raum, es sei denn, man identifiziert Vektoren gleicher Länge und gleicher Richtung. Dies erscheint aber recht gekünstelt zu sein. So bekommt man Schwierigkeiten, wenn man die Vektordarstellung einer Geraden einführen will.

Frage 2: Wie kann man eine Gerade mit Hilfe freier Vektoren darstellen (Bild 9.24)?

Mit Ortsvektoren geht das ganz einfach (Bild 9.25).

Bild 9.24   **Bild 9.25**

9.5.5. Kombination der zwei Vektorarten

Wer die Vorteile beider Arten genießen will, muß spezielle Maßnahmen ergreifen:

a) Bei *K. de Bruin* u.a., Zahl und Raum (orig.: *Getal en ruimte*), Culemborg 1971 wird nicht über freie oder Ortsvektoren gesprochen. Die Autoren führen dagegen sog. gerichtete Strecken ein. Dazu betrachtet man die ‚Bahn‘, die ein Punkt bei einer Translation durchläuft. In Figuren werden sie durch Pfeile gekennzeichnet. Sie entsprechen also hier den freien Vektoren (9.5.2).

b) In *Krooshof* u.a., Moderne Mathematik (orig.: *Moderne Wiskunde*), Groningen 1970, wird wieder anders vorgegangen. Strecken mit Länge und Richtung werden dort *gebundene Vektoren* genannt. Zwei gebundene Vektoren heißen *äquipollent*, wenn sie in Länge und Richtung gleich sind. Eine Menge äquipollenter Vektoren heißt wieder Vektor, er wird in dem zitierten Buch *freier Vektor* genannt.

Einem Mathematiker ist der Hintergrund solchen Vorgehens, abgesehen von der ungebräuchlichen Namensgebung, wohl klar (siehe 9.5.8.1). Die konkrete Ausführung dieser Gedanken läßt aber in dem genannten Buch sehr zu wünschen übrig. So ist es sehr fraglich, ob Schüler, die den Hintergrund nicht besitzen, etwas davon begreifen.

9.5.6. Nomenklatur

Die *Nomenklaturkommission der Vereinigung niederländischer Mathematiklehrer* spricht in ihrem Bericht (*Euclides 48*) nicht aus, welcher Behandlungsweise der Vorzug zu geben sei. Es ist nur klar, daß im niederländischen Mathematikprogramm für die Oberstufe die Vektoren Ortsvektoren sein müssen, da von linearen Räumen ausgegangen wird.

Für die Notation in Druckwerken schlägt die Kommission fette kursive Buchstaben vor.

Bei der Komponentendarstellung bezüglich einer gegebenen Basis wird die Spaltenschreibweise empfohlen: $\begin{pmatrix} 2 \\ 2 \\ 1 \end{pmatrix}$, $\begin{pmatrix} 2 \\ 1 \end{pmatrix}$, usw.

Es bleibt aber dem Lehrer überlassen, welche Notation er in geschriebenen Texten verwenden will.

9.5.7. Vektoren in der Physik

Vektoren begegnen den Schülern auch in der Physik. Da scheinen es nochmals andere Begriffe zu sein, man denke nur an Kräfte — sogenannte linienflüchtige (oder gleitende) Vektoren —, die längs ihrer Wirkungslinie verschoben werden dürfen. Doch kann man zeigen (siehe z.B. *Vredenduin*, Euclides 45) daß man mittels Äquivalenzklassen die Standpunkte des Physikers und des Mathematikers vereinen kann.

9.5.8. Kriterien für die Stoffauswahl

9.5.8.1. Mathematische Korrektheit

Der Mathematiklehrer kann von zwei verschiedenen Betrachtungsweisen ausgehen:

a) Vektoren sind Elemente eines linearen Raumes.

b) Vektoren sind Begriffe, die sich auf bestimmte Weise in Äquivalenzklassen zusammenfassen lassen, die ihrerseits dann einen linearen Raum aufspannen.

Zu jeder dieser Betrachtungsweisen werden hier knappe Erläuterungen gegeben.

a) Vektoren sind Elemente eines linearen Raumes. Geometrisch können sie als Pfeile dargestellt werden, die alle denselben Anfangspunkt haben. Darüberhinaus gibt es den Nullvektor, der durch den gemeinsamen Punkt dargestellt wird. Mit der Summe zweier Vektoren korrespondiert eine geeignet gewählte Konstruktion: Die Parallelogrammkonstruktion, wenn die Vektoren nicht auf derselben Geraden liegen, und eine einfache Zirkelkonstruktion, falls das der Fall sein sollte. Das Produkt mit einer reellen Zahl entspricht einer ‚Vergrößerung‘ bzw. einer ‚Verkleinerung‘ des Vektors, wobei man noch auf das Vorzeichen achten muß.

b) Vektoren sind geordnete Punktepaare **PQ**. Man nennt sie auch wohl freie Vektoren. Sie werden geometrisch durch Pfeile dargestellt, wenn $P \neq Q$ (Bild 9.26). Zwischen den freien Vektoren sind eine Relation definiert, die man *Äquipollenz* nennt:

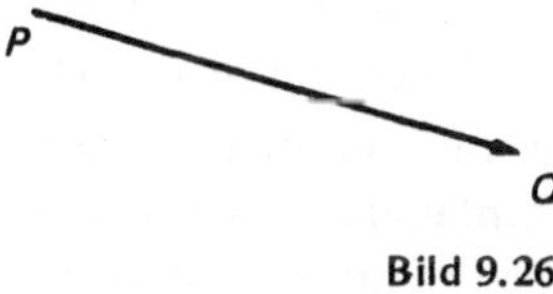

Bild 9.26

I.   Alle Vektoren aus Paaren identischer Punkte sind äquipollent: **PP** *äquipollent* **QQ**.

II. Wenn PQ *äquipollent* RS und PR *äquipollent* QS, dann gilt: PQ *äquipollent* RS.
(Bild 9.27)

III. Wenn P, Q, R, S auf einer Geraden liegen und es einen Vektor **XY** gibt, so daß
nach II gilt: **PQ** *äquipollent* **XY** und auch **RS** *äquipollent* **XY**, dann gilt: **PQ** *äquipollent* **RS** (Bild 9.28).

Beachten Sie, daß diese Definition ohne Metrik auskommt.

Offenbar ist Äquipollenz eine *Äquivalenzrelation.* Somit kann man Klassen freier Vektoren bilden, die man dann Ortsvektoren nennt.

Bei diesen Ortsvektoren kann man nun eine Addition wie folgt definieren:

AB sei Repräsentant der Äquivalenzklasse **a** (= Ortsvektor); Wähle C so, daß **BC** ein Repräsentant der Klasse **b** ist, dann ist **AC** ein Repräsentant der Klasse **a** + **b** (Bild 9.29).

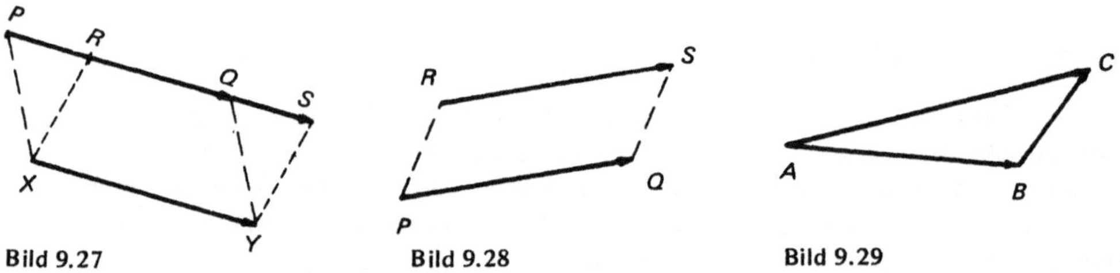

Bild 9.27   **Bild 9.28**   **Bild 9.29**

Geometrisch bedeutet das genau das ‚Kopf-an-Schwanz'-Legen der Repräsentanten.

Frage 3: Können Sie eine Addition freier Vektoren definieren?

Die Definition der Multiplikation mit reellen Zahlen erfordert etwas mehr Vorbereitung.
Wir überlassen es dem Leser, dies einmal auszuarbeiten.

9.5.8.2. Vorbereitung späterer Entwicklungen

Entscheidet man sich von vornherein für Ortsvektoren, so wird damit der Begriff linearer
Raum direkt vorbereitet. Beachten Sie jedoch 9.5.8.3. Führt man dagegen zuerst freie
Vektoren ein, so kann man die Schüler auf den Begriff der Äquivalenzklasse vorbereiten
(siehe jedoch 9.5.8.4) und auch auf Anwendungen in der Mechanik.

9.5.8.3. Anfangszustand der Schüler

Die Einführung von Ortsvektoren läßt sich schlecht motivieren. Viel einfacher geht das
mit den freien Vektoren über die Translationen. So beginnt auch eine Reihe von Schulbüchern mit freien Vektoren und geht danach unvermittelt zu Ortsvektoren über. Dies
kann man wohl etwas motivieren, indem man die Vektoren mit einem Koordinatensystem
verbindet: mit dem (Orts)Vektor $\binom{a}{b}$ korrespondiert dann derjenige Punkt (a, b), der
als Bild von (0, 0) bei einer bestimmten Translation aufgefaßt werden kann. Die Verfechter eines solchen Vorgehens sind (m.E. zu Recht) der Ansicht, daß man Schüler, denen
dieser Stoff neu ist, nicht mit Äquivalenzklassen belästigen soll.

Andere Autoren sehen von einem Übergang auf Ortsvektoren ab. Solange man keine Ortsvektoren benötigt, kann man diesen Standpunkt vertreten.

9.5.8.4. Übereinstimmung mit den allgemeinen Lernzielen

Sollen die Schüler allgemeine mathematische Strukturen durchschauen lernen, wie Gruppen, Körper, Äquivalenz und Äquivalenzklassen, dann ist die Arbeitsweise nach 9.5.8.1 gut zu verstehen. Wer aber nicht auf allgemeine Strukturen hinarbeitet, wird ein solches Vorgehen kaum motivieren können.

Bei den anderen Methoden läßt sich für die Vorauswahl bezüglich langfristiger Ziele keine allgemeine Aussage machen.

9.5.8.5. Zusammenfassung

Drei verschiedene Arbeitsweisen erscheinen nach diesen Ausführungen vernünftig:

A. von Anfang an mit Ortsvektoren arbeiten, die geomerisch als Pfeile mit demselben Anfangspunkt dargestellt werden (9.5.1);

B. über Translationen werden freie Vektoren eingeführt, anschließend werden per Absprache aber nur Vektoren mit festem Anfangspunkt benutzt (9.5.5.1);

C. über Translationen werden freie Vektoren eingeführt, mit denen man vorläufig weiter arbeitet (9.5.2).

Das Kriterium der mathematischen Korrektheit versagt hier bei der Auswahl, ebenso das Kriterium der langfristigen Ziele. Das Kriterium der Vorbereitung liefert Argumente für A oder B, wenn man an lineare Räume denkt, in Zusammenhang mit physikalischen Anwendungen dagegen für C. Das Kriterium vom Anfangszustand der Schüler liefert weitere Argumente für C und in etwas geringerem Umfang auch für B.

Bleiben am Ende leichte Vorteile von C gegenüber B und schließlich A. Doch wäre es wünschenswert, hier auf höherer Ebene eine Einigung zu erzielen.

9.6. Andere Themen

In diesem Abschnitt werden weitere Themen genannt, die eine Erörterung wert sind. Die Liste kann aber keinen Anspruch auf Vollständigkeit erheben.

9.6.1. Kreisfunktionen

Im Sinne einer zweckmäßigen Lehrstoffanordnung empfiehlt es sich für höhere Schulen, Sinus, Kosinus und Tangens als Funktionen mit reellen Urbildern einzuführen, indem man etwa IR in der üblichen Weise auf den Einheitskreis abbildet.

9.6.2. Stetigkeit und Grenzwerte

Nach dem Kriterium des Anfangszustands ist zu empfehlen, zuerst die Stetigkeit von Funktionen zu behandeln und dann mit deren Hilfe Grenzwerte zu definieren.

9.6.3. Differentiale und Differentialgleichungen

In der Sekundarstufe II machen Schüler zum ersten Mal Bekanntschaft mit Differentialgleichungen. Sie sollen dabei lernen, was eine Differentialgleichung (erster Ordnung, nicht partiell) ist, und ein paar Anwendungen begreifen können. Keine ausführlichen Lösungstechniken.

Der Umgang mit Differentialen dient dabei zur Vorbereitung.

9.6.4. Computerkunde

Bestimmte Aspekte der Computerkunde, wie etwa das Algorithmieren von Problemen passen ausgezeichnet zu langfristigen Zielen des Mathematikunterrichts, sind also nicht nur wichtig, weil der Computer eine so große Rolle in unserer Gesellschaft spielt.

9.6.5. Muttersprache

Der Mathematikunterricht kann durchaus zur Sprachentwicklung der Schüler beitragen. Sie sollte daher ein Lernziel sein.

9.6.6. Statistik und Wahrscheinlichkeitsrechnung

Diese Themen haben wichtige Anwendungen außerhalb der Mathematik. Die meisten Schulbücher enthalten Statistik. Für die Sekundarstufe II gibt es darüberhinaus Spezialwerke (12.2).

10. Beispiel einer Stundenvorbereitung

Auf der Grundlage des am Anfang dieses Buchs entwickelten Unterrichtsplans (1.2) wird in diesem Kapitel ein Beispiel für eine Stundenvorbereitung gegeben. Vorbereitet werden soll eine Stunde in einer dritten Gymnasialklasse. Das zugrundegelegte Lehrbuch ist: *K. de Bruin u. a.: Getal en Ruimte* (Zahl und Raum), Teil B1, Culemborg 1971. Der Leser findet im folgenden:

- eine Übersetzung des benutzten Textes und des Inhaltsverzeichnisses des Buches (10.1);
- eine erste Reaktion des vorbereitenden Lehrers auf den Text im Hinblick auf die zu erwartende Stunde (10.2);
- einen globalen Plan für die Stunde, der während dieser auch als ‚Spiekzettel‘ benutzt werden kann (10.3);
- Schlußbemerkungen (10.4).

Alle Lehrer sollten fähig sein, einen solchen Plan selbst aufzustellen.

10.1. Text und Inhaltsverzeichnis des benutzten Buches

Was hier im Text fett gedruckt wurde, ist im Original rot.

Kapitel VI

Die distributive Eigenschaft

§ 1. Einleitung

Wenn Du beim Gemüsehändler 7 Apfelsinen für 23 Pf. das Stück kaufst und 3 Zitronen, die zufällig auch je 23 Pf. kosten, dann hast Du zwei Möglichkeiten auszurechnen, wieviel Du bezahlen mußt.

Die Apfelsinen kosten zusammen $7 \cdot 23$ Pf. = 161 Pf.; die Zitronen kosten zusammen $3 \cdot 23$ Pf. = 69 Pf. Also mußt Du 161 Pf. + 69 Pf. = 230 Pf. bezahlen.

Aber das läßt sich auch geschickter ausrechnen. Wir wollen nämlich wissen, wieviel $7 \cdot 23 + 3 \cdot 23$ ist. Was bedeutet das eigentlich?

$$7 \cdot 23 = 23 + 23 + 23 + 23 + 23 + 23 + 23 \text{ und}$$
$$3 \cdot 23 = 23 + 23 + 23, \text{ also}$$
$$7 \cdot 23 + 3 \cdot 23 = (23 + 23 + 23 + 23 + 23 + 23 + 23) + (23 + 23 + 23) =$$
$$= 23 + 23 + 23 + 23 + 23 + 23 + 23 + 23 + 23 + 23 =$$
$$= 10 \cdot 23.$$

Also $\qquad$ $\mathbf{7 \cdot 23 + 3 \cdot 23 = (7 + 3) \cdot 23.}$

Aufgaben

1. Berechne:

   a. $8 \cdot 7 + 12 \cdot 7$;   b. $6 \cdot 12 + 14 \cdot 12$;

   c. $55 \cdot 37 + 45 \cdot 37$;   d. $7 \cdot 38 + 7 \cdot 22$.

2. Ebenso

   a. $13 \cdot 51 + 13 \cdot 49$;   b. $21 \cdot 29 + 21 \cdot 1$;

   c. $16 \cdot 33 + 16 \cdot 17$;   d. $8 \cdot (-13) + 8 \cdot (-7)$.

Sehen wir uns Aufgabe 2c einmal an. Offenbar ist $16 \cdot 33 + 16 \cdot 17$ dasselbe wie das Produkt aus 16 und $(33 + 17)$.

Ebenso kann man für $a \cdot b + a \cdot c$ schreiben: Das Produkt von a und $(b + c)$. Es gilt also folgende Regel:

$$ab + ac = a\,(b + c).$$

Diese Regel können wir auch hinschreiben, indem wir mit dem Ergebnis beginnen: Dann erhalten wir

$$a\,(b + c) = ab + ac.$$

Dies nennen wir die distributive Eigenschaft oder auch die ‚Verteilungseigenschaft‘.

(Distribution heißt nämlich Verteilung: Wir ‚verteilen‘ den Faktor sozusagen auf b und c).

Die Buchstaben a, b und c stehen hier für Zahlen aus $\mathbb{Z}$.

Ein Ausdruck der Form ab + ac ist die Summe zweier Terme; der erste Term heißt ab, der zweite ac.

Darum nennen wir ab + ac auch einen *zweigliedrigen Term*. Ebenso ist a + b + c ein *dreigliedriger Term*, a + b + c + d ein *viergliedriger Term*. Eine Summe von zwei oder mehr Termen nennt man dann auch einen *mehrgliedrigen Term*.

Der Ausdruck a $(b + c)$ stellt aber nur einen eingliedrigen Term dar, der das Produkt zweier Faktoren ist; der erste Faktor lautet a, der zweite $(b + c)$.

Aufgaben

3. Forme jeden der folgenden mehrgliedrigen Terme zu einem eingliedrigen Term um:

   a. $7a + 5a$;   b. $5b + 6b$;   c. $12c - 5c$;

   d. $17x + 13x$;   e. $18p - 13p$;   f. $20q - 19q$.

4. Ebenso

   a. $7ab + 4ab$;   b. $7ab - 4ab$;   c. $5x^2 + 2x^2$;

   d. $5x^2 - 2x^2$;   e. $6x + x$;   f. $6x - x$.

5. Berechne

   a. $13 \cdot 17 + 14 \cdot 17 + 23 \cdot 17$;   b. $7 \cdot 39 + 9 \cdot 39 - 6 \cdot 39$;

   c. $6 \cdot 7 + 7 \cdot 7 + 8 \cdot 7 + 9 \cdot 7$;   d. $5 \cdot 6^2 + 9 \cdot 6^2 - 4 \cdot 6^2$.

6. Schreibe so einfach wie möglich:

   a. $13a + 14a + 23\,a$;   b. $7b + 9b - 6b$;

   c. $6c + 7c + 8c + 9c$;   d. $5d^2 + 9d^2 - 4d^2$.

Inhalt des Vorangegangenen:

Kapitel I	*Mengen*
§ 1	Einleitung
§ 2	Die Teilmenge
§ 3	Der Durchschnitt zweier Mengen
Kapitel II	*Zahlenmengen*
§ 1	Einleitung
§ 2	Die natürlichen Zahlen
§ 3	Die gebrochenen Zahlen
§ 4	Die Menge der Teiler einer natürlichen Zahl
Kapitel III	*Addieren und Subtrahieren*
§ 1	Addieren in $\mathbb{N}$
§ 2	Subtrahieren in $\mathbb{N}$
§ 3	Die Menge der ganzen Zahlen
§ 4	Addieren und Subtrahieren
Kapitel IV	*Multiplizieren und Dividieren*
§ 1	Multiplizieren in $\mathbb{N}$
§ 2	Multiplizieren in $\mathbb{Z}$
§ 3	Dividieren in $\mathbb{N}$
§ 4	Dividieren in $\mathbb{Z}$
Kapitel V	*Potenzieren*
§ 1	Primzahlen
§ 2	Potenzen
§ 3	Das Produkt von Potenzen mit gleicher Basis
§ 4	Die Potenz einer Potenz
§ 5	Die Potenz eines Produkts
§ 6	Der Quotient zweier Potenzen
§ 7	Potenzen negativer Zahlen

Kurze Inhaltsangabe des Nachfolgenden (soweit relevant):

noch § 1:

Die Darstellung von Produkten der Gestalt $a\,(b + c)$ als mehrgliedrige Terme

‚Die Darstellung eines mehrgliedrigen Terms in Form eines Produkts nennen wir : Zerlegen in Faktoren'.

    Aufgaben: Zerlegen in Faktoren bei zweigliedrigen Termen der Form $ab + ac$

    Aufgaben: Schreibe mit möglichst wenig Termen: $4a + 3a + 5b$ etc.

§ 2   Das Produkt zweier mehrgliedriger Terme

    Produkte des Typs $(a + b)\,(c + d)$

    Das erste merkwürdige Produkt

§ 3   Das Quadrat eines mehrgliedrigen Terms

    Das zweite merkwürdige Produkt

    Das dritte merkwürdige Produkt

§ 4   Das Zerlegen in Faktoren

Kapitel VII.   *Lösungsmengen*

Kapitel VIII.   *Die rationalen Zahlen.*

Es folgen dann noch Kapitel mit Erweiterungen des Grundstoffes; Wiederholungsaufgaben; Multiple-Choice-Tests; Zusammenfassungen der Kapitel I bis VIII; Zeichen und Abkürzungen; Stichwortverzeichnis.

In der Zusammenfassung des sechsten Kapitels über die distributive Eigenschaft werden sechs Punke genannt, nur der erste bezieht sich auf den Stoff der vorzubereitenden Stunde:

1. Die distributive Eigenschaft (,Verteilungseigenschaft') lautet:

     $a(b + c) = ab + ac$

     Wir können dafür auch schreiben: $ab + ac = a(b + c)$

     Die Buchstaben a, b und c stellen dabei Zahlen aus $\mathbb{Z}$ dar.

10.2. Erste Reaktion des vorbereitenden Lehrers

Ich beginne mit dem Lesen des Textes. Danach frage ich mich zunächst, was ich kurzfristig, also am Ende der Stunde, bei meinen Schülern erreicht haben will. Erst danach prüfe ich, wie sich diese Stunde mit langfristigen Lernzielen verträgt.

Die Autoren beginnen mit einer Geschichte beim Gemüsehändler, in der gleichteure Apfelsinen und Zitronen gekauft werden. Sie endet mit der Bemerkung, daß nun auf zwei Arten ausgerechnet werden kann, was bezahlt werden muß. Es ist klar, daß dies die Ankündigung der zwei Verfahren ist und keine Schlußfolgerung.

Anschließend werden beide Verfahren auch durchgeführt. Zunächst scheint es etwas merkwürdig, daß den Autoren zufolge die zweite Art schneller gehen soll, denn dafür werden sieben Schritte angegeben, während es beim ersten Verfahren nur zwei waren. Aber so ist das natürlich nicht aufzufassen. Sechs der sieben Schritte dienen nicht der Berechnung, sondern der Begründung, daß diese schnellere Methode erlaubt ist. Die Autoren verfolgen meines Erachtens damit ein gutes allgemeines Lernziel, doch nehme ich mir vor, hier die beiden angesprochenen Lernziele (schnell rechnen: A, beweisen können: L und P) klarer voneinander zu trennen.

Die schnelle Berechnung ist vielleicht nicht so wichtig, eignet sich aber gut, Interesse zu wecken. Viel wichtiger ist der Beweis (aus P) und daß die Eigenschaft als Teil einer Struktur erkannt wird (eine weiteres Lernziel aus T).

Darum sollte ich vor der Explizierung noch andere Beispiele einfügen. Ich glaube, daß die Schlußfolgerung am Ende des ersten Abschnitts eine erste Orientierung auf die distributive Eigenschaft darstellt. So werde ich sie jedenfalls verwenden.

Mit den Aufgaben 1 und 2 werde ich kontrollieren, ob die Schüler schon etwas Abstraktion erreicht haben. Ferner läßt sich eine solche Abstraktion damit verarbeiten (konsolidieren). Das bezieht sich sowohl auf die Eigenschaft als auch auf ihre Begründung. Allerdings müssen die Schüler dazu die Sortierphase im Rücken haben.

Die Eigenschaft muß auch expliziert werden können, das heißt in Form einer Formel angegeben werden können, wie in der Vorlage. Ich möchte sogar, daß sie dies von sich aus schaffen. Aber dann muß die Sortierphase genügend lang sein.

Auch dazu benutze ich die Aufgaben 1 und 2. Diese sind ein erster Schritt in Richtung Explizieren, indem nämlich eine Variable eingeführt wird. Den Schritt von keiner auf drei Variable halte ich aber für zu groß, daher werde ich den Teil zwischen den Aufgaben 2 und 3 zunächst überschlagen und auf die Aufgaben 3 und 4 (evtl. auch 5 und 6) hinarbeiten. Zwar kommen in 4a und 4b jeweils zwei Variable vor, doch kann man ab in diesem Kontext wie eine Variable betrachten. Neben der Konsolidierung dieses Schritts kann ich die Aufgaben 3 bis 6 auch als Ansatz für die vollständige Formel, also wieder als Sortierphase, einsetzen. Da ich dies alles von den Schülern gemacht sehen will und auch alles bewiesen werden soll, werde ich in dieser Stunde vermutlich nicht bis zu den Formeln für die distributive Eigenschaft kommen. Das nehme ich aber in Kauf, denn ich glaube nicht, daß dies langfristig einen Zeitverlust bedeutet.

Alle Aufmerksamkeit soll während dieser Stunde auf die distributive Eigenschaft gelenkt werden. Als Folge davon werde ich das Stück über ein-, zwei- und mehrgliedrige Terme ebenfalls vorläufig überschlagen.

Nach diesen Überlegungen kann ich nun daran gehen, einen globalen Plan für diese Stunde zu entwerfen.'

10.3. Ein globaler Plan für die Stunde (siehe S. 152 und 153)

(Die Zahlen in den Klammern verweisen auf die entsprechenden Schlußbemerkungen in 10.4, die eingeklammerten Buchstaben bezeichnen die verschiedenen Lernziele des 4. Kapitels).

10.4. Schlußbemerkungen

Zunächst die Bemerkungen zu den Verweisen im Stundenplan.

(1) Aus dem Text wird klar, daß es hier sowohl um den Anfangszustand als auch um Lernziele geht. Hinzu kommt, daß in späteren Phasen der Anfangszustand dem Ziel der vorangegangenen Phase gleich ist.

(2) {R} bedeutet die rechte Tafel, die als Schmiertafel dient. {M} ist die mittlere Tafel für die wichtigen Dinge. {L} ist die linke Tafel, auf die die Endergebnisse geschrieben werden.

(3) Kurz- und langfristige Ziele sind in dieser Spalte vermischt.

(4) In dieser und der folgenden Spalte (Lernaktivitäten und Arbeitsform) beziehen sich die Handlungen stets auf die Schüler, nicht auf den Lehrer.

(5) Die Verbindung von Addieren und Multiplizieren haben die Schüler schon früher kennengelernt, one daß dies damals expliziert wurde, nämlich in der Bedeutung der Ausdrücke 3a, 5b, 7xy usw.

(6) Dieses Beispiel ist etwas ehrlicher als das des Buchs. Natürlich muß man dann die Geschichte etwas abwandeln, etwa: ‚Du kommst mit den sieben Zitronen nach Haus,

da schickt Dich Deine Mutter noch einmal zum Gemüsehändler, um noch drei dazu-
zukaufen.'

(7) Es muß sinnvoll erscheinen, beide Flächen getrennt zu berechnen, indem beispielsweise verschiedene Eigentümer genannt werden, die ihren Pachtzins quadratmeter-
weise zahlen müssen. Übrigens muß man die Information über das angrenzende Weide-
land ja erst geben, wenn die erste Fläche bereits berechnet wurde.

Es gibt keine Einwände, das Produkt $153 \cdot 141$ auch wirklich berechnen zu lassen,
ebenso wie später $147 \cdot 141$.

Im Hinblick auf die Gefahr des Rauschens durch fehlende Information (siehe Abschnitt 4.3.7) ist es wichtig, hier ‚schwere' Zahlen zu wählen, allerdings nicht so
schwer, daß der Spaß am Thema durch Rechenarbeit verdorben wird.

(8) Diese Information betrifft das auf {M} Geschriebene; siehe auch Bemerkung 9.

(9) Was hier steht, ist das Endergebnis. In Wirklichkeit wird dies natürlich langsam aufgebaut, beispielsweise so:

Wir beginnen mit dem Aufschreiben des ersten Produkts:

$7 \cdot 23$

Dann wird es berechnet.

$7 \cdot 23$
161

(Was hier fett gedruckt ist, wird mit farbiger Kreide an die Tafel geschrieben)

Dann folgt als neue Information das zweite Produkt:

$7 \cdot 23 \qquad 3 \cdot 23$
161

Auch dieses wird ausgerechnet.

$7 \cdot 23 \qquad 3 \cdot 23$
161   **69**

Die Ergebnisse werden addiert.

$7 \cdot 23 \qquad 3 \cdot 23$
161 + **69** = **230**

Das muß natürlich auch gleich der Summe der beiden Produkte in der ersten Zeile
sein.

$7 \cdot 23$ + $3 \cdot 23$ =
161 + **69** = **230**

Kann man das nicht direkt ausrechnen? Doch:

$7 \cdot 23$ + $3 \cdot 23$ = $(7 + 3) \cdot 23$ = **230**
161 + **69** = **230**

Phase	Ziel und Anfangszustand (1)	Lehrstoff	Lernaktivitäten und Arbeitsform	Hilfsmittel (2)	Testen
Regulieren	Klima für einen guten Lernprozeß schaffen (3); Schüler der Brückenklasse; die soundsovielte Stunde des Tages; Stunden vorher und nachher, die diese Stunde beeinflussen können; für heute keine Hausaufgaben;	Information über ordnungsfördernde Maßnahmen; Bücher und Hefte; hinsetzen; Information über die nun folgende Lernaktivität: Hören (4); Information über meine nun folgende Unterrichtsaktivität: Erzählen, wovon diese Stunde handeln soll;	ordnungsfördernde Aktivitäten durchführen. Dozierform;	Tafelputzen; Fenster und Sonnenschutz kontrollieren;	Anwesenheit prüfen; über Abwesenheitsgründe informieren. Wissen alle, wie die Information stattfinden soll? Nachsehen, ob alle für einen Anfang bereit sind;
Orientieren	Information über das Thema; an relevante Kenntnisse erinnern; relevante Fertigkeiten wiederholen; Problemstellung. Bereitschaft der Schüler, am Lernprozeß teilzunehmen. Kenntnis von Konventionen (Kk);	neue algebraische Eigenschaft; ist übrigens Titel des sechsten Kapitels; S. 49 des Schulbuchs aufschlagen; Addition und Multiplikation sind kommutativ und assoziativ; Regeln angeben; in Worte kleiden und aufschreiben; Addition und Multiplikatin stehen noch lose nebeneinander; die neue Eigenschaft zeigt, was sie miteinander zu tun haben (5); Drei Arten, ein Produkt zu schreiben;	Seite im Buch aufsuchen; Beispiele der bekannten Eigenschaften ausdenken; Lehrgespräch; soweit Anlaß dazu gegeben ist, auch Klassengespräch,	{R}: Kapitel VI, S. 49/50; {M}: *Distributive Eigenschaft* {L}: *Addieren* *Multiplizieren* kommutativ kommutativ assoziativ assoziativ distributiv (an den Einsatz bunter Kreide denken);	Titel erfragen; hat jeder die richtige Buchseite? Machen alle bei der Wiederholung mit? Nach Beispielen fragen; nach dem Regeln fragen; fremde Wörter aufschreiben lassen; Kontrolle; Bedeutung von $2 \cdot 3$, 3a, ab;
Sortieren	erkennen einer Vorlage (Pb); Nach einem auswendig gelernten Algorithmus verfahren können (Ak); die Richtigkeit eines Algorithmus beweisen können (Pb und Lb). Nicht alles mit Gewalt erreichen wollen; das Bedürfnis haben, eine Vermutung zu überprüfen (affektive Ziele). Schüler sind neugierig;	7 Zitronen zu 23 Pf.; Kosten berechnen; 3 Zitronen dazu; Kosten; Gesamtkosten; geht es auch schneller? Warum? (6); Weideland: 153 × 141 m; Fläche?; angrenzendes Weideland: 147 × 141 m; Fläche?; geht es auch schneller? (7); dies sind Beispiele der distributiven Eigenschaft (8);	hören, was gegeben ist; Aufgaben im Kopf rechnen; die einzelnen Ergebnisse kontrollieren und nötigenfalls verbessern; Lehrgespräch; falls möglich, auch Klassengespräch;	{M}: (An die Farbe denken): (9) $7 \cdot 23 + 3 \cdot 23 = (7 + 3) \cdot 23$ $153 \cdot 141 + 147 \cdot 141 =$ $153 + 147) \cdot 141$ {R}: | $153 \cdot 141$ | $147 \cdot 141$ | 153 147	Rechnungen nachprüfen; Antworten erklären lassen. Es ist zu erwarten, daß bei verschiedenen Beispielen verschiedene Erklärungen gegeben werden; diese akzeptieren, denn gerade dadurch wird die Eigenschaft plausibel;

Phase	Ziel und Anfangszustand (1)	Lehrstoff	Lernaktivitäten und Arbeitsform	Hilfsmittel (2)	Testen
Abstraktion	erkennen von Beispielen und Nicht-Beispielen; erkennen eines Algorithmus; siehe auch bei Sortieren; konsolidieren der bis jetzt erreichten Ziele;	Beispiele geben; Andere Situationen als Gemüsehändler und Weideland ausdenken; begründen, warum es bei Nicht-Beispielen so nicht geht (10); Aufgaben 1 und 2 (auf S. 49 des Schulbuchs) lösen; bei einigen die Richtigkeit begründen;	ebenso; einzeln oder Zweiergruppen;	neue Beispiele oder Nicht-Beispiele auf {M}; bei Nicht-Beispielen mit einem roten Kreuz durchstreichen; Berechnungen auf {R}; danach {R} putzen; Antworten auf {R};	weitermachen, bis jeder richtige Antworten gibt; immer nach Erklärung fragen; nötigenfalls immer wieder den Miniprozeß O-S-A; während der Ausarbeitung in die Hefte gucken;
Explizieren	die Regel für eine Variable kennen (Tk); die Richtigkeit mit Worten begründen können (Lk); die Richtigkeit mit Formeln zeigen können (Lk und Kb);	die Eigenschaft mit offenen Stellen schreiben; was darf man in die offenen Stellen einsetzen und was nicht; wie geben wir an, daß in zwei offene Stellen dasselbe eingesetzt werden soll; das Formulieren der Eigenschaft geht nötigenfalls nach dem Miniprozeß O-S-A-E;	wie in der Sortierphase;	$\{R\}: 7 \cdot \Box + 3 \cdot \Box = (7 + 3) \cdot \Box$ $\{L\}: 7 \cdot a + 3 \cdot a = (7 + 3) \cdot a$ für jede Zahl a aus $\mathbf{Z}$, oder auch $7a + 3a = (7 + 3) a$ für jede Zahl a aus $\mathbf{Z}$;	Nachsehen, ob alle wieder in ‚Hörstellung‘ sitzen; viel fragen; keine Information geben;
Verarbeiten	konsolidieren erreichter Ziele; selbständig bei unerwarteten Problemen Lösungsmethoden anwenden können (Pb oder Pa);	Aufgaben 3 bis 6 lösen; anfangen, nötigenfalls als Hausaufgabe; (ich erwarte Schwierigkeiten bei 4a und 4f. Die Schüler selbst sortieren lassen);	Aufgaben im Heft lösen; einzeln oder in Zweiergruppen;	{R} putzen und dann: Hausaufgaben für … tag, … Uhr: Lösen: S. 50, Aufg. 3–6;	hat jeder die Hausaufgaben abgeschrieben? Während der Arbeit herumgehen und stichprobenweise den Algorithmus erklären lassen; Aufpassen bei 4e und 4f; Hausaufgaben in Klassenbuch schreiben.

Hier steht ein Beispiel für die distributive Eigenschaft:

$$\boxed{7 \cdot 23 \quad + \quad 3 \cdot 23 \quad = \quad (7 + 3) \cdot 23} = 230$$

$$161 \quad + \quad 69 \quad = 230$$

Alles außerhalb des Kastens wird nun fortgewischt:

$$\boxed{7 \cdot 23 \quad + \quad 3 \cdot 23 \quad = \quad (7 + 3) \cdot 23}$$

(10) Möglichst etwas unterschiedliche Situationen bedenken lassen, beispielsweise auch
      $7 \cdot 23$ (= 7 (20 + 3) usw.).

Allgemeine Schlußbemerkungen

- Das Modell *Didaktische Analyse* ist kein *Entscheidungsmodell*, d.h., es liefert keine
  Rezepte für die Vorbereitung und Durchführung von Stunden, sondern nur die notwen-
  digen Fragen, die sich ein Lehrer stellen muß (siehe auch 1.2.3). Das obenstehende
  Beispiel soll darum auch keine Standardstunde darstellen.

- Es kommt oft genug vor, daß aus dem Entwurf nichts wird, da sich während der Stunde etwas Unvorhersehbares ereignet. Es würde von einer geringen Einsicht des Lehrers
  zeugen, sollte er versuchen, auf seinem ursprünglichen Weg weiterzugehen. Dabei kann
  dann kaum etwas herauskommen. Er sollte dann fähig sein, momentan einen neuen
  Plan für die Stunde zu entwerfen.

- Man kann sich nun fragen, welchen Sinn der Entwurf eines solchen Stundenplans hat,
  wenn man doch von vornherein weiß, daß es in der Praxis fast immer anders läuft. Die
  Antwort darauf ist zweiteilig: Einmal ist es nicht wahr, daß der Entwurf nach einer un-
  erwarteten Situation vollständig wertlos geworden ist. Ostmals kann man nach einem
  ,Intermezzo' wieder langsam auf den ursprünglichen Kurs einschwenken. Zum zweiten
  lehrt die Erfahrung, daß der Entwurf solcher Pläne, auch wenn sie nicht in der
  geplanten Weise ausgeführt werden, dem Lehrer die Fertigkeit vermittelt, notfalls eine
  gut aufgebaute Stunde zu improvisieren. Er erhält so außerdem einen Erfahrungs-
  schatz, den er sonst nur nach viel (mehr) ,Hinfallen und Aufstehen' erlangen kann.

Frage 1: Beantworten Sie die Frage 15 von Abschnitt 11.6.

Frage 2: Entwerfen Sie eine Stunde über den Lehrstoff aus 11.7.

Frage 3: Beantworten Sie die Aufgaben a, b, c in 11.8.

11. Arbeitsvorlagen

Dieses Kapitel enthält Arbeitsvorlagen, an denen man den Umgang mit den Begriffen dieses Buchs üben kann.

11.1. Verborgene Lernziele in Klassenarbeiten

In Klassenarbeiten versteckt ein Lehrer oft unbewußt Lernziele, die er (noch) nicht ausgesprochen hat. Drum ist die Analyse von Klassenarbeiten eine gute Übung für das Explizieren von Zielen. Eine kleine Hilfe können bei dieser Analyse die Aufgaben der Frage 1 in Kap. 2 sein.

Die nachfolgenden Klassenarbeiten beziehen sich auf den Stoff aus *L.N.H. Bunt, Algebra voor de brugklas*[1]) (Algebra für die Brückenklasse), Teil A, Kap. 1, Groningen 1967.

Die Klassenarbeiten 1, 2 und 3 stammen von drei verschiedenen Lehrern. Die Arbeit 4 wurde von den Dozenten der Arbeiten 1 und 3 gemeinsam entworfen.

Zum besseren Verständnis einige Anmerkungen:

a) Im Text des Buches ist N die Menge $\{1, 2, 3, ...\}$. Sie wird die Menge der natürlichen Zahlen genannt. Die Menge $\{0, 1, 2, 3, ...\}$ wird durch N_0 symbolisiert.

b) Der Graph einer Zahlenmenge ist eine Gerade mit dicken Punkten an den Stellen, die mit den entsprechenden Zahlen korrespondieren. Die Antwort auf die erste Frage der Aufgabe 5a in der ersten Arbeit lautet daher (Bild 11.1):

$$\overset{\bullet}{0}\ \overset{\bullet}{1}\ \overset{\bullet}{2}\ \overset{\bullet}{3}\ \overset{\bullet}{4}\ \overset{\bullet}{5}\ \overset{\bullet}{6}\quad 7 \quad 8 \quad 9$$

Bild 11.1

c) Die richtige Antwort auf die Frage 10 der vierten Arbeit soll c sein.

d) In der sechsten Frage der ersten Klassenarbeit wird das Wort ‚Koordinaten‘ erwartet.

	Anzahl der falschen Antworten
Klassenarbeit 1. (Anzahl der Schüler: 25)	
1. Schreibe fünf unendliche Teilmengen von N auf.	4
2. Wieviele unendliche Teilmengen hat N?	4
3. Wieviele endliche Teilmengen hat N_0?	7
4. Gegeben $\quad R = \{0, 1, 2, ..., 6\}$ $\qquad\qquad S = \{0, 2, 4, 6\}$ $\qquad\qquad T = \{0, 3, 4, 5, 6\}$.	
Welche Menge ist der Durchschnitt dieser drei Mengen?	10
5. Nimm die Mengen aus Aufgabe 4!	
a) Zeichne untereinander: den Graph von R $\qquad\qquad\qquad\qquad\quad$ den Graph von S $\qquad\qquad\qquad\qquad\quad$ den Graph von T.	7

---

[1]) Anm. des Übers.: Entspricht unserer Orientierungsstufe.

b) Zeichne auch den Graph des Durchschnitts dieser drei
    Mengen!   12

6. In Aufgabe 5 hast Du den Graph von S gezeichnet. Dabei hast
   Du die ... der Zahlen 0, 2, 4 und 6 durch dicke Punkte wiedergegeben .   12

7. Wie lautet die Definition eines Bruchs?   16

8. Was ist eine rationale Zahl? Nenne fünf Beispiele!   14

9. Zeichne die Zahlengerade und darauf den Punkt mit der
   Koordinate 3!

   Schreibe noch fünf andere Zahlzeichen auf, die Du an den
   Punkt schreiben könntest!   4

10. Schreibe alle Teilmengen der Menge $\{a, b, c\}$ auf!   6

Klassenarbeit 2. (Anzahl der Schüler: 28. Über die Anzahl der Fehler sind keine genauen
Zahlen bekannt, nur, daß es wohl recht wenig waren)

1. Gib in Worten eine Definition von:

   a) einer rationalen Zahl,

   b) dem Durchschnitt zweier Mengen P und Q.

2. Was ergibt die Vereinigung der Mengen der geraden und der ungeraden Zahen? Was ist
der Durchschnitt dieser beiden Mengen?

3. Gib die folgenden Mengen soweit wie möglich mittels Buchstaben an:

$$N_0 \cup N; \quad N_0 \cup \emptyset; \quad N_0 \cap N; \quad N_0 \cap \emptyset.$$

4. Sage mit eigenen Worten, wann die Menge A eine Teilmenge der Menge B ist!
Sage auch mit eigenen Worten, wann die Menge A keine Teilmenge der Menge B ist!

5. Ich habe zwei Mengen, S und T. Wie die Mengen genau aussehen, weiß ich nicht. Ich
weiß nur, daß S Teilmenge von T ist.

   a) Welche Menge ist dann $S \cup T$?

   b) Welche Menge ist dann $S \cap T$?

6. Gegeben sind die Mengen $A = \{6, 12, 18, 24, 30\}$
                                 $B = \{3, 6, 9, ..., 36\}$
                                   $C = \{9, 18, 27, 36\}$
                                   $D = \{6, 9, 12, 18, 24, 27, 30, 36\}.$

Bestimme nun die folgenden Mengen und beachte dabei die Regel, daß Klammern
zuerst berechnet werden müssen. Versuche, das Ergebnis so kurz wie möglich (also
mittels Buchstaben) darzustellen.

   a) $A \cup (B \cap C)$ d) $(A \cup C) \cap B$

   b) $(A \cup B) \cap C$ e) $(A \cap B) \cap C$

   c) $(A \cap B) \cup C$ f) $(A \cap C) \cup B.$

7. Gegeben sind die Mengen $A = \{0, 1, 2, 3, \ldots, 60\}$
                             $B = \{24, 26, 28, 30, \ldots\}$
                             $C = \{0, 3\}$
                             $D = \{41, 43, 45, 47, \ldots\}$
                             E = Menge der rationalen Zahlen, die kleiner als 1 sind.

   a) Welche dieser Mengen sind bezüglich der Addition abgeschlossen?

   b) Welche dieser Mengen sind bezüglich der Multiplikation abgeschlossen?

   c) Welche dieser Mengen sind bezüglich der Subtraktion abgeschlossen?

	Anzahl falscher Antworten
Klassenarbeit 3 (Anzahl der Schüler: 53)	
Welche Aussage ist wahr, welche falsch?	
1. Die Menge der natürlichen Zahlen ist eine Teilmenge der Menge N_0.	6
2. Die Menge N_0 ist eine Teilmenge der Menge der rationalen Zahlen.	30
3. Die Menge der natürlichen Zahlen ist eine Teilmenge der Menge der rationalen Zahlen.	20
4. Die Menge der rationalen Zahlen ist eine Teilmenge der Menge N.	32
5. Gegeben ist $S = \{0, 1\}$. Dann sind die verschiedenen Teilmengen von S: a) $\{0\}$, $\{0, 1\}$, $\{1\}$ b) $\{0\}$, $\{0, 1\}$, $\{1\}$, $\{1, 0\}$ c) $\{0\}$, $\{0, 1\}$, $\{1\}$, $\emptyset$.	14
6. Eine Gerade ist eine unendliche Menge von Punkten.	5
7. Jeder Punkt der Zahlengerade rechts des Punktes mit der Koordinaten 0 hat eine rationale Zahl als Koordinate.	35
8. Die Menge der Punkte auf der Zahlengerade zwischen dem Punkt mit der Koordinaten $\frac{998}{1000}$ und dem Punkt mit der Koordinaten $\frac{999}{1000}$ ist eine unendliche Menge	28
9. Es gibt unendliche viele natürliche Zahlen zwischen 0 und 1000.	4
	178
	(= 37 %)

Klassenarbeit 4, im Anschluß an 1 und 3 (d.h. 25 und 53 Schüler)

Wähle die richtige Antwort (oder die richtigen Antworten)!

Lies aber genau, was gefragt wird!

		Anzahl falscher Antworten	
		bei 1	bei 3

10. Welcher Ausdruck ist kein Buch?

    a) $\frac{10}{2}$ b) $\frac{6{,}85}{3}$ c) $3\frac{1}{4}$ d) $\frac{13}{4}$.   2   17

11. Welches Zahlzeichen gehört nicht zu einer rationalen
    Zahl?

    a) $\frac{5}{0}$ b) $\frac{0}{2}$ c) $\frac{10}{2}$ d) $3\frac{1}{4}$.   7   30

12. Drei der nun folgenden Zahlzeichen gehören zu der-
    selben rationalen Zahl. Welches Zahlzeichen stellt
    dann eine andere rationale Zahl dar?

    a) $\frac{7}{2}$ b) $\frac{42}{12}$ c) $\frac{56}{14}$ d) $\frac{10{,}5}{3}$.   8   35

13. Die Zahl 0 ist ein Element von:
    a) N_0 b) N c) N_0 und N d) weder N_0 noch N 0   4

14. $R = \{0, 1\}$ und $S = \{2, 3\}$, dann ist $R \cap S$
    a) $\emptyset$ b) 0   c) $\{0\}$ d) $\{0, 1, 2, 3\}$.   6   23

15. Welche Menge ist unendlich?
    a) $\{3, 6, 9, \ldots, 3000\}$
    b) $\{30, 60, 90, \ldots\}$
    c) Die Menge aller Weizenkörmer, die 1967 in den Nieder-
       landen geerntet wurden.   1   11

16. Welches ist die richtige Schreibweise für die ‚Menge aller
    geraden natürlichen Zahlen‘?
    a) $\{2, 4, 6, 8, \ldots\}$ c) $\{0, 2, 4, 6, 8\}$
    b) $\{0, 2, 4, 6, 8, \ldots\}$ d) $\{2, 4, 6, 8, 10\}$.   13   21

17. Wie schreibst Du die ‚leere Menge‘?
    a) 0   b) $\{0\}$ c) $\emptyset$ d) $\{\emptyset\}$.   0   10

18. Folgende Mengen sind gegeben:?
    D: die Menge der natürlichen Zahlen kleiner als 5
    E: die Menge N_0 größer als 2
    F: die Menge $\{1, 2, 3, 4\}$.

Welche der folgenden Aussagen ist dann wahr?

a) D ist eine Teilmenge von E.

b) E ist eine Teilmenge von D.

c) F ist eine Teilmenge von E.

d) E ist eine Teilmenge von F.

e) D und F sind dieselben Mengen.   6   20

19. R = {1, 2, 3}. Welcher der folgenden Aussagen ist dann
nicht richtig?

a) R ist eine Teilmenge von N.

b) R ist eine Teilmenge von R.

c) Die leere Menge ist eine Teilmenge von R.

d) R ist eine Teilmenge der leeren Menge.   8   20

51   201

(total 32)

11.2. Mengen in der Geometrie

Der folgende Auszug wurde mit Genehmigung des Herausgebers übernommen aus:
G. *Krooshof u. a., Moderne Wiskunde* (Moderne Mathematik); Teil 3 hm, Groningen 1969,
S. 113 bis 116.

(Auf diesen Text beziehen sich auch frühere Aufgaben dieses Buchs: a) Frage 19, Kap. 2;
b) Frage 3, Kap. 3; c) Frage 36, Kap. 4; d) Frage 20, Kap. 5)

7.   *Mengen in der Geometrie*

7.1. Punktmengen

1. Zeichne in die Mitte einer Heftseite einen Punkt und nenne ihn C.

a) Zeichne mindestens zwanzig rote Punkte, die alle *2 cm oder mehr* von C entfernt
sind.

Ist es wohl möglich, noch zwei solcher Punkte zu zeichnen? Oder gar noch mehr?

b) Zeichne mindestens zwanzig blaue Punkte, die alle *2 cm oder weniger* von C entfernt sind.

Wieviele solcher Punkte kann man wohl zeichnen?

c) Betrachte das so entstandene Farbmuster. Was kannst Du über die Punkte sagen,
die sowohl blau als auch rot sein könnten?

Welche Figur bilden *alle* Punkte, die *genau 2 cm von C entfernt* sind?

d) Auf Deinem Blatt hast Du nun zwei Gebiete: ein Gebiet A, in dem alle roten Punkte liegen und ein Gebiet B mit allen blauen Punkten.

Färbe das gesamte Gebiet A rot und das ganze Gebiet B blau.

e) Was weißt Du über den Abstand eines Punktes zu C, wenn er im roten Gebiet liegt? Was, wenn er im blauen Gebiet liegt?

f) Das Gebiet A ist die *Menge* aller Punkte der Ebene, die 2 cm oder mehr von C entfernt sind.

Diese Menge wird gekennzeichnet durch $\{P\,|\,PC \geqq 2\ cm\}$.

g) Welche Punktmenge ist B? Wie kannst Du sie schreiben?

h) Der Kreis mit dem Mittelpunkt C und dem Radius 2 cm ist die Menge, die man schreiben kann als $\{P\,|\,PC = 2cm\}$.

i) Was ist die Menge $A \cap B$?

j) Die Menge $\{P\,|\,PC > 2\ cm\}$ ist das Außengebiet und die Menge $\{P\,|\,PC < 2\ cm\}$ das Innengebiet des Kreises $\{P\,|\,PC = 2cm\}$.

2. Zeichne einen Punkt Q mitten auf eine Seite Deines Heftes.

Kennzeichne dann durch Farben folgende Mengen:

a) $\{P\,|\,PQ > 5\ cm\}$

b) $\{P\,|\,PQ < 2\ cm\}$

c) $\{P\,|\,2\ cm < PQ < 5\ cm\}$

d) $\{P\,|\,PQ = 3\ cm\}$.

3. Im Dreidimensionalen Raum sei der Punkt 0 gegeben. Wie nennst Du nun die folgenden Mengen dieses Raumes?

a) $\{P\,|\,OP = 8\ cm\}$

b) $\{P\,|\,OP < 8\ cm\}$

c) $\{P\,|\,OP > 8\ cm\}$.

4. a) Zeichne mitten auf ein kariertes Blatt zwei Punkte A und B, die auf derselben vertikalen Geraden des Rasters liegen. Zeichne die Gerade AB.

b) Zeichne einige rote Punkte, die 3 cm oder mehr von AB entfernt sind. Achte darauf, daß die gewünschten Punkte sowohl rechts als auch links von AB liegen können.

c) Zeichne ein paar blaue Punkte, die 3 cm oder weniger von AB entfernt sind.

d) Färbe die Teile des Blattes rot, in denen diejenigen Punkte liegen können, die 3 cm oder mehr von AB entfernt sind.

e) Färbe mit blau den Teil des Blattes, in dem die Punkte liegen können, die 3 cm oder weniger von AB entfernt sind.

f) Vervollständige die folgenden Sätze:

Die Punkte des blauen Gebiets bilden die Menge ...

Die Punkte des roten Gebiets bilden die Menge ...

g) Woraus besteht die Menge der Punkte, die genau 3 cm von AB entfernt liegen?

5. Wie sieht die Menge des *dreidimensionalen Raumes* aus, deren Punkte 3 cm von einer gegebenen Geraden AB entfernt sind?

6. OX und OY in Bild 11.2 stehen senkrecht aufeinander.

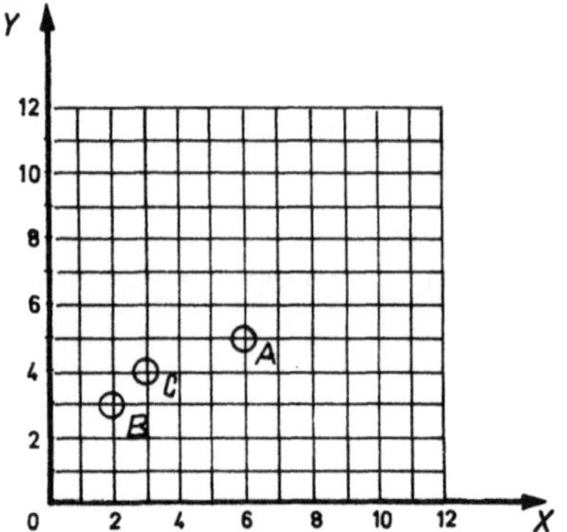

Bild 11.2

a) Benutze das Raster des Bild 11.2, um nachzuprüfen, ob folgende Eintragungen richtig sind:

Punkt	A	B	C
Abstand zu OY	6	2	3
Abstand zu OX	5	3	4
Produkt der Abstände	> 12	< 12	$= 12$

b) Übertrage das Bild 11.2 auf kariertes Papier.

c) Zeichne einige rote Punkte, die wie A die Eigenschaft haben, daß das Produkt ihrer Abstände zu OY und OX größer oder gleich 12 ist.

d) Zeichne einige blaue Punkte, die wie B die Eigenschaft haben, daß das Produkt ihrer Abstände zu OX und OY kleiner oder gleich 12 ist.

e) In der untenstehenden Tabelle stehen Paare von Abständen zu OX und OY, deren Produkt jedesmal genau 12 ergibt. Übertrage sie ins Heft und vervollständige sie.

Abstand zu OY	1	1,2				3	4	5	6	8	10	
Abstand zu OX	12	10	9	6	5		3			1,5		1

f) Benutze diese Tabelle, um Punkte zu zeichnen, bei denen wie bei C das Produkt der Abstände zu OX und OY gleich 12 ist. Solltest Du diese Punkte rot, blau oder mit beiden Farben zeichnen?

g) Färbe das Gebiet rot, das aus der Menge besteht, bei denen das Produkt der Abstände zu OX und OY 12 oder mehr ist.

h) Beschreibe das Gebiet Q, das Du nun blau färben kannst. Was ist die Punktmenge $P \cap Q$?

11.3. Anwendung der distributiven Eigenschaft

Der folgende Auszug wurde mit Zustimmung des Herausgebers übernommen aus:
L.N.H. Bunt, Algebra voor de brugklas (Algebra für die Brückenklasse), Teil A, Groningen 1967, S. 154 bis 157.

Wichtig ist hier die Behandlungsweise der Aufgaben 98 bis 101 und 107 bis 114. Der Leser wird ersucht, sich zu überlegen, wie er diesen Stoff in der Klasse behandeln würde.

Voraussetzen darf man: das Umformen von Produkten a (b + c) zu ab + ac und umgekehrt; siehe auch Frage 22, Kap. 2 und Frage 3b, Kap. 3.

	Wie können wir $3(x + y + z)$ als Summe schreiben? Wegen der assoziativen Eigenschaft können wir zunächst x und y zusammenfassen und schreiben:	
98	$3(x + y + z) = 3((x + y) + \underline{\qquad})$.	$3((x + y) + z)$
99	Aus der $\underline{\qquad}$ Eigenschaft folgt dann:	distributiven
100	$3((x + y) + z) = 3(x + y) + \underline{\qquad}$.	$3(x + y) + 3z$
	Durch nochmalige Anwendung der distributiven Eigenschaft erhalten wir	
101	$3(x + y) + 3z = (3x + \underline{\qquad}) + 3z.$ $= 3x + 3y + 3z$	$(3x + 3y) + 3z$

Aus 98 bis 191 folgt, daß

$$3(x + y + z) = 3x + 3y + 3z$$

Dies ist eine Erweiterung der distributiven Eigenschaft auf die Summe dreier Zahlen. Ebenso können wir die distributive Eigenschaft auf eine Summe von vier oder mehr Zahlen erweitern.

	Forme jeden der folgenden Ausdrücke zu einer ausgeschriebenen Summe um.	
102	$(e + f + g)h = eh + fh + \underline{\qquad}$.	$eh + fh + gh$
103	$3a(a + b + c) = \underline{\qquad} + \underline{\qquad} + 3ac$.	$3a^2 + 3ab + 3ac$
104	$6(2s + 3r + 7q + a) = \underline{\qquad}$.	$12s + 18r + 42q + 6a$
105	$(2x + 3y + 4z) \cdot 7z = 14xz + \underline{\qquad} + \underline{\qquad}$.	$14xz + 21\,yz + 28z^2$
106	$\left(\frac{1}{2}a + \frac{3}{4}b + \frac{1}{3}c\right) \cdot 8 = \underline{\qquad}$.	$4a + 6b + \frac{8}{3}c$

Die distributive Eigenschaft läßt sich auch bei Fragestellungen wie der folgenden anwenden:

Aufgabe: Schreibe

$$(x + 2)(x + 3)$$

als Summe ohne Klammern.

Bevor wir uns dieser Frage zuwenden, sehen wir uns zunächst einen Ausdruck an, der diesem sehr ähnlich sieht, nämlich

$$(x + 2)(b + c)$$

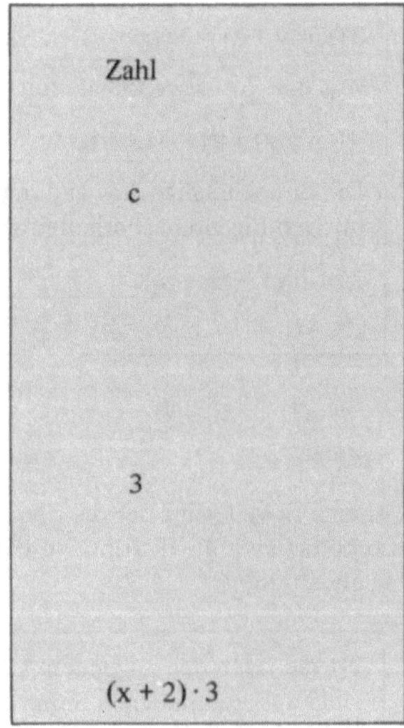

107 | Da x eine Zahl ist, ist auch x + 2 eine ______ .

Also ist $(x + 2)(b + c)$ von der Gestalt $a(b + c)$, wenn man a für x + 2 einsetzt

108 | $a \qquad (b + \underline{\ \ })$

$(x + 2) \quad (b + c)$

Genauso hat $(x + 2)(x + 3)$ die Gestalt $a(b + c)$:

$a \qquad (b + c)$

109 | $(x + 2) \quad (x + \underline{\ \ })$

Wir können nun die distributive Eigenschaft wie folgt verwenden:

$a \quad (b + c) = a \cdot b + a \cdot c$

$(x + 2) \quad (x + 3) = (x + 2) \cdot x + (\underline{\quad}) \cdot 3$

Die weiteren Schritte lauten nun:

$$\underset{(x+2)}{\underset{\uparrow}{a}}\quad \underset{(x+3)}{\underset{\uparrow\ \ \uparrow}{(b+c)}} \quad = \quad \underset{(x+2)}{\underset{\uparrow}{a}}\ \cdot b + \underset{(x+2)}{\underset{\uparrow}{a}}\ \cdot c$$

	$(x+2)\,(x+3) = (x+2)\cdot x + (x+2)\cdot 3$	(1)
	$= (x\cdot x + 2\cdot x) + (x\cdot 3 + 2\cdot 3)$	(2)
	$= x^2 + 2x + 3x + 6$	(3)
	$= x^2 + (2x + 3x) + 6$	(4)
111	$= x^2 + (\ \ \ + \ \ \ )x + 6$	(5)
	$= x^2 + 5x + 6.$	(6)

$(2+3)\cdot x$

111 · (siehe oben)

112　Im Schritt von (1) nach (2) wurde die distributive Eigenschaft ... mal benutzt.

zwei

113　Von (4) nach (5) wurde die ... Eigenschaft noch einmal verwendet.

distributive

114　Von (3) nach (4) wurde die ... Eigenschaft der Addition benutzt.

assoziative

Somit haben wir nun gefunden:

$$(x+2)\,(x+3) = x^2 + 5x + 6.$$

Diese Gleichung wird von allen x-Werten erfüllt. Eine solche Gleichung nennen wir meist eine Gleichheit (Identität).

115　Forme den Ausdruck $(a+5)\,(a+8)$ zu einer ausgeschriebenen Summe um. Das Ergebnis heißt:

[A]　　$40 + a^2$

[B]　　$a^2 + 5a + 8a + 40$

[C]　　$a^2 + 13a + 40$

Dein Lösungsweg könnte wie folgt aussehen:

$$\begin{aligned}(a+5)\,(a+8) &= (a+5)\,a + (a+5)\cdot 8\\ &= a^2 + 5a + a\cdot 8 + 5\cdot 8\\ &= a^2 + 5a + 8a + 40\\ &= a^2 + (5+8)\,a + 40\\ &= a^2 + 13a + 40.\end{aligned}$$

Obwohl in der dritten Zeile dieselbe Summe steht wie in B, stellt doch C die beste Lösung dar.

> Forme mit Hilfe der distributiven Eigenschaft die folgenden Ausdrücke zu
> Summen um. Benutze den besprochenen Lösungsweg als Vorbild.
>
> 116. $(y + 2)(y + 9) =$ _____ .
>
> 117. $(x + 1)(x + 5) =$ _____ .
>
> 118. $(2x + a)(x + a) =$ _____ .
>
> 119. $(3x + 4)(4x + 3) =$ _____ .
>
> 120. $(x + y)(x + y) =$ _____ .
>
> Wenn Du damit fertig bist, vergleiche dann die Ergebnisse mit denen auf den
> Seiten A7 bis A8.

11.4. Die Kettenregel

Der folgende Auszug wurde mit Zustimmung des Herausgebers übernommen aus *J. v. Dormolen, Analyse 2* (Analysis 2), Den Haag 1970, S. 40–43.

(Auf diesen Stoff beziehen sich auch die früheren Fragen: a) Frage 23, Kap. 2; b) Frage 3c, Kap. 3; c) Frage 40, Kap. 4; d) Frage 22, Kap. 5)

VIII. Die Technik des Differenzierens und Integrierens; Erweiterung

§ 1. Die Kettenregel

Wir kennen bereits die Regeln zur Berechnung der Ableitungen von Summe, Differenz, Produkt und Quotient zweier differenzierbarer Funktionen.

Wir wollen nun in diesem Paragraphen untersuchen, wie die Ableitung einer zusammengesetzten Funktion $g \circ f$ bestimmt wird.

Zur Vereinfachung kürzen wir $\dfrac{f(x + h) - f(x)}{h}$ durch $C_x(h)$ ab. Dann ist $f(x + h) - f(x) = h \cdot C_x(h)$.

Ist $f(x)$ in x differenzierbar — und das wollen wir im folgenden ohne besonderen Hinweis voraussetzen —, dann gilt:

$$\lim_{h \to 0} C_x(h) = f'(x)$$

Die Zahl $f(x + h) - f(x)$ ist die Länge des f-Bildes vom Intervall $[x; x + h]$ (Bild 11.3). Wir können als $C_x(h)$ als den Vervielfältigungsfaktor des Intervalls $[x; x + h]$ bei der Abbildung f auffassen.

Wenn h klein ist, dann ist dieser Vervielfältigungsfaktor näherungsweise gleich $f'(x)$ (Bild 11.4).

Daher nennt man $f'(x)$ auch den örtlichen (lokalen) Vervielfältigungsfaktor von f im Punkte x.

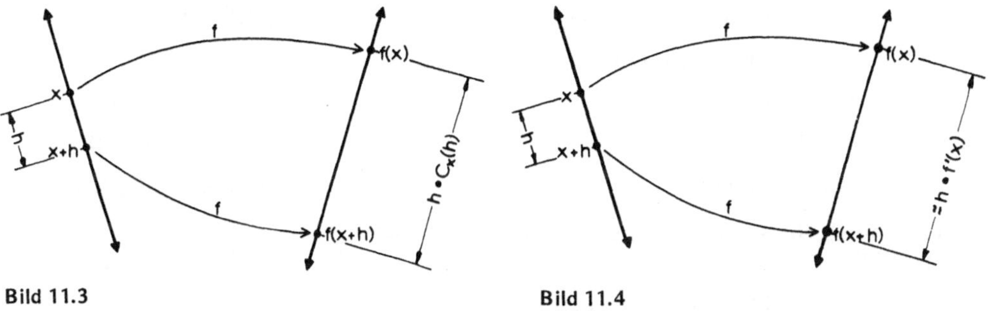

Bild 11.3   **Bild 11.4**

Bild 11.5

Genauso gehen wir bei der Funktion g vor:

Wir setzen $D_z(k) = \dfrac{g(x+k)-g(x)}{k}$, dann ist, falls g in z differenzierbar ist

$$\lim_{k \to 0} D_z(k) = g'(z).$$

Die Zahl $g'(z)$ ist der lokale Vervielfältigungsfaktor von g im Punkte z.

Setzen wir nun beide Funktionen zusammen, erhalten wir das Bild 11.5.

Das Intervall $[x; x + h]$ erfährt bei der Abbildung f eine Vervielfältigung um den Faktor $C_x(h)$. Das f-Bild dieses Intervalls erfährt anschließend unter der Abbildung g eine Vervielfältigung um den Faktor $D_z(k)$.

Das ursprüngliche Intervall wird somit bei der Abbildung g $\circ$ f um den Faktor

$$C_x(h) \cdot D_z(k)$$

vervielfältigt.

Daher können wir folgende Vermutung aussprechen: Der lokale Vervielfältigungsfaktor von g $\circ$ f im Punkte x ist:

$$f'(x) \cdot g'(z)$$

Das wollen wir nun beweisen:

$$[g \circ f](x+h) - [g \circ f](x) = g(f(x+h) - g(f(x))) \qquad \text{(Definition von g $\circ$ f)}$$

$$= g(f(x) + h \cdot C_x(h)) - g(f(x)) \qquad \text{(Def. von } C_x(h))$$
$$= g(f(x) + k) - g(f(x)) \qquad \text{(weil } k = h \cdot C_x(h))$$
$$= g(z + k) - g(z) \qquad \text{(setze } z = f(x))$$
$$= k \cdot D_z(k) \qquad \text{(Def. von } D_z(k))$$
$$= h \cdot C_x(h) \cdot D_z(k) \qquad \text{(weil } k = h \cdot C_x(h)).$$

Wegen $\lim\limits_{h \to 0} C_x(h) = f'(x)$ und $\lim\limits_{k \to 0} D_z(k) = g'(z)$ folgt:

$$[g \circ f]'(x) = \lim_{h \to 0} \frac{[g \circ f](x + h) - [g \circ f](x)}{h}$$
$$= \lim_{h \to 0} C_x(h) \cdot D_z(k)$$
$$= \lim_{h \to 0} C_x(h) \cdot \lim_{k \to 0} D_z(k) \qquad \text{(weil mit } h \to 0 \text{ auch } k \to 0)$$
$$= f'(x) \cdot g'(z)$$
$$= g'(f(x)) \cdot f'(x)$$
$$= [g' \circ f](x) \cdot f'(x).$$

Dieser Satz, der Kettenregel genannt wird, ist leicht auf folgende Weise herzuleiten:

$$d(g(f(x))) = d(g(z))$$
$$= g'(z) \cdot dz$$
$$= g'(f(x)) \cdot d(f(x))$$
$$= g'(f(x)) \cdot f'(x) \cdot dx.$$

Zusammenfassung:

> Wenn f in $x \in D_f$ differenzierbar ist, und g differenzierbar in $z = f(x) \in D_g$, dann ist $g \circ f$ differenzierbar in x und es gilt:
>
> $$[g \circ f]'(x) = [g' \circ f](x) \cdot f'(x).$$

11.5. Eine Abschlußprüfung

Es folgt nun der Text der Abschlußprüfung 1973 für niederländische Gymnasien (entspricht dem deutschen Abitur), Teil: Analysis. Siehe auch Frage 32, Kap. 4.

1. Die Funktion f ist für alle reellen x definiert durch

$$f(x) = \frac{4x}{x^2 + 1}.$$

a) Beweise, daß die Gerade mit der Gleichung y = 4x den Graph von f berührt.

b) Berechne die Extremwerte von f (x) und zeichne den Graph.

c) Berechne den Inhalt des Flächenstücks, das begrenzt wird von der x-Achse, dem Graph von f und der Geraden x + 3 = 0.

2. Gegeben ist die Differentialgleichung $dx + dy = (x + y^2) \cdot dx$. V_k ist die Menge derjenigen Punkte, deren Linienelemente den Richtungskoeffizienten k haben und dieser Differentialglichung genügen.

a) Zeichnen Sie V_0!

b) Wenn dieser Differentialgleichung eine Funktion genügt, deren Maximum gleich 3 ist, für welche x wird dieses Maximum dann angenommen?

c) Die Integralkurve dieser Differentialgleichung durch den Punkt (1,0) hat die Parameterdarstellung x = f (t), y = t − f (t). Bestimmen Sie f!

3. Betrachten Sie die Menge der Funktionen $f_k : x \to e \cdot x \cdot \ln^k x$ für alle positiven reellen x und alle positiven ganzen Werte von k.

a) Zeichnen Sie den Graph von f_2.

b) Für welche k hat die Funktion f_k zwei Extremwerte?

4. Die Funktion f ist für alle positiven reellen x differenzierbar. Für jedes positive reelle x gilt ferner: $f\left(\dfrac{1}{x}\right) = f(x)$.

a) Beweisen Sie, daß f' (1) = 0.

b) Wenn f' (x) < 0 für alle x zwischen 0 und 1, dann hat die Funktion für x = 1 ein Minimum. Beweisen Sie das!

11.6. Eine Stundenvorbereitung: Drehung als Produkt von Spiegelungen

In diesem Abschnitt wurde mit Zustimmung des Herausgebers das Kapitel 7 aus *Krooshof u.a., Moderne Wiskunde*, Teil 3 VWO, 1968, S. 102 bis 117 übernommen.

Der Lehrstoff ist für das erste Halbjahr der zweiten Klasse VWO (entspricht der dritten Gymnasialklasse in Deutschland) bestimmt.

(Auf dieses Fragment beziehen sich die früheren Aufgaben: Fragen 1, 21, Kap. 5; Frage 16, Kap. 9; Frage 1, Kap. 10)

Die nun folgenden Fragen beziehen sich allein auf Abschnitt 7.3. Die anderen Abschnitte sollen lediglich den Kontext liefern.

Versuchen Sie bei der Beantwortung dieser Fragen den Standpunkt des Lehrers einzunehmen, der gerade einen Unterrichtsarbeitsplan zu diesem Thema entwirft.

1. Was müssen die Schüler am Anfang dieses Abschnitts noch nicht kennen, am Ende aber unbedingt? (Gefragt wird nach konkretem Lehrstoff, nicht nach allgemeinen Dingen wie etwa: Kenntnis von Sätzen.)

2. Was müssen die Schüler am Anfang dieses Abschnitts noch nicht können, am Ende aber ungedingt? (Gefragt wird nach konkreten Fertigkeiten.)

3. Nennen Sie zwei spezifische Ziele (= langfristige Ziele), die durch diesen Lehrstoff verfolgt werden können!

4. Welche Kenntnisse und Fertigkeiten werden bei den Schülern in diesem Abschnitt bereits vorausgesetzt?

5. Paßt dieser Abschnitt in den Kontext eines deduktiven Systems? Wenn ja, wie? Wenn nein, warum nicht?

6. Paßt dieser Abschnitt in den Kontext eines allgemeinen Funktionsbegriffs? Wenn ja, wie? Wenn nein, warum nicht?

7. Welche Phasen der Lehrstoffanordnung erkennen Sie in diesem Abschnitt wieder? Fehlen eine oder mehrere Phasen? Könnten Sie fehlende Phasen selbst dazu beisteuern? Wenn ja, tun Sie dies bitte konkret mit Text bzw. Aufgaben. Wenn nein, warum nicht?

8. a) Welche Arbeitsform(en) schlagen Sie zur Erarbeitung dieses Abschnitts vor?

   b) Welche Rolle spielen Sie dabei als Lehrer?

   c) Welche Rolle spielt dabei das Lehrbuch?

9. Welche Schüleraktivitäten schlagen Sie für die einzelnen Teilabschnitte vor?

10. In der Aufgabe 3 steht einigemale die verbal-algebraische Formulierung eines Satzes. Fertigen Sie eine Zeichnung an, die diesen Satz nochmals visuell verdeutlicht.

11. Nachdem der Abschnitt durchgearbeitet ist, gibt der Lehrer in der nachfolgenden Stunde eine angekündigte Klassenarbeit mit folgenden Aufgaben:

    a) Setze ein (in Worten): Wenn $\angle$ (I, II) = 37°, dann ist $S_{II} \cdot S_I$ ... und $S_I \cdot S_{II}$ ...

    b) Was bedeutet: Das Produkt zweier Transformationen?

    c) Zeichne horizontal eine Grade I und dazu eine Gerade II, die I ungefähr in der (Heft-)Mitte unter einem Winkel von 45° schneidet und von links oben nach rechts unten läuft. Zeichne 5 cm links vom Schnittpunkt und 1 1/2 cm oberhalb der Geraden I den Punkt A. Spiegele A an I und den Bildpunkt A_I anschließend an II. Begründe an Hand der Figur, daß man den Bildpunkt $A_{I,II}$ auch durch eine Drehung um einen Winkel von ... (ausfüllen) erhalten kann.

    d) Sind I und II parallele Geraden, so kann $S_{II} \cdot S_I$ keine Drehung sein. Gib dafür mindestens eine Begründung.

    (Nehmen Sie an, daß die Schüler in der Klasse lediglich die Aufgaben dieses Abschnitts beantwortet haben. Wie sie sich zuhause auf diese Arbeit vorbereitet haben, wissen Sie nicht.)

    Geben Sie bei jeder Frage an, welche spezifischen und welche Niveauziele Ihrer Meinung nach damit getestet werden?

12. Bei Aufgabe 2d sagt ein Schüler zu Ihnen: „Da steht: ‚Was bemerkst Du?' Aber ich bemerke nichts!" Als Sie seine Winkelmessung überprüfen, sehen Sie, daß dieser Schüler 56° und 111° gefunden hat. Was tun Sie?

13. a) Was soll das Wort ‚auch' in 7.3, 1f ausdrücken?

    b) Was sagen Sie, wenn Sie das ein Schüler fragt?

14. Bei Aufgabe 3e werden Sie von einigen Schülern gefragt, was sie bei dieser Aufgabe eigentlich tun sollen? Wie antworten Sie?

15. Entwerfen Sie einen vollständigen Plan für die Stunde!

6.6. Zusammenfassung von Kapitel 6

A. Neue Wörter dieses Kapitels

1. Transformation	7. Bildwinkel
2. Fixpunkt	8. Orientierung
3. Symmetrieachse	9. Höhe
4. Spiegelung	10. Schwerelinie
5. Bildpunkt	11. Winkelhalbierende
6. Bildstrecke	12. Mittelsenkrechte

B. 1. Punkte, die bei einer Transformation mit ihrem Bildpunkt zusammenfallen, heißen Fixpunkte der Transformation

  2. Eine Symmetrieachse einer Figur ist die Menge der Fixpunkte bei der Spiegelung an dieser Achse.

  3. Wird ein Punkt A an einer Geraden g gespiegelt, und fällt A nicht mit seinem Bildpunkt A' zusammen, so ist g die Mittelsenkrechte von AA'.

  4. Wird eine Gerade p an einer Geraden g, die p schneidet, gespiegelt, dann schneiden sich p und p' in einem Punkt von g. g ist dann die Winkelhalbierende des Winkels zwischen p und p'.

  5. Eine Spiegelung kehrt die Orientierung einer Fläche um.

  6. Die Konstruktionen

    a) eine Strecke senkrecht in der Mitte teilen,

    b) das Lot von einem Punkt auf eine Gerade fällen,

    c) das Lot in einem Punkte der Geraden g errichten,

    d) einen Winkel halbieren,

    können mit Hilfe von Drachen oder Rauten ausgeführt werden.

  7. In jedem Dreieck schneiden sich:

    die drei Winkelhalbierenden in einem Punkt I

    die drei Schwerelinien in einem Punkt S

    die drei Höhen in einem Punkt H

    die drei Mittelsenkrechten in einem Punkt U

    In jedem gleichseitigen Dreieck fallen I, S, H und U zusammen.

Wiederholungsaufgaben zu Kapitel 6 stehen in Kapitel 11.5.

7. *Drehen, Drehung*

7.1. Drehen

1. Betrachte nochmals Abb. 23. Wir wissen, daß es Punkte gibt, die auf ihrem Platz bleiben, wenn wir jeden Rahmen in seinen Umriß setzen. Solche Punkte nennen wir *Fixpunkte* der Transformation.

Wir nehmen nun an, daß genau ein Punkt auf seinem Platz bleibt. Dann sieht man, daß man den Rahmen durch Drehen in seine neue Stellung bringen kann. Eine solche Transformation nennen wir *Drehung* oder *Rotation.*

Verbindest Du einen Punkt vor und nach der Drehung mit dem Fixpunkt, so entsteht ein Winkel, den wir den *Drehwinkel* der Rotation nennen. Den Fixpunkt der Transformation nennen wir Mittelpunkt oder *Zentrum* der Drehung.

In Nr. 1 der Abb. 23 kannst Du die Figur um $120°$ drehen, zweimal um $120°$ oder allgemein um ganze Vielfache von $120°$. Diese Drehungen können mit oder gegen den Uhrzeigersinn duchgeführt werden.

Bei einer Drehung gegen den Uhrzeigersinn zählen wir den Drehwinkel positiv, bei einer Drehung mit dem Uhrzeigersinn negativ.

2. Besitzen die Figuren von Bild 11.6 Drehzentren? Wenn ja, um welchen Winkel muß gedreht werden, um die Figur mit der Ausgangslage zur Deckung zu bringen? (Gib mehrere Antworten; denke auch daran, daß Du negative Winkel nennen kannst.)

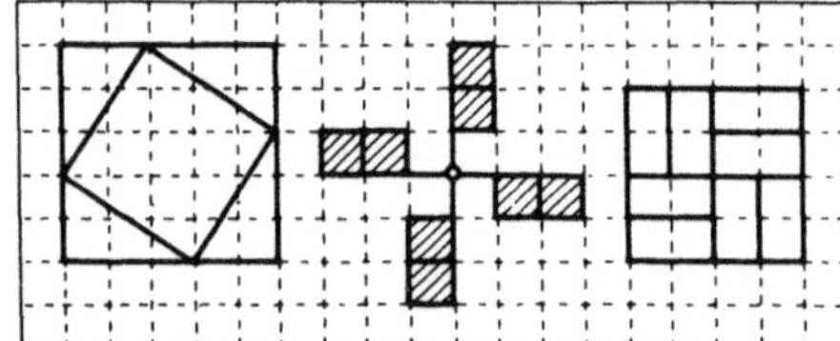

Bild 11.6

3. Prüfe nach, ob folgende Großbuchstaben drehsymmetrisch sind:

   A   B   C   E   H   O   N   S   W   Z

Um welche Winkel zwischen $-360°$ und $+360°$ muß man sie drehen, um sie wieder in diese Lage zu bringen?

4. Beantworte dieselben Fragen wie bei 2 und 3 für folgende Figuren: Drachen, Quadrat, Rechteck, Gerade, Strecke, Winkel, Parallelogramm, Raute, Kreis!

5. Welchen Einfluß hat eine Drehung auf die Orientierung einer Fläche?

6. Auch den ‚Ruhezustand' kann man als Drehung auffassen. Der Drehwinkel beträgt dann $0°$. Diese Drehung nennen wir *Nulldrehung.*

   Welche Drehungen kann man noch als Nulldrehung auffassen?

7.2. Aufeinanderfolgende Drehungen

1. Bild 11.7 stellt ein vereinfachtes Wagenrad dar. Es hat neun gleichlange Speichen (die *Radien*), die gleichen Abstand voneinander haben. Die Speichen verbinden die Nabe (den *Mittelpunkt*) mit der Felge (der *Kreislinie*). Stell Dir vor, daß sich das Rad um O drehen läßt. Was geschieht dabei mit den Speichen und der Felge?

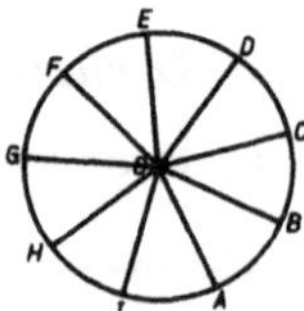

Bild 11.7

2. Was läßt sich über den Abstand eines jeden Punktes der Kreislinie zu O während der Drehung sagen?

3. Du erkennst, daß sich die Figur nicht ändert, wenn um O eine Drehung von 40°, 80°, 120°, ..., 360° ausgeführt wird. Die Figur kann sich so auf neun verschiedene Weisen selbst überdecken. Dreht man um −320°, so nimmt die Figur dieselbe Stellung ein, als ob um 40° gedreht worden wäre. Wird um +360° oder −360° gedreht, so wird die Ausgangsstellung wieder erreicht.

4. Übertrage die nachfolgende Tabelle in Dein Heft. Gefragt ist nach Drehungen oder Spiegelungen, die die Figur auf sich abbilden. Die ersten beiden Fragen sind schon beantwortet. Prüfe sie nach und beantworte die anderen:

Abbildung	Transformation
A → D, B → E	Drehung um 120° oder −240°
A → D, B → C	Spiegelung an OG
A → A, B → I	....
A → F, B → G	....
A → F, B → E	....
A → G	.... (zwei Antworten)

5. Betrachte nochmals Bild 11.7. Wenn der Punkt A durch Drehen auf D und anschließend durch eine weitere Drehung auf F zu liegen kommt, dann kann man sagen, daß insgesamt A auf F abgebildet wurde. Das schreiben wir so: A → D → F.

   Wie groß ist der Drehwinkel von:

   a) A → D?

   b) A → D → F?

   c) A → C → G?

   d) A → H → D?

6. Zeige A → B → D = A → C → D, indem Du die Drehwinkel von A → B und B → D mit denen von A → C und C → D vergleichst.

7. Bild 11.8 stellt vereinfachend eine Schallplatte mit dem Mittelpunkt O dar.

   Überprüfe die Richtigkeit folgender Aussage:

   Jede Drehung um O bildet die Figur auf sich ab.

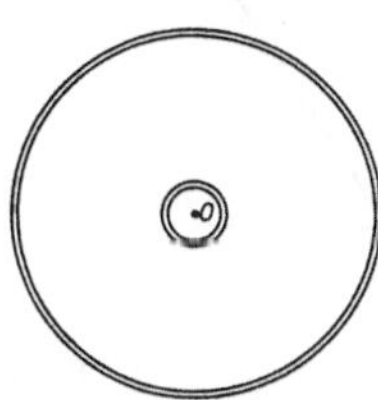

Bild 11.8

Eine Drehung um ein Zentrum O mit dem Drehwinkel α schreiben wir als $D_{O,\alpha}$. Drehen wir anschließend das Bild noch einmal um einen Winkel β, so schreiben wir dafür

$$D_{O,\beta} \cdot D_{O,\alpha}$$

und nennen dies das *Produkt* der beiden Drehungen. Achte bei dieser Schreibweise bitte besonders auf die Reihenfolge: die zuerst durchgeführte Drehung steht *rechts*.

a) Wie groß ist der gesamte Drehwinkel?

b) Zeige: $D_{O,\beta} \cdot D_{O,\alpha} = D_{O,\alpha} \cdot D_{O,\beta} = D_{O,\alpha+\beta}$!

c) Welche bekannte Eigenschaft besitzen zwei nacheinander ausgeführte Drehungen?
Bemerkung: Bedenke, daß die Drehwinkel sowohl positiv als auch negativ sein können.

d) Gilt die Beziehung b auch noch, wenn einer der Drehwinkel null ist?

7.3. Die Drehung als das Produkt zweier Spiegelungen

1. a) Betrachte Bild 11.9 und vervollständige dann:

$$A \to E \qquad D \to \ldots \qquad G \to \ldots$$
$$B \to D \qquad E \to \ldots \qquad H \to \ldots$$
$$C \to \ldots \qquad F \to \ldots \qquad I \to \ldots$$

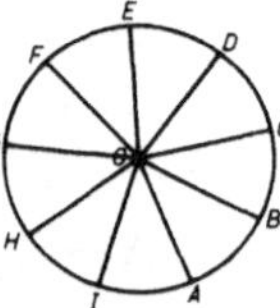

Bild 11.9

b) Welche Transformation wurde durchgeführt?

c) Wir führen diese Transformation nochmals aus und lassen ihr eine zweite folgen; Ergänze:

$$A \to E \to C \qquad D \to \ldots \to \ldots \qquad G \to \ldots \to \ldots$$
$$B \to D \to D \qquad E \to \ldots \to \ldots \qquad H \to \ldots \to \ldots$$
$$C \to \ldots \to \ldots \qquad F \to \ldots \to \ldots \qquad I \to \ldots \to \ldots$$

d) Es wurden nacheinander zwei Spiegelungn durchgeführt. Die erste nennen wir S_1, die zweite S_2. Wie bei den Drehungen schreiben wir diese Transformation, die aus zwei hintereinander ausgeführten Spiegelungen besteht, als $S_1 \cdot S_2$. Diese neue Transformation heißt *Produkt* der beiden Spiegelungen.

e) Führe die beiden Transformationen noch einmal hintereinander aus, beginne aber diesmal mit S_2. Vervollständige:

$$A \to G \to H \qquad D \to \ldots \to \ldots \qquad G \to \ldots \to \ldots$$
$$B \to \ldots \to \ldots \qquad E \to \ldots \to \ldots \qquad H \to \ldots \to \ldots$$
$$C \to \ldots \to \ldots \qquad F \to \ldots \to \ldots \qquad I \to \ldots \to \ldots$$

f) Ist $S_1 \cdot S_2$ auch eine Drehung? Wenn ja, mit welchem Drehwinkel? Mit welchem Zentrum? Wie groß ist der Winkel der Spiegelachsen?

g) Ist $S_2 \cdot S_1 = S_1 \cdot S_2$? Gib eine Begründung!

2. Übertrage Abb. 11.10 in Dein Heft!

a) Konstruiere das Bild A_1 von A durch Spiegelung an I.

b) Konstruiere das Bild A_{12} von A_1 durch Spiegelung an II.

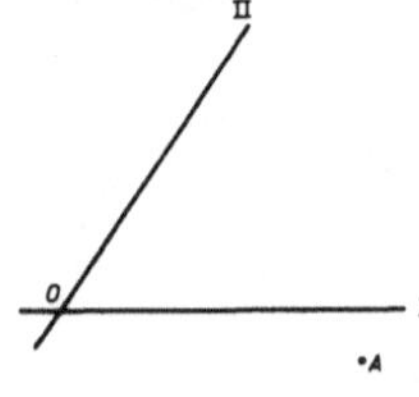

Bild 11.10

c) Was kannst Du über die Längen AO, A_1O, $A_{12}O$ sagen?

d) Messe den Winkel zwischen I und II. Messe auch den Winkel zwischen AO und $A_{12}O$. Was bemerkst Du? Kannst Du das auch anhand der Figur erklären?

e) Konstruiere in einer neuen Zeichnung das Bild A_2 von A durch Spiegelung an II.

f) Konstruiere das Bild A_{21} von A_2 durch Spiegelung an II.

g) Messe die Winkel zwischen AO und A_2O. Was bemerkst Du? Berücksichtige das Vorzeichen des Winkels!

h) Durch welche Transformation kannst Du $A \rightarrow A_1 \rightarrow A_{12}$ ersetzen?

i) Durch welche Transformation kannst Du $A \rightarrow A_2 \rightarrow A_{21}$ ersetzen?

k) Versuche, das Ergebnis in Worte zu fassen.

3. Übertrage Bild 11.11 in Dein Heft:

a) Konstruiere das Bild $A_1B_1C_1$ von $\triangle ABC$ durch Spiegelung an I.

b) Konstruiere das Bild $A_{12}B_{12}C_{12}$ von $\triangle A_1B_1C_1$ durch Spiegelung an II.

c) Zeichne Bild 11.11 noch einmal in Dein Heft und konstruiere das Bild $A_2B_2C_2$ von $\triangle ABC$ durch Spiegelung an II.

d) Konstruiere das Bild $A_{21}B_{21}C_{21}$ von $\triangle A_2B_2C_2$ durch Spiegelung an I.

e) Ist folgende Aussage richtig?

Das Produkt zweier Spiegelungen an zwei sich schneidenden Achsen kann durch eine Drehung um den Achsenschnittpunkt ersetzt werden. Der Drehwinkel ist doppelt so groß wie der Schnittwinkel der Achsen.

Kürzer sagen wir auch:

Das Produkt zweier Spiegelungen an zwei sich schneidenden Geraden ist eine Drehung.

In Symbolen:

$\angle\,(I, II) = \varphi$

$I \cap II = \{P\}$

$$S_{II} \cdot S_I = D_{P,\,2\varphi}$$

Hierin stellt $\angle\,(I, II)$ den Winkel zwischen den Spiegelachsen I und II dar. Er kann positiv, negativ oder null sein. Ist z.B. $\angle\,(I, II) = 40°$, so ist $\angle\,(II, I) = -40°$.

f) Ist $\angle\,(I, II) = 0°$, dann fallen die Spiegelachsen zusammen. Prüfe nach, ob dann die Aussage e noch stimmt.

4. In Bild 11.12 ist O das Drehzentrum. Übertrage die Zeichnung in Dein Heft.

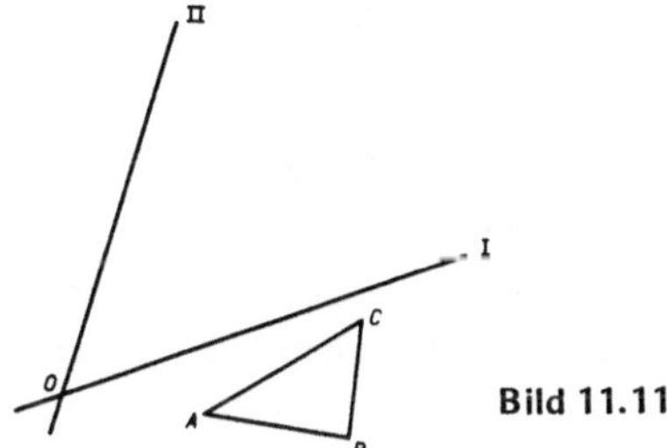

Bild 11.11

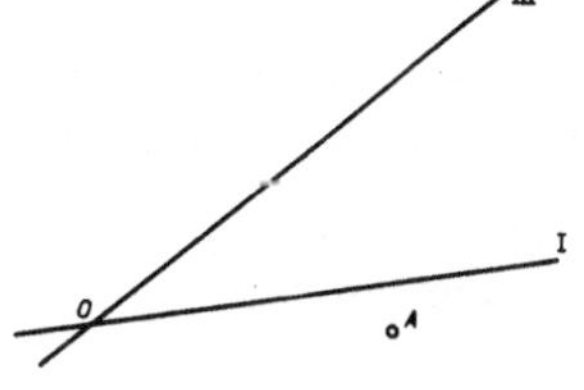

Bild 11.12

a) Konstruiere das Bild A_{12} von A durch eine Drehung um $100°$. Benutze dabei Winkelmesser und Zirkel.

b) Konstruiere das Spiegelbild A_1 von A bezüglich der Geraden I.

c) Wenn A_{12} das Spiegelbild A_1 bezüglich der Geraden II ist, wie kannst Du diese dann finden? Konstruiere sie!

d) Welchen Winkel bilden I und II?

e) Konstruiere das Spiegelbild A_3 von A an der Geraden III.

f) Wenn A_{12} Spiegelbild von A_3 bezüglich einer Geraden IV ist, wie kann man diese Gerade dann finden? Führe die Konstruktion durch!

g) Welchen Winkel bilden III und IV?

h) Fülle aus: Die Drehung $A \to A_{12}$ um den Punkt O kann durch zwei hintereinander ausgeführte Spiegelungen erhalten werden. Die Achsen schneiden sich im ... unter einem Winkel von ... .

5. In Bild 11.13 ist $\triangle A_{12}B_{12}C_{12}$ das Bild von $\triangle ABC$ bei einer Drehung um O. Übertrage die Figur in Dein Heft.

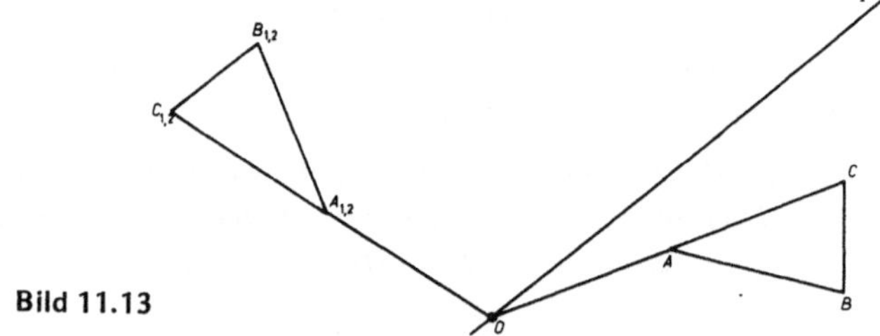

Bild 11.13

a) Kontrolliere, ob A, B und C um denselben Winkel gedreht wurden.

b) Durch O wurde eine Gerade I gezogen. Übertrage sie und konstruiere das Bild $A_1B_1C_1$ durch Spiegelung von $\triangle ABC$ an I.

c) Konstruiere die Achse II, an der $\triangle A_1B_1C_1$ so gespiegelt werden kann, daß als Bild $\triangle A_{12}B_{12}C_{12}$ entsteht.

7.4. Punktsymmetrie

1. a) Betrachte nochmals die Figuren von Abb. 23. Welche von ihnen bleiben unverändert, wenn sie eine halbe Drehung um einen Punkt ausführen? Mathematisch gesagt: Welche Vorlagen werden bei einer Drehung von $180°$ um einen bestimmten Punkt auf sich selbst abgebildet?

b) Welche der folgenden Großbuchstaben haben diese Art von Symmetrie?

A   B   C   E   H   O   N   S   W   Z

c) Zähle diejenigen Vierecke auf, die diese Symmetrie besitzen. Welches Viereck hat nur diese Symmetrie und keine andere (also keine Symmetrieachse)?

2. a) Bild 11.14 zeigt ein Parallelogramm mit dem Diagonalenschnittpunkt O. Nimm an, das Parallelogramm wird um O um $180°$ gedreht. Wohin kommen dann die Punkte A, B, A', B'?

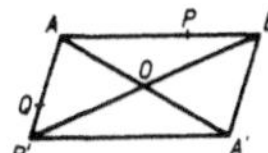

Bild 11.14

b) Nimm an, bei dieser Drehung wird P auf P′ und Q auf Q′ abgebildet. Was kannst Du dann über OP und PO′ sagen? Und über OQ und OQ′? Und über die Dreiecke POB und P′OB′? Nenne noch andere kongruente Dreiecke in dieser Figur.

Figuren, die durch eine Drehung um 180° auf sich selbst abgebildet werden, heißen *punktsymmetrisch. Das Drehzentrum heißt Zentrum der Punktsymmetrie.*

Bei Punktsymmetrie besitzt jeder Punkt einen Bildpunkt. So ist in Aufgabe 2 P′ der Bildpunkt von P. P und P′ sind *gegenseitig Bildpunkte.*

Beachte, daß die Gerade PP′ durch O läuft und daß OP = OP′. Ferner gilt: Ist P′Q′ Bildstrecke von PQ, so sind P′Q′ und PQ gleichlang und parallel, allerdings *entgegengerichtet;* d.h. läuft PQ von links nach rechts, dann läuft P′Q′ von rechts nach links.

Zu jedem Punkt der Ebene können wir einen Bildpunkt bestimmen. Somit haben wir es mit einer Abbildung zu tun, bei der jeder Punkt P einen Bildpunkt P′ so erhält, daß O stets Mittelpunkt der Strecke PP′ ist.

Diese Abbildung heißt *Punktspiegelung mit dem Zentrum O.* Oft sagt man kurz: *spiegeln im Punkt O.*

3. Untersuche, ob folgende Figuren punktsymmetrisch sind. Überlege stets, wie Du das Zentrum wählen kannst.

   a) Zwei Strecken, die einander in der Mitte teilen.

   b) Zwei sich schneidende Geraden.

   c) Zwei parallele Geraden, die von einer dritten geschnitten werden.

   d) Zwei parallele Strecken.

   e) Zwei parallele Geraden.

4. Zeichne ein rechtwinkliges Achsenkreuz auf kariertes Papier. Wir betrachten die Abbildung: *Spiegeln im Ursprung.*

   Vervollständige folgende Tabelle:

Punkt	(2,3)	(4,−2)	(−3,5)	(−2,−1)
Bildpunkt				

Punkt	(a,b)		(4,0)	(0,−5)
Bildpunkt		(p,q)		

5. Was ist, wenn am Ursprung O gespiegelt wird, das Bild von:

   a) der Geraden mit der Gleichung x = 3?

   b) der Geraden mit y = −2?

   c) der x-Achse?

d) der Geraden mit $y = x$?

e) der Geraden mit $y = 3x$?

6. Wir betrachten die Punktspiegelung mit dem Zentrum $(4,3)$.

a) Zeichne folgende Punkte mit ihren Bildpunkten und fülle die Tabelle aus:

Punkt	$(2,2)$	$(4,5)$	$(6,3)$	$(-1,-1)$
Bildpunkt				

Punkt	$(9,6)$	$(5,1)$	$(7,4)$	$(0,0)$
Bildpunkt				

b) Beantworte nun mit Hilfe der Tabelle folgende Fragen:

(1) Bei der Spiegelung an $(4,3)$ ist (a,b) Bildpunkt von (c,d). Stelle eine direkte Beziehung zwischen a und c sowie zwischen b und d auf!

(2) Wie heißt bei der Spiegelung an $(4,3)$ der Bildpunkt von (x,y)?

(3) Wie heißt der Bildpunkt von (x,y), wenn wir an (p,q) spiegeln?

7. Würde sich bei den Aufgaben 4, 5, 6 ein Unterschied ergeben, wenn wir die x- und die y-Achse nicht senkrecht zueinander gewählt hätten? Wenn ja, welcher?

8. Punktsymmetrie ist eine Drehung von $180°$ um ein Zentrum. Darum kann man Punktsymmetrie durch Spiegelung an zwei Achsen erhalten, die sich im Zentrum senkrecht schneiden.

a) Bestimme von den Punkten der Aufgabe 4 zunächst die Spiegelbilder an der x-Achse und dann deren Spiegelbilder an der y-Achse! Was läßt sich daraus folgern?

b) Bestimme nun von denselben Punkten zuerst die Spiegelbilder an der y-Achse und dann deren Spiegelbilder an der x-Achse. Erkläre nun, was Dir auffällt.

9. Führe nun Aufgabe 8 mit den Geraden aus Aufgabe 5 durch!

7.5. Zusammenfassung von Kapitel 7

A. *Neue Wörter des Kapitels*

1. Drehung, Rotation
2. Zentrum der Drehung
3. Nulldrehung
4. Produkt von Transformationen
5. Punktsymmetrie
6. Punktspiegelung
7. Zentrum der Punktsymmetrie

B. 1. Eine Drehung hat einen Fixpunkt: das Zentrum der Drehung.

2. Ist A' Bildpunkt von A bei einer Drehung um das Zentrum O, dann ist $OA = OA'$.
   $\angle$ AOA$'$ heißt Drehwinkel.

3. Wird eine Fläche gedreht, so bleibt ihre Orientierung erhalten.

4. Das Produkt zweier Drehungen ist wieder eine Drehung.

5. Wird um $180°$ gedreht, sind Figur und Bildfigur punktsymmetrisch. Eine Drehung um $180°$ heißt auch Punktspiegelung.

6. Jede Drehung kann als Produkt zweier Spiegelungen aufgefaßt werden. Der Schnittpunkt der Spiegelachsen ist Drehzentrum, der doppelte Schnittwinkel der Drehwinkel.

Wiederholungsaufgaben zu Kapitel 7 finden sich in Kapitel 11.6.

11.7. Eine Stundenvorbereitung: Wurzelziehen

Dieser Abschnitt enthält einen Auszug aus *K. de Bruin u. a., Getal en Ruimte* (Zahl und Raum), Teil 2 HMI, Culembourg 1972, S. 63–64, sowie das Inhaltsverzeichnis. Die Übernahme erfolgte mit Zustimmung des Herausgebers.

(Auf dieses Fragment bezogen sich die früheren Aufgaben: a) Frage 1, Kap. 6; b) Frage 2, Kap. 10)

1. Überlegen Sie bitte, welches Lehrstoffziel (= kurzfristig) und welches spezifische Ziel (= langfristig) Sie als Lehrer mit diesem Text verfolgen können.

2. Erläutern Sie, warum dieser Lehrstoff zunächst zur Kategorie Pa (= Problemlösung, Analyseniveau) gehört und später zu Ak (= Algorithmen, Kenntnisniveau). Bringen Sie dies in Zusammenhang mit dem vorliegenden Lehrstoff.

3. Diskutieren Sie die nachfolgenden Aktivitäten dreier verschiedener Lehrer.

   Lehrer A. Überschlägt den ersten Teil und beginnt ,klassisch' mit Aufgabe 4. Da seine Schüler diese Aufgabe nicht lösen können, gibt er selbst kurz die Antworten. Diese Arbeitsweise wiederholt er bei den folgenden Aufgaben, bis alle die richtigen Antworten geben können. Danach läßt er individuell weiterarbeiten, wobei die Schüler die Aufgaben 5g, 7 und 8 auslassen können. Er nimmt sich auch vor, die Paragraphen 2, 3 und 4 wegzulassen.

   Lehrer B. kündigt an, daß er in der Stunde und auch mit den Hausaufgaben nicht weiter als bis Aufgabe 9 gehen will. Er läßt die Schüler einzeln oder auch zu zweit (nach eigener Wahl) an den Aufgaben arbeiten. Eine Viertelstunde vor Schluß bespricht er auf klassische Weise die Definition, wobei er besonderen Nachdruck auf die Aufgaben 2, 5g und 8 legt.

   Lehrer C beginnt genau wie Lehrer A, versucht aber ab und zu, seine Schüler die Definition geben zu lassen. Dabei akzeptiert er alle Vorschläge, so unglücklich sie auch formuliert sein mögen, fragt aber nach eventuellen Unterschieden. Er hofft, auf diese Weise schließlich bei Aufgabe 5h eine richtige Definition zu erhalten, die die Schüler dann in ihr Heft schreiben sollen.

4. Warum muß sich ein Lehrer über alle Dinge orientieren, die mit dem Anfangszustand der Schüler zusammenhängen? Erläutern Sie dies anhand dieser Stundenvorbereitung.

5. Ein Lehrer beschließt, seine Schüler nicht das Symbol $\sqrt[n]{a}$ zu lehren, sondern statt dessen $a^{1/n}$. Warum wohl?

6. Mit welchem Kriterium der Lehrstoffauswahl hat Aufgabe 11 wohl hauptsächlich zu tun? Die Verwendung von Wörtern wie ‚immer‘, ‚manchmal‘, ‚nie‘ in dieser Aufgabe widerspricht dem Kriterium von der mathematischen Richtigkeit. Warum werden sie wohl trotzdem benutzt?

7. Welche Phasen des Lernprozesses erkennen Sie in den zwei Seiten dieses Buchs? Geben Sie kurz die entsprechenden Textstellen an. Was muß der Lehrer selbst noch beisteuern?

8. Welche Arbeitsform(en) würden Sie wählen, wenn Ihre Schüler dieses Buch benutzen würden? Geben Sie eine kurze Begründung.

9. Nachdem die Aufgaben 1 bis 9 einschließlich der Definition behandelt wurden, läßt der Lehrer in der folgenden Stunde eine Arbeit schreiben. Sie enthält folgende Aufgaben:

   a) Gib alle Zahlen an, die man in $2\frac{1}{2} = \sqrt{(\ldots)^2}$; $0 = \sqrt{(\ldots)^2}$; $-3 = \sqrt{(\ldots)^2}$ einsetzen kann.

   b) Gib eine einfache Definition für die Wurzel aus einer Zahl.

   c) Begründe die Antworten aus a.

   d) Ist Wurzelziehen eine Funktion? Begründe die Antwort.

   Geben Sie bei jeder Aufgabe an, welches spezifische Ziel damit verfolgt wird.

10. Vergleiche folgende Aussagen: ‚Bei einer schriftichen Arbeit beurteile ich allein das, was dort steht.‘ ‚Bei einer schriftlichen Arbeit beurteile ich auch, was der Schüler meinte und vielleicht unglücklich formulierte.‘ Was ist Ihre Meinung dazu?

Wurzelziehen

§ 1. Die Wurzel aus einer Zahl

Aufgaben

1. Trage nicht-negative Zahlen aus $\mathbb{Q}$ ein:

x^2	4	9	16	25	36	100	144	400	625	1	0
x	…	…	…	…	…	…	…	…	…	…	…

2. Hättest Du andere Antworten gegeben, wenn die Voraussetzung ‚nicht-negativ‘ in Aufgabe 1 fehlen würde?

   Was ist der Unterschied zwischen ‚nicht-negativ‘ und ‚positiv‘?

3. Wie Aufgabe 1.

x^2	$\frac{1}{4}$	$\frac{4}{9}$	0,36	0,04	1,21	$6\frac{1}{4}$	$11\frac{1}{9}$	0,0081	0,0196
x	…	…	…	…	…	…	…	…	…

Bei den Aufgaben 1 und 3 hast Du aus den Zahlen der oberen Zeilen ‚die Wurzel gezogen'.

Wurzelziehen aus einer Zahl bedeutet: Eine nicht-negative Zahl suchen, deren Quadrat gleich derjenigen Zahl ist, aus der die Wurzel gezogen werden soll.

So ist ‚die Wurzel aus 9' gleich 3, weil $3^2 = 9$ und 3 nicht-negativ ist. Wir schreiben $\sqrt{9} = 3$. $\sqrt{9}$ sprechen wir aus als: die Wurzel aus 9.

Das Quadrat von -3 ist ebenfalls gleich 9, doch ist $\sqrt{9}$ nicht gleich -3, da -3 negativ ist.

Definition:

$$\boxed{\sqrt{a} = b \iff (b^2 = a \land b \geqslant 0)}$$

Aufgaben

4. Vervollständige:

   a) $\sqrt{81} = \ldots$, denn $\ldots$;   b) $\sqrt{100} = \ldots$, denn $\ldots$;

   c) $\sqrt{\dfrac{25}{4}} = \ldots$, denn $\ldots$;   d) $\sqrt{\dfrac{1}{4}} = \ldots$, denn $\ldots$;

   e) $\sqrt{1} = \ldots$, denn $\ldots$;   f) $\sqrt{0} = \ldots$, denn $\ldots$;

5. Ebenso

   a) $\sqrt{5^2} = \ldots$;   b) $\sqrt{121} = \ldots$;

   c) $\sqrt{400} = \ldots$;   d) $\sqrt{5\dfrac{4}{9}} = \ldots$;

   e) $\sqrt{6\dfrac{1}{4}} = \ldots$;   f) $\sqrt{625} = \ldots$;

   g) $\sqrt{(-3)^2} = \ldots$;   h) $\sqrt{1\,000\,000} = \ldots$.

6. Berechne

   a) $\sqrt{16} + \sqrt{9}$;   b) $\sqrt{25} + \sqrt{4}$;

   c) $\sqrt{36} - \sqrt{1}$;   d) $\sqrt{49} - \sqrt{81}$;

   e) $\sqrt{0{,}16} + \sqrt{2{,}25} - \sqrt{1{,}69}$;   f) $\sqrt{100} - \sqrt{64} - \sqrt{36}$.

7. Warum können wir aus -9 nicht die Wurzel ziehen?

8. Warum folgt aus der oben gegebenen Definition, daß a eine nicht-negative Zahl ist?

9. Vervollständige, falls möglich:

   a) $5 = \sqrt{\ldots}$;   b) $15 = \sqrt{\ldots}$;   c) $100 = \sqrt{\ldots}$;

   d) $2\dfrac{1}{2} = \sqrt{\ldots}$;   e) $-5 = \sqrt{\ldots}$;   f) $0{,}7 = \sqrt{\ldots}$.

10. a) Wieviele Dezimalstellen hat das Quadrat von 12,73?

    b) Füge eines der Wörter ‚immer', ‚manchmal' oder ‚nie' ein:

       Quadriert man eine Zahl mit einer oder mehreren Dezimalstellen, so erhält man
       … eine ganze Zahl.

11. a) Wähle eine gebrochene Zahl zwischen 2 und 3; nenne diese Zahl a. Berechne a^2. Ist a^2 eine ganze Zahl? Wenn ja, welche? Wenn nein, zwischen welchen ganzen Zahlen liegt dann a^2?

   b) Füge eines der Wörter ‚immer‘, ‚manchmal‘ oder ‚nie‘ ein:

   Quadriert man eine gebrochene Zahl, so erhält man ... eine ganze Zahl.

12. a) Jemand behauptet, daß $\sqrt{10} = 3,2$ ist. Wie kannst Du sofort zeigen, daß dies nicht stimmen kann?

   b) Und was denkst Du über die Behauptung $\sqrt{10} = 3\frac{1}{7}$?

   c) Gibt es eine Zahl aus der Menge **Q**, die gleich $\sqrt{10}$ ist?

Inhalt

Zusammenfassung von ‚**Algebra für die Brückenklasse**‘
Zusammenfassung von ‚**Geometrie für die Brückenklasse**‘

Kapitel I. **Mengen**

§ 1.   Neue Schreibweise
§ 2.   Durchschnitt und Vereinigung; ‚und‘ und ‚oder‘
§ 3.   Punktmengen

Kapitel II. **Gleichungen und Ungleichungen**

§ 1.   Einleitung
§ 2.   Gleichwertige Gleichungen
§ 3.   Rätsel
§ 4.   Besondere Lösungsmengen
§ 5.   Der Grad einer Gleichung
§ 6.   Ungleichungen

Kapitel III. **Besondere Punktmengen**

§ 1.   Schreibweisen
§ 2.   Gleichwertige Aussagen
§ 3.   Gleiche Mengen
§ 4.   Wie beweisen wir, daß zwei Mengen gleich sind?
§ 5.   Punkte mit festem Abstand zu einer gegebenen Geraden
§ 6.   Punkte, die gleichweit von zwei gegebenen Punkten entfernt sind
§ 7.   Punkte, die gleichen Abstand zu zwei gegebenen Geraden haben

Kapitel IV. **Wurzelziehen**

§ 1.   Die Wurzel aus einer Zahl
§ 2.   Eine neue Sorte Zahlen: die irrationalen Zahlen

11.8. Eine Stundenvorbereitung: Vektoren

Dieser Abschnitt enthält die Seiten 88–95, 107–109 sowie einen Teil des Inhaltsverzeichnisses aus: *P.M. van Hiele, Van A tot Z* (Von A bis Z), Teil HV-20, Purmerend 1969. Die Übernahme erfolgte mit Zustimmung des Herausgebers. Siehe dazu auch Frage 5, Kap. 9 und Frage 3, Kap. 10. Das Buch *Van A tot Z* besteht aus zwei Teilen. Beide Teile enthalten einn systematischen Kursus für die Schüler (gekennzeichnet durch den Buchstaben S), sowie Wiederholungen und Erweiterungen (gekennzeichnet durch W) mit Übungsmaterial und Vertiefungsstoff. Diese W-Kapitel folgen immer den entsprechenden S-Kapiteln.

Hier wurden übernommen:

- eine Inhaltsangabe von Kapitel S1;
- eine Inhaltsangabe von Kapitel W1;
- eine Inhaltsangabe von S9; (die dazwischenliegenden Kapitel sind hier nicht relevant)
- dann ein Textstück aus W1;
- schließlich ein Textstück aus S9.

a) Machen Sie einen vollständigen Plan für eine Stunde. Nehmen Sie an, Ihre Schüler hätten keine Hausaufgaben gehabt und Sie müßten bei Aufgabe 7 von S9 beginnen (Translation und Vektor).

b) Nehmen Sie an, daß Ihre Schüler in der vorbereiteten Stunde die Aufgabe erhielten, die Aufgabe 8 aus S9 durchzuarbeiten und daß einschließlich Aufgabe 7 (S9) der davorliegende Stoff ‚klassisch' behandelt wurde. Machen Sie dann einen Plan für die Folgestunde.

c) Ihre Schüler sind gewohnt, in kleinen Gruppen zu arbeiten. Allerdings sind diese Gruppen nicht gleichwertg, so daß Tempounterschiede bestehen. Welche Aufgaben stellen Sie am Anfang des Kapitels S9? Wie stellen Sie sich den Gang der Dinge vor? Wie lange darf die langsamste Gruppe mit diesem Kapitel zubringen? Was ist Ihre Aufgabe dabei? Entwerfen Sie einen Test zu Kapitel S9!

Inhalt (soweit relevant)

Kapitel SI. Translation, Parallelität, Parallelogramm

Translation

Das Bild eines Punktes bei einer gegebenen Translation

Das Urbild eines Punktes bei einer gegebenen Translation

Die Berechnung einer Translation, wenn ein Urbild mit zugehörigem Bild gegeben ist

Die Berechnung von Bildpunkten

Eigenschaften von Translationen

Das Bild einer Geraden bei einer gegebenen Translation

Urbild und Bild bei Translationen

Zwei parallele Geraden, die von einer anderen Geraden geschnitten werden

Das Doppelte und die Hälfte einer Translation

Parallelogrammeigenschaften

Übersicht

Kapitel WI. Translation, Parallelität und Parallelogramm, Richtungsvektor

Verallgemeinerungen mit Hilfe von Buchstaben

Streckenmittelpunkte

Zusammensetzungen von Translationen

Vektoren

Richtungsvektoren

Gleich- und gegengerichtete Vektoren

Winkel und Vektoren

Gerade und Translation

Parallelogramm

Translation als Zusammensetzung zweier Spiegelungen

Kapitel S IX. Flächeninhalte von Figuren, die durch Koordinaten gegeben sind. Vektoren

Das rechtwinklige Dreieck

Flächeninhalte von Vielecken, von denen die Koordinaten der Eckpunkte gegeben sind

Flächeninhalt allgemeiner Dreiecke
Eine Menge von Dreiecken mit gleichen Flächeninhalten
Flächeninhalte von Parallelogrammen
Vierecke und Punktmengen
Translation und Vektor
Richtungsvektor
Nullvektor. Der gegengerichtete Vektor
Summe zweier Vektoren
Die Addition beliebiger Vektoren
Nebenvektor
Nebenvektor und Quadrat
Nebenvektor und senkrecht aufeinander stehende Geraden
Übersicht

Vektor   **Text aus Kapitel W I**

6. Die Translation, die dem Punkt A den Punkt B zuweist, können wir als **AB** oder $\underline{AB}$
   schreiben. A ist das Urbild und B das Bild, oder anders gesagt: A ist der Anfangspunkt
   und B ist der Endpunkt. Eine Strecke $\overline{AB}$, bei der man A Anfangspunkt und B Endpunkt nennt, heißt *Vektor*. Man schreibt ihn in derselben Weise wie die Translation:
   AB oder $\underline{AB}$. Die Länge der Strecke $\overline{AB}$ nennt man den *Betrag* des Vektors.

   Man kann eine Translation durch ein Zahlenpaar kennzeichnen, z.B. [a, b]. Die
   Schreibweise benutzt man auch für Vektoren. Beginnt der Vektor [a, b] in (0, 0), so
   endet er in (a, b).

   a) Man zeichnet einen Vektor als Pfeil (siehe Bild 11.15). Welcher Vektor ist in dieser
      Abbildung dargestellt?

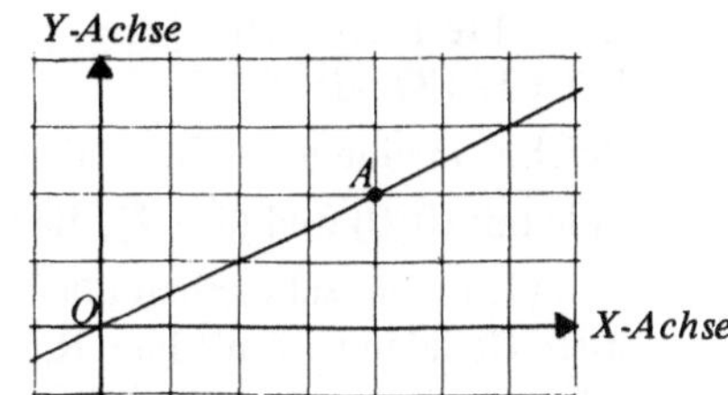

Bild 11.15

   b) Übertrage diese Figur und zeichne noch die Vektoren [2, 4], [3, 6], $\left[\frac{1}{2}, 1\right]$ ein.
      Lasse sie alle in 0 beginnen. Was fällt Dir auf? Wie kannst Du diese drei Vektoren
      aus dem Vektor [1, 2] erhalten?

   c) Zeichne auch noch die Vektoren [−1, −2], $\left[-1\frac{1}{2}, -3\right]$, [−2, −4]. Was fällt Dir
      auf? Wie kannst Du diese Vektoren aus dem Vektor [1, 2] erhalten?

   d) Aus all dem wird klar, daß die Vektoren [k, 2k], wobei $k \in \mathbf{R}_0$ ist, alle parallel sind.
      Der Vektor [k, 2k] mit k > 0 ist k-mal so lang wie der Vektor [1, 2]. Der Vektor
      [k, 2k] mit negativem k hat die entgegengesetzte Richtung wie [1, 2].

Trage in eine neue Zeichnung die Punkte B (2,0) und C (4,1) ein. Zeichne auch die Vektoren **CB**, $2 \cdot$ **CB**, $\frac{1}{2} \cdot$ **CB**, $-1\frac{1}{2} \cdot$ **CB**, $-2 \cdot$ **CB**.

e) Was ist wohl $0 \cdot$ **CB**? Ein Vektor, bei dem Anfangs- und Endpunkt zusammenfällt, heißt *Nullvektor*. Man schreibt **0**.

Richtungsvektor

7. a) Zu jeder Translation gehört ein Vektor. Man nimmt dazu einen Vektor, der einen festen Punkt A als Anfangspunkt hat und dessen Endpunkt das Bild B von A bei dieser Translation ist. Man kann als Anfangspunkt aber auch einen anderen Punkt C wählen. Ist dann bei dieser Translation D das Bild von C, erhält man **CD** als Vektor. Da **AB** und **CD** zur selben Translation gehören, nennt man die Vektoren **AB** und **CD** gleich.

Definition: Vektoren, die zur selben Translation gehören (und daher dieselbe Richtung und denselben Betrag haben) nennt man gleich.

Die in Bild 11.16 gezeichneten Vektoren sind alle gleich. Wir können sie festlegen, indem wir sie als **OA** oder $[2,1]$ schreiben. Zeichne sechs Vektoren, die gleich $[-3,2]$ sind.

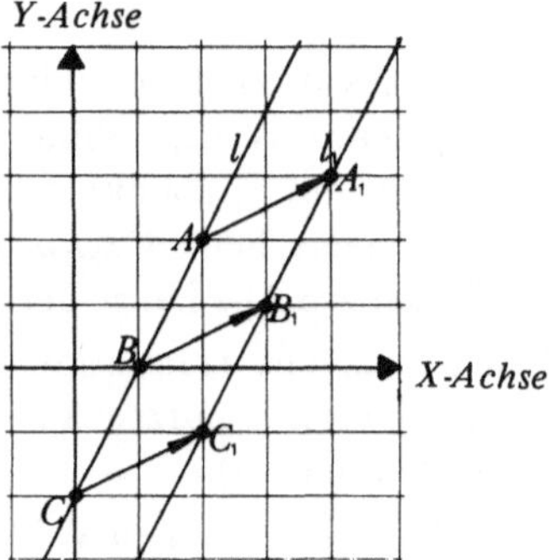

Bild 11.16

b) Betrachte 11.16. **AB** $= [2,-1]$. Welche Vektoren sind diesem gleich? **BC, DE, HE, FD, CH, CO** oder **OC**?

c) Zeichne in eine neue Figur die Gerade, die $(0,0)$ und $(1,-2)$ enthält. Auch die Gerade mit $(0,0)$ und $(1,-2)$, die Gerade mit $(0,0)$ und $\left(1,-\frac{1}{2}\right)$, diejenige mit $(0,0)$ und $(1,1)$ und schließlich die Gerade, die $(0,0)$ und $(1,2)$ enthält. Wir sehen, daß diese Geraden verschiedene Richtungen haben. Die Richtung jeder dieser Geraden können wir durch einen Vektor kennzeichnen. So wird die Richtung der ersten Geraden durch den Vektor $[1,-2]$ angegeben. Wie können wir die Richtung der anderen Geraden angeben?

d) Auf der Geraden l, die die Punkte $(0,0)$ und $(1,-2)$ enthält, liegen auch die Punkte $(2,-4), (3,\ldots), (\ldots,2)$. Der Vektor $[1,-2]$ hat dieselbe Richtung wie l. Darum heißt $[1,-2]$ ein *Richtungsvektor* der Geraden l. Diese Gerade hat aber viele Richtungsvektoren, z.B. auch $[2,-4], [-2,\ldots], [3,\ldots], [\ldots,-5]$. Wenn wir nach einem Richtungsvektor einer Geraden fragen, geht es nur um die Richtung, nicht um den Betrag. Sind P und Q zwei verschiedene Punkte der Geraden l, nennt man **PQ** einen Richtungsvektor der Geraden l.

e) Wir wissen nun, daß die Gerade *l* der Aufgabe d viele Richtungsvektoren hat:
$[1,-2], [2,-4], [-1,2], [-2,4], \left[\tfrac{1}{2},-1\right]$ usw.

Alle diese Richtungsvektoren können wir erhalten, indem wir schreiben: $[k,-2k]$, wobei k jede Zahl mit Ausnahme der Null sein darf. ($k \in \mathbf{Q_0}$, $\mathbf{Q_0}$ ist die Menge der rationalen Zahlen mit Ausnahme der Null).

Warum darf man k nicht null setzen?

f) Nenne einen Ausdruck für alle Richtungsvektoren der Geraden, die die Punkte $(3,2)$ und $(5,3)$ enthält.

g) Dasselbe für die Gerade, die die Punkte $(-3,-2)$ und $(3,0)$ enthält.

h) Auch von der Geraden mit dem Punkten $(5,-1)$ und $(7,-1)$.

i) Schließlich von allen Geraden mit dem Richtungsvektor $[a,b]$.

Translation und Vektor   **Text aus Kapitel S IX**

7. In Bild 11.17 wird durch eine Translation eine Abbildung vermittelt. Die Gerade l_1 ist das Bild der Geraden *l* bei der Translation $[2,1]$. Dem Punkt A wird A_1 zugeordnet und B wird auf B_1 abgebildet etc. $\overline{AA_1}$, $\overline{BB_1}$, $\overline{CC_1}$ sind alle kongruent und haben dieselbe Richtung.

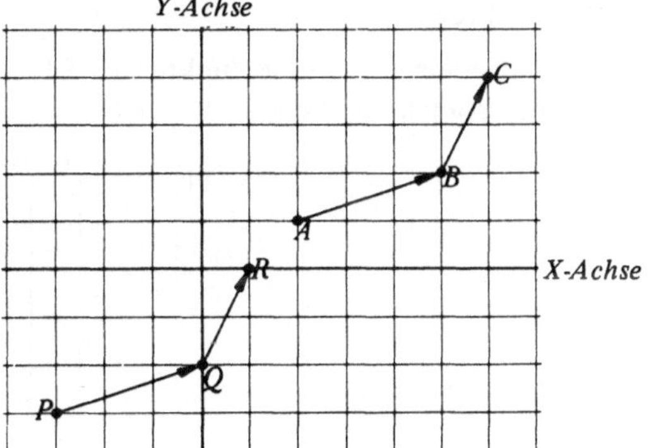

Bild 11.17

Betrachten wir die Strecke $\overline{AA_1}$. Sie wird von zwei Punkten begrenzt, wobei wir A Anfangspunkt und A_1 Endpunkt nennen. Man spricht nun vom Vektor AA_1. Der Unterschied zwischen Strecke und Vektor liegt darin, daß beim Vektor der eine Begrenzungspunkt Anfangs- und der andere Endpunkt genannt wird. Auf dieselbe Weise kann man auch BB_1 und CC_1 Vektoren nennen.

Definition: Jedes geordnete Punktepaar P, Q nennt man *Vektor*. Den ersten Punkt P nennt man den Anfangspunkt, den zweiten Punkt Q den Endpunkt des Vektors. Man schreibt für diesen Vektor $\underline{PQ}$ oder **PQ**. Den Vektor **OP**, der in $0\,(0,0)$ beginnt und in $P\,(a,b)$ endet, bezeichnen wir mit $[a,b]$.

Definition: Die Länge der Strecke PQ nennt man *Betrag* des Vektors **PQ**.

Die Vektoren $\mathbf{AA_1}$, $\mathbf{BB_1}$, $\mathbf{CC_1}$ usw. in Bild 11.17 gehören alle zur selben Translation $[2,1]$. Sie sind daher alle kongruent und parallel. In solch einem Fall sagt man, daß die Vektoren gleich sind.

Definition: Man nennt zwei Vektoren gleich, wenn deren Anfangspunkte die Urbilder und deren Endpunkte die Bilder derselben Translation sind.

a) A sei der Punkt $(4, 3)$ und $\mathbf{AA_1} = [2, 1]$. Wie lauten die Koordinaten von A_1?

b) Gegeben ist der Vektor $\mathbf{PQ} = [2, 1]$; P ist der Punkt $(8, 3)$. Wie lauten die Koordinaten von Q?

c) Gegeben sind: $A(4, 1)$; $B(8, 3)$; $C(5, -1)$; $\mathbf{AB} = \mathbf{CD}$. Berechne die Koordinaten von D. Was fällt Dir auf?

d) A, B, C sind dieselben Punkte wie in Aufgabe c. Ferner ist $\mathbf{AC} = \mathbf{BD}$. Berechne die Koordinaten von D. Was fällt Dir auf?

e) $\mathbf{AB} = \mathbf{CD}$, $A(0, 0)$, $B(3, 1)$, $C(9, 3)$. Wie lauten die Koordinaten von D?

f) Ist in Aufgabe e auch $\mathbf{QC} = \mathbf{BD}$?

g) P ist der Punkt (a, b); $\mathbf{PQ} = [c, d]$. Wie lauten die Koordinaten von Q?

Diesen Abschnitt fassen wir zusammen:

Satz: Zu jeder Translation gehört ein Vektor, zu jedem Vektor gehört eine Translation.

Richtungsvektor   **Text aus Kapitel S IX**

8. a) Eine Gerade enthält die Punkte $0(0, 0)$ und $A(4, 2)$ (Bild 11.18). Zu dieser Geraden gehören auch die Punkte $(2, \ldots)$, $(6, \ldots)$, $(\ldots, 5)$, $(-6, \ldots)$, $(\ldots, -1)$.

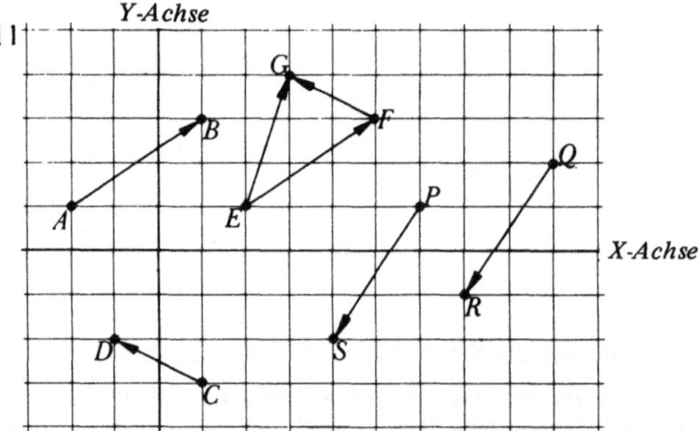

Bild 11.18

b) Wie Du siehst, hat der Vektor $[2, 1]$ dieselbe Richtung wie die Gerade OA. Darum nennt man $[2, 1]$ wohl auch einen Richtungsvektor von OA. Diese Gerade hat viele Richtungsvektoren, z.B. auch $[4, 2]$, $[6, \ldots]$, $[\ldots, 5]$, $[-6, \ldots]$, $[\ldots, -1]$. Bei einem Richtungsvektor geht es nur um die Richtung, der Betrag spielt keine Rolle. Darum hat eine Gerade viele Richtungsvektoren.

c) Nenne vier Richtungsvektoren der Geraden, die die Punkte $0(0, 0)$ und $A(1, 3)$ enthält.

d) Zu den Richtungsvektoren der Geraden in Aufgabe 8b gehören $[2, 1]$, $[3, 1]$, $[4, 2]$, $[-2, -1]$ usw. Man kann alle Richtungsvektoren der Geraden aus Aufgabe 8b darstellen, indem man $[2k, k]$ schreibt, wobei k jede Zahl außer Null sein darf. Würde man für k die Zahl Null zulassen, so würde man den Vektor [0, 0] erhalten. Zu diesem Vektor gehört die Translation [0, 0], die alle Punkte auf ihrem Platz läßt und darum keine Richtung hat.

Die Menge aller Zahlen mit Ausnahme der Null kennzeichnen wir durch R_0. Die Vektoren [2k, k] sind somit alle Richtungsvektoren der genannten Geraden, solange $k \in R_0$.

e) Nenne einen Ausdruck für alle Richtungsvektoren der Geraden, die die Punkte A (4, 6) und B (−2, 0) enthält.

f) Auch von der Geraden, die die Punkte A (−4, −1) und B (2, 2) enthält.

g) Ebenso von der Geraden, die [a, b] als Richtungsvektor hat.

h) Schließlich von der Geraden, die die verschiedenen Punkte A (a, b) und B (c, d) enthält.

Nullvektor, entgegengesetzter Vektor   **Text aus Kapitel S IX**

9. In der vorigen Aufgabe begegneten wir dem Vektor [0, 0]. Das ist ein Vektor, bei dem Anfangs- und Endpunkt zusammenfallen, wie auch bei dem Vektor **AA**.

Definition: Jeder Vektor, bei dem Anfangs- und Endpunkt zusammenfallen, heißt *Nullvektor*. Für den Nullvektor schreibt man **o**. Ein Nullvektor hat keine Richtung.

a) Wenn **PQ** = **o** und P (4, 7), was ist dann Q?

b) Welche Translation gehört zum Nullvektor?

c) *Definition:* Man nennt den Vektor **BA** den *entgegengesetzten Vektor* zu **AB**. Gegeben A (2, 5) und B (4, 8). Was ist **AB** und was **BA**?

d) Gegeben A (2, 5) und B (−1, 3). Was ist **BA** und was **AB**?

e) Welcher Vektor ist entgegengesetzt zu [−3, 5]?

f) Welcher Vektor ist entgegengesetzt zu [0, 0]?

g) Welcher Vektor ist entgegengesetzt zu [a, b]?

Die Summe zweier Vektoren   **Text aus Kapitel S IX**

10. a) Betrachte das Bild 11.19. Die Translation **AB** ist [3, 1], die Translation **BC** [1, 2]. Die Zusammensetzung dieser beiden Translationen liefert die Translation **AC** = = [4, 3].

Definition: Man nennt **AC** die *Summe der Vektoren* **AB** und **BC**.

Man schreibt: **AC** = **AB** + **BC** und **AB** + **BC** = **AC**.

Warum gilt auch: **AB** + **BC** = **PR**?

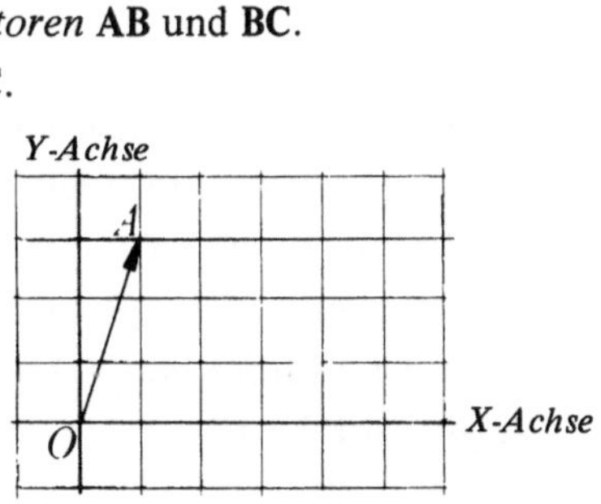

Bild 11.19

Denke daran: $\mathbf{AB} + \mathbf{AC} = \mathbf{AC}$ besagt *nicht:* die Länge von $\overline{AB}$ + die Länge von $\overline{BC}$ ist gleich der Länge von $\overline{AC}$.

Es beinhaltet dagegen: Die Verschiebung von A nach B und anschließend von B nach C hat dasselbe Ergebnis wie die Verschiebung von A nach C.

b) Zeige an einer Zeichnung, daß $[3,2] + [2,1] = [5,3]$.

c) A ist $(4,3)$, $\mathbf{AB} = [3,1]$, $\mathbf{BC} = [1,2]$. Wie lauten die Koordinaten von C?

d) Wie groß ist die Translation $\mathbf{AC}$ aus Aufgabe c?

e) P ist $(8,2)$, $\mathbf{PR} = \mathbf{AB} + \mathbf{BC}$ (siehe Aufgabe c). Wie lauten die Koordinaten von R?

f) Betrachte Bild 11.19. Woher wissen wir, daß $\mathbf{AP}$, $\mathbf{PQ}$ und $\mathbf{CR}$ gleich sind?

g) $A(-5,1)$; $\mathbf{AB} = [2,2]$; $\mathbf{BC} = [3,-1]$. Wie lauten die Koordinaten von C?

h) Was ist die Summe der Vektoren $[a,b]$ und $[c,d]$?

Die Addition beliebiger Vektoren   **Text aus Kapitel S IX**

11. Wenn man die Vektoren AB und CD zusammenzählen soll, so kann man einen der Vektoren durch einen anderen ersetzen, der seinen Endpunkt im Anfangspunkt des zweiten Vektors hat. Man kann aber auch beide Vektoren ersetzen. In Bild 11.20 wurde der Vektor $\mathbf{AB}$ durch den Vektor $\mathbf{EF}$ ersetzt und der Vektor $\mathbf{CD}$ durch den Vektor $\mathbf{FG}$. (Prüfe nach, ob Betrrag und Richtung der neuen Vektoren mit Betrag und Richtung der alten Vektoren übereinstimmen).

Und nun ist $\mathbf{AB} + \mathbf{CD} = \mathbf{EF} + \mathbf{FG} = \mathbf{FG}$.

a) Übertrage $\mathbf{AB}$ und $\mathbf{CD}$ von Bild 11.20 auf kariertes Papier. Wende auf $\mathbf{AB}$ die Translation $\mathbf{BC}$ an. Das Bild von A nenne dann A_1. Was ist nun $\mathbf{AB} + \mathbf{CD}$?

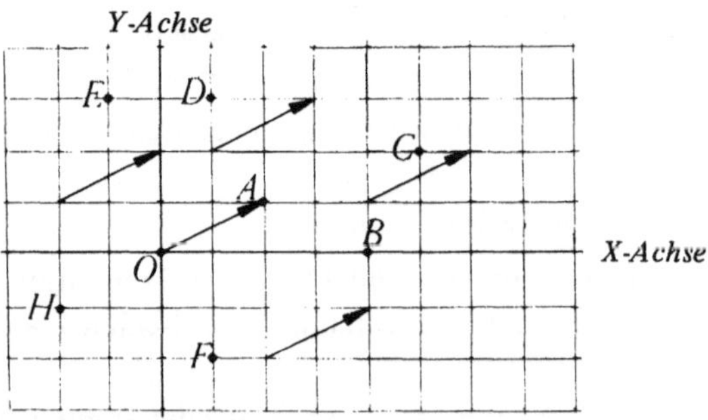

Bild 11.20

b) Was weißt Du über den Vektor A_1D?

c) In Bild 11.20 ist $\mathbf{PS} = \mathbf{QR}$. Warum sind die Vektoren $\mathbf{PQ}$ und $\mathbf{SR}$ gleich?

d) Warum gilt: $\mathbf{PQ} + \mathbf{QR} = \mathbf{PS} + \mathbf{SR}$?

e) Warum gilt: $\mathbf{PQ} + \mathbf{QR} = \mathbf{QR} + \mathbf{PQ}$?

f) Ist die Addition von Vektoren kommutativ?

g) Was ist $\mathbf{PQ} + \mathbf{QS}$?   i) Was ist $\mathbf{PS} + \mathbf{SP}$?

h) Was ist $\mathbf{PS} + \mathbf{PQ}$?   k) Was ist $\mathbf{PS} + \mathbf{SS}$?

Nebenvektor   **Text aus Kapitel S IX**

12. In Bild 11.21 haben die Vektoren **OA** und **OB** dieselbe Länge. Sie sind aber dennoch nicht gleich, denn sie haben verschiedene Richtungen. Wir erhalten **OB** aus **OA**, indem wir **OA** um 90° in Orientierungsrichtung der Ebene drehen. Unter der Orientierungsrichtung der Ebene verstehen wir die Richtung einer Drehung von 90° um 0, bei der die positive x-Richtung die positive y-Richtung zum Bild hat.

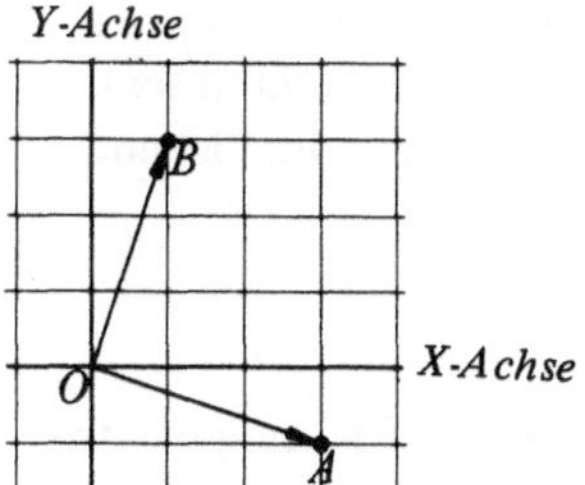

Bild 11.21

Den Vektor **OB** nennen wir nun den *Nebenvektor* von **OA**. Wir schreiben dafür **OA** mit einem Stern: **OA***. Also **OA*** = **OB**.

Definition: Unter dem Nebenvektor eines Vektors versteht man den Vektor, den man erhält, wenn man den gegebenen Vektor um einen rechten Winkel in der Orientierungsrichtung der Ebene dreht.

a) Zeichne den Vektor **OQ** = [−1, 4]. Drehe diesen um einen rechten Winkel in der Orientierungsrichtung der Ebene. Wir erhalten an **OQ*** = [..., ...].

b) In Abb. 37 ist **OA** = [3, −1] und **OA*** = **OB** = [1, 3]. Was ist **OB*** = [1, 3]*?

c) Was ist [2, 5]*?   f) Was ist [a, 0]*?

d) Was ist [−4, −2]*?   g) Was ist [0, b]*?

e) Was ist [a, b]*?   h) Was ist [0, 0]*?

Nebenvektor und Quadrat   **Text aus Kapitel S IX**

13. a) Zeichne den Punkt S (3, 4) und den Punkt A (2, 1). **SA** = [..., ...]?

b) **SB** = **SA***, wie heißen dann die Koordinaten von B?

c) **SC** = **SA**** (= **SB***), wie lauten die Koordinaten von C?

d) **SD** = **SA*****, wie lauten die Koordinaten von D?

e) **SE** = **SA******, wie lauten die Koordinaten von E?

f) Was kannst Du über das Viereck ABCD sagen? Begründe die Antwort.

g) Wenn **AF** = **AB***, welcher Punkt ist dann F?

h) Wenn **CG** = **CD***, welcher Punkt ist dann G?

i) Vom Quadrat ABCD sind A (−4, −1) und B (2, −3) gegeben. Berechne mit Hilfe von Nebenvektoren die Koordinaten von C und D (zwei Möglichkeiten).

k) Vom Quadrat ABCD sind A (−4, −1) und C (2, −3) gegeben. Berechne mit Hilfe von Nebenvektoren die Koordinaten von B und D.

Nebenvektor und senkrechter Schnitt von Geraden   **Text aus Kapitel S IX**

14. Die Gerade l, die die Punkte $(-3, -1)$ und $(4, 2)$ enthält, hat den Richtungsvektor $[7, 3]$. Die Gerade m, die die Punkte $(4, -2)$ und $(1, 5)$ enthält, hat den Richtungsvektor $[-3, 7]$. Nun gilt $[7, 3]^* = [-3, 7]$.

Es gibt also einen Richtungsvektor von m, der Nebenvektor eines Richtungsvektors von l ist. Die Geraden l und m stehen also senkrecht aufeinander:

Der Vektor $[-6, 14]$ ist ebenfalls Richtungsvektor von m. Jeder Vektor $[-3k, 7k]$ mit $k \in \mathbf{R}_0$ ist Richtungsvektor von m. Daher können wir sagen, daß l und m senkrecht aufeinander stehen, wenn m einen Richtungsvektor der Form $[-3k, 7k]$ mit $k \in \mathbf{R}_0$ hat.

a) Wie groß ist k, wenn $[7k, 3k]^* = [-6, 14]$?

b) Wie groß ist k, wenn $[-3, 7]^* = [14k, 6k]$?

c) Die Gerade l enthält die Punkte $(-2, 5)$ und $(4, -1)$. Nenne alle Richtungsvektoren der Geraden, die senkrecht auf l stehen.

d) Das Dreieck ABC ist gegeben durch $A(1, -2)$, $B(5, 3)$ und $C(-1, 5)$. Nenne einen Ausdruck für alle Richtungsvektoren der Höhe von $\triangle$ ABC, die C enthält.

e) Dasselbe für die Höhe, die A enthält.

f) Dasselbe für die Höhe, die B enthält.

g) Die Gerade l enthält die Punkte $(7, 3)$ und $(-4, 1)$. Die Gerade m enthält die Punkte $(4, -6)$ und $(-1, -2)$. Stehen l und m senkrecht aufeinander?

Übersicht   **Text aus Kapitel S IX**

15. a) Der Flächeninhalt eines rechtwinkligen Dreiecks ist gleich dem halben Produkt aus den Längen der Katheten.

b) Den Flächeninhalt eines Vielecks, von dem die Koordinaten der Eckpunkte gegeben sind, findet man durch Addition und Subtraktion von Rechtecken und rechtwinkligen Dreiecken.

c) Der Flächeninhalt eines beliebigen Dreiecks ist gleich dem halben Produkt aus einer Seitenlänge und dem Abstand der Verlängerungsgeraden dieser Seite zum gegenüberliegenden Eckpunkt.

d) Der Flächeninhalt eines Parallelogramms ist gleich dem Produkt aus einer Seitenlänge und dem Abstand der Verlängerungsgeraden dieser Seite zur gegenüberliegenden Seite.

e) Der Flächeninhalt einer Raute oder eines Drachens ist gleich dem halben Produkt der Längen der Diagonalen.

f) Jedes geordnete Punktepaar P, Q nennt man Vektor. Man schreibt ihn **PQ** oder $\underline{PQ}$.

g) Die Länge der Strecke $\overline{PQ}$ nennt man den Betrag des Vektors **PQ**.

h) Zwei Vektoren nennt man gleich, wenn deren Anfangspunkte die Urbilder und deren Endpunkte die Bilder derselben Translation sind.

i) Der Vektor, der $(0,0)$ zum Anfangs- und (a,b) zum Endpunkt hat, wird $[a,b]$ geschrieben.

k) Zu jeder Translation gehört ein Vektor und zu jedem Vektor gehört eine Translation.

l) Ein Vektor, bei dem Anfangs- und Endpunkt zusammenfallen, heißt Nullvektor.

m) Den Vektor **BA** nennt man den zu **AB** gegengerichteten Vektor.

n) Den Vektor **AC** nennt man die Summe der Vektoren **AB** und **BC**.

o) Die Summe der Vektoren $[a,b]$ und $[c,d]$ ist $[a+c, b+d]$.

p) Sind A und B verschiedene Punkte der Geraden l, so nennt man **AB** Richtungsvektor der Geraden l.

q) Wenn $[a,b]$ Richtungsvektor der Geraden l ist, so ist jeder Vektor $[ka, kb]$ mit $k \in \mathbf{R}_0$ ebenfalls Richtungsvektor von l.

r) Die Richtung, in der man um $90°$ drehen muß, um von der positiven x-Richtung zur positiven y-Richtung zu gelangen, nennt man die Orientierungsrichtung der Ebene.

s) Den Vektor, den man erhält, wenn man einen gegebenen Vektor um $90°$ in der Orientierungsrichtung der Ebene dreht, nennt man Nebenvektor zu dem gegebenen Vektor.

t) Den Nebenvektor des Vektors **PQ** schreibt man als **PQ***

u) Der Nebenvektor des Vektors $[a,b]$ ist $[-b,a]$.

11.9. Aufgabenstellungen für die Gruppenarbeit

a) Löse mit einem oder zwei anderen folgendes Problem: ‚Bilde Zeilen von zwölf Plus- und Minuszeichen, so, daß nie mehr als zwei gleiche Zeichen aufeinander folgen. Wie viele solcher Zeilen sind möglich?' (*A.F. van Tooren*).

   Können Sie diese Fragestellung verallgemeinern? Analysieren Sie — gemeinschaftlich — die Art dieser Aufgabenstellung.

b) Löse mit einem oder zwei anderen folgende Aufgabe aus *L.R.J. Westermann, Meetkunde met Vektoren* (Geometrie mit Vektoren), Teil 1, Groningen 1969, S. 34:

‚Für welche Werte von α ist

$$\begin{pmatrix} x_1 \\ x_2 \end{pmatrix} = \begin{pmatrix} \alpha \\ 1 \end{pmatrix} + \mu \begin{pmatrix} 1 \\ \alpha \end{pmatrix}$$

die Vektorgleichung einer Geraden? Welche Geraden lassen sich in dieser Weise darstellen?'

Analysieren Sie — gemeinschaftlich — die Art dieser Aufgabenstellung. Nehmen Sie an, sie wollen diese Aufgabe Ihren Schülern in der siebten Gymnasialklasse stellen. Welche Unterrichtsaktivitäten des Lehrers und Lernaktivitäten der Schüler halten Sie auf Grund dieser Analyse und der Zielstellung(en) des Autors für notwendig?

Schreiben Sie diese Aufgabe in eine mit Teilfragen a, b, c usw. um.

11.10. Beurteilung eines Schulbuchs

Das Schulbuch ist ein Objekt des Unterrichtsplans. Daher sollte man zuerst den Arbeitsplan kennen, bevor man Kriterien für die Beurteilung eines Schulbuchs aufstellt. Sonst läuft man Gefahr, zu einseitig Gewicht auf bestimmte Aspekte des Unterrichtsplans zu legen. So ist die Forderung, daß Schüler lernen sollen, selbständig zu arbeiten, für sich allein unsinnig. Man kann sie nur unter dem Gesichtspunkt eines größeren Zusammenhangs stellen. Dieser größere Zusammenhang wird nicht allein durch allgemeine Lernziele gegeben, doch spielen diese natürlich eine wichtige Rolle.

Durch Erörterung der verschiedenen Komponenten eines Unterrichtsplans und durch den Versuch, die zugehörigen Fragen zu beantworten wird es dann möglich, übergeordnete Kriterien aufzustellen. Folgende Punkte kann man zur Beurteilung eines Schulbuchs verwenden:

1. allgemeine Ziele;
2. spezifische Ziele (Theorie, Algorithmen, Problemlösung, logischer Zusammenhang, Kommunikation);
3. Niveauziele (Kenntnisse, Begreifen und Anwenden, Analyse und Synthese); kontinuierliche Niveauübergänge;
4. Begabung und Intelligenz; Alter und Reife; Abwechslung; Spielraum für den Lehrer;
5. Zielbeschreibung für den Schüler; Beschreibung des relevanten vorausgesetzten Stoffs; Spielraum für den Lehrer;
6. Übereinstimmung des Lehrstoffs mit Ziel und Anfangszustand; Fehler; Nomenklatur; Vorbereitung späterer Entwicklungen;
7. O-S-A-E-V-Aufbau; Phasenmischung; systematische Trennung; Spielraum für den Lehrer;
8. Lernaktivitäten; Spielraum für den Lehrer;
9. Arbeitsformen; Spielraum für den Lehrer;
10. technische Ausführung: Schriftbild; Übersichtlichkeit; Illustrationen; Farben; Verwendung als Nachschlagewerk;
11. Tests für den Anfangszustand; Spielraum für den Lehrer;
12. Tests für das Endergebnis; Wiederholungsaufgaben; Diagnostische Wertung;
13. Hilfsfunktionen beim Lernen neuen Lehrstoffs; explorierende Aufgaben;
14. Übungsaufgaben; Verarbeitung des Lehrstoffs.

11.11. Portrait eines idealen Mathematiklehrers[1]

Will man einen Lehrer beurteilen, so muß man einen Standard schaffen, an dem man ihn messen kann. Solch einen Standard kann man durch die Konstruktion eines idealen Lehrers erhalten.

---

[1] Dieser Text wurde entnommen aus *D.A. Johnson* und *G.R. Rising*, Guidelines for Teaching Mathematics, Belmont (Cal.) 1967, S. 374

Der ideale Mathematiklehrer (für höhere Schulen) besitzt Fähigkeiten, die über den Stoff
der Prüfungsmathematik hinausgehen. Er beschäftigt sich, solange er arbeitet, mit dem
Lehren von Mathematik, denn er findet das Lehren von Mathematik reizvoll. Er tut dies,
indem er von sich aus Fortbildungskurse und Studientagungen besucht. Er hat eine eigene
Bibliothek mit Büchern, Artikeln und Zeitschriften. Er ist Mitglied örtlicher und über-
regionaler Verbände und Mathematikervereinigungen, liest deren Zeitschriften und besucht deren Tagungen.

Der ideale Mathematiklehrer besitzt Fachkenntnisse auf Hochschulniveau, ein breites
kulturelles Interesse und ist Informationsquelle. Er ist dynamisch, freundlich, aufrichtig
und begeisterungsfähig. Er hat Verständnis für junge Menschen und übernimmt die Verantwortung, sie ihren Möglichkeiten entsprechend optimal zu fördern. Er ist bescheiden und
ehrlich. Er respektiert andere. Er ist kraft seines Charakters und seiner Führungsqualitäten
in der Lage, die Arbeit seiner Schüler anzuleiten und zu steuern.

Der ideale Lehrer spricht und schreibt deutlich, gehaltvoll und richtig. Sein Satzbau, seine
Aussprache und Lautstärke sind der Klassensituation angepaßt. Seine Art zu fragen
zwingt seine Schüler zum Nachdenken und zur maximalen Mitarbeit. Er ist ausgeglichen
und bewältigt unerwartete Situationen mit angemessener Reaktion und Gefühl für Verhaltensweisen. Er nimmt sich selbst nicht allzu ernst, ist nachgiebig und hat Gespür für
die Reaktionen der Schüler. Sein Äußeres, seine Einstellung und sein Verhalten rufen
Achtung und Vertrauen bei seinen Schülern hervor.

Der ideale Lehrer hat inspirierende und zielgerichtete Unterrichtstechniken. Er beginnt
jede Stunde mit dem Motivieren der Schüler. Dazu erklärt er ihnen das Stundenziel,
bringt eine spannende Einleitung oder bietet ungewohnte Aktivitäten an. Er ermutigt
seine Schüler zur Mitarbeit durch Fragen, durch Entdeckenlassen oder durch individuelle
Aufgaben. Er bringt Abwechslung in seine Stunden, Aktivitäten und Materialien. Er benutzt audiovisuelle Hilfsmittel, Modelle, Anwendungsbeispiele und Anekdoten, um seinen
Unterricht Bedeutung zu geben. Er verwendet auch andere Texte als die des Schulbuchs
und auch Aufgaben, die nicht darin stehen. Seine Aufgabenstellungen variieren von
Stunde zu Stunde und richten sich nach den Möglichkeiten seiner Schüler. Er benutzt
Material von Fortbildungskursen und bietet weitergehende Stunden an.

Der ideale Lehrer besitzt ein klar formuliertes Ziel für seinen Unterricht. Er weiß, welches
Material wichtig ist, was gekonnt werden muß und wann Grundbegriffe benötigt werden.
Er weiß, welches Verhalten des Schülers Aufschluß über die erreichte Stoffbeherrschung
gibt und mißt das Ergebnis an diesem Verhalten. Diese Ergebnisse verwendet er, um seinen
Unterricht zu verbessern, einzelnen Schülern zu helfen und ihre Fortschritte genau zu
beobachten. Sein Urteil unterstützt er dann und wann mit standardisierten Tests.

Der ideale Lehrer teilt sich die beschränkte verfügbare Zeit gut ein. Er bereitet seine
Stunden sorgfältig vor, und vergeudet keine Zeit mit der Beantwortung persönlicher Fragen oder der Korrektur aller Hausaufgaben. Er verwendet auch nicht übermäßig viel
Klassenzeit mit dem Einüben von Routinearbeiten. Auch benutzt er keine Klassenzeit,
um gegen einen Schüler disziplinarisch vorzugehen. Er stellt aber Zeit für Besprechungen
der Schüler untereinander zur Verfügung.

Der ideale Lehrer kennt die Möglichkeiten, Schwierigkeiten, speziellen Bedürfnisse und Nöte seiner Schüler. Er hilft ihnen, selbständig zu lernen, ein Schulbuch zu benutzen und Probleme anzufassen. Er nimmt Anteil an den Zielstellungen, Problemen und Entscheidungen seiner Schüler. Kurzum, der ideale Lehrer und seine Schüler arbeiten gemeinsam als ein Team auf ein gemeinsames Ziel hin.

Natürlich wird es stets unmöglich sein, ein idealer Lehrer zu werden. Da Unterrichten eine Kunst ist, können wir annehmen, daß es den idealen Mathematiklehrer nie gab und wohl auch nie geben wird, ebensowenig wie den perfekten Maler. Wenn wir aber danach streben, unseren Unterricht stets weiter zu verbessern, müssen wir ein Ideal vor Augen haben, an dem wir unseren Erfolg als Mathematiklehrer messen können.

Sachwortverzeichnis